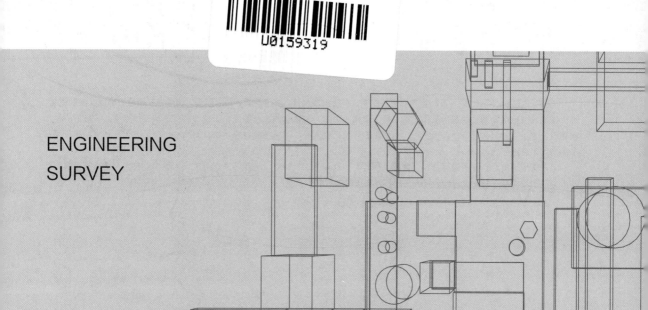

ENGINEERING
SURVEY

工程测量

主　编　刘雨青　曹志勇

副主编　贾相宇　陈　晨

　　　　商会江　夏海宁

主　审　郝海森

中国电力出版社

CHINA ELECTRIC POWER PRESS

内 容 提 要

全书分为两篇，共 12 章，第一篇为知识技能篇，包括水准测量、角度测量、距离测量、测量误差理论、小地区控制测量、地形图测绘与应用、测设的基本工作；第二篇为工程应用篇，包括水利工程测量、工业与民用建筑工程测量、线路与桥梁工程测量、地下空间与高速铁路工程测量。为满足教学和工程需要，附录部分对光学仪器的检验与校正进行了介绍，并在每章节后面均附有思考题。

本书采用了校企合作的编写方式，兼顾具体教学和行业的工程特点，适用于水利类、土木类、交通类、建筑类等非测绘类专业的工程测量教材，也可作为相关工程技术人员的参考书。

图书在版编目（CIP）数据

工程测量 / 刘雨青，曹志勇主编. —北京：中国电力出版社，2021.3
ISBN 978-7-5198-5376-1

Ⅰ.①工… Ⅱ.①刘…②曹… Ⅲ.①工程测量 Ⅳ.①TB22

中国版本图书馆 CIP 数据核字（2021）第 031199 号

出版发行：中国电力出版社
地　　址：北京市东城区北京站西街 19 号（邮政编码 100005）
网　　址：http://www.cepp.sgcc.com.cn
责任编辑：王晓蕾（010-63412610）　马雪倩
责任校对：黄　蓓　朱丽芳
装帧设计：赵姗姗
责任印制：杨晓东

印　　刷：北京天宇星印刷厂
版　　次：2021 年 3 月第一版
印　　次：2021 年 3 月北京第一次印刷
开　　本：787 毫米×1092 毫米　16 开本
印　　张：14.5
字　　数：318 千字
定　　价：48.00 元

编 委 会

前　言

　　本书是根据应用型本科院校的培养目标以及各行业的工程特点，兼顾传统测量技术与新技术的衔接，结合具体教学需要，对于传统的测量技术内容做了适当的精简，引入了符合现代发展方向的新内容、新技术等。本书采用了校企合作的编写方式，以测量的基本理论和基本概念为基础，内容上吸取了编者在测量教学方法和教学内容方面的经验，同时充分吸收了施工现场作业人员的工程经验，使部分章节的内容能够充分结合工程实践，既能满足一线生产岗位对工程测量知识的需求，又能更好地培养学生的实践操作技能以适应工程需要。

　　本书主要内容包括水准测量、角度测量、距离测量、测量误差理论、小地区控制测量、地形图测绘与应用、测设的基本工作、水利工程测量、工业与民用建筑工程测量、线路与桥梁工程测量、地下空间与高速铁路工程测量等，适合根据不同学时选择不同的内容讲授。本书可以作为水利类、土木类、交通类、建筑类等非测绘类专业的工程测量教材，也可作为相关工程技术人员的参考书。

　　全书由刘雨青和曹志勇统稿，河北水利电力学院郝海森教授审阅了全书，并提出了许多宝贵的意见和建议，在此深表感谢。同时，河北水利电力学院本科生陈强、张高博也做了部分资料整理、图表绘制等工作，在此一并表示感谢。

　　在本书的编写过程中，作者收集了大量的资料，借鉴了同类教材的相关内容及公开发表的论文资料。

　　由于编者水平所限，书中缺点和不足之处在所难免，恳请读者批评指正。

编者

目　录

前言

第一篇　知识技能篇

第1章　绪论 ··· 2

  1.1　测量学概述 ·· 2

  1.2　地面点位的确定 ····································· 3

  1.3　用水平面代替水准面的限度 ························· 9

  1.4　测量工作概述 ······································ 10

  思考题 ·· 11

第2章　水准测量 ··· 12

  2.1　水准测量的原理 ···································· 12

  2.2　水准测量仪器和工具 ································ 13

  2.3　普通水准测量 ······································ 20

  2.4　三、四等水准测量 ·································· 26

  2.5　水准测量误差及注意事项 ···························· 30

  思考题 ·· 33

第3章　角度测量 ··· 34

  3.1　角度测量的原理 ···································· 34

  3.2　光学经纬仪及其使用 ································ 35

  3.3　水平角测量 ·· 38

  3.4　竖直角测量 ·· 41

  3.5　角度测量误差及注意事项 ···························· 45

  思考题 ·· 48

第4章　距离测量 ··· 49

  4.1　钢尺量距 ·· 49

  4.2　视距测量 ·· 53

4.3　电磁波测距及全站仪 ………………………………………………………… 56
　　思考题 ……………………………………………………………………………… 60

第5章　测量误差理论 ……………………………………………………………… 61
　5.1　测量误差来源与分类 ………………………………………………………… 61
　5.2　衡量精度的指标 ……………………………………………………………… 63
　5.3　算术平均值及其中误差 ……………………………………………………… 64
　5.4　误差传播定律 ………………………………………………………………… 66
　5.5　权与加权平均值 ……………………………………………………………… 66
　　思考题 ……………………………………………………………………………… 67

第6章　小地区控制测量 …………………………………………………………… 69
　6.1　控制测量概述 ………………………………………………………………… 69
　6.2　导线测量 ……………………………………………………………………… 74
　6.3　交会定点测量 ………………………………………………………………… 83
　6.4　三角高程测量 ………………………………………………………………… 85
　6.5　GNSS 在控制测量中的应用 ………………………………………………… 86
　　思考题 ……………………………………………………………………………… 91

第7章　地形图测绘与应用 ………………………………………………………… 92
　7.1　地形图的基本知识 …………………………………………………………… 92
　7.2　大比例尺地形图的测绘 ……………………………………………………… 98
　7.3　地形图的基本应用 …………………………………………………………… 104
　　思考题 ……………………………………………………………………………… 112

第8章　测设的基本工作 …………………………………………………………… 113
　8.1　水平角度测设 ………………………………………………………………… 113
　8.2　水平距离测设 ………………………………………………………………… 114
　8.3　高程及坡度线测设 …………………………………………………………… 114
　8.4　平面点位的测设 ……………………………………………………………… 116
　　思考题 ……………………………………………………………………………… 119

第二篇　工程应用篇

第9章　水利工程测量 ……………………………………………………………… 121
　9.1　大坝施工测量 ………………………………………………………………… 121
　9.2　渠道测量 ……………………………………………………………………… 128
　9.3　河道测量 ……………………………………………………………………… 135
　　思考题 ……………………………………………………………………………… 140

第 10 章　工业与民用建筑工程测量 ·· 141

　　10.1　建筑场地上的施工控制测量 ··· 141

　　10.2　一般民用建筑施工测量 ··· 146

　　10.3　工业厂房控制网和柱列轴线测设 ·· 151

　　10.4　高层建筑施工测量 ··· 157

　　10.5　烟囱、水塔施工测量 ·· 159

　　思考题 ·· 161

第 11 章　线路与桥梁工程测量 ·· 163

　　11.1　线路工程初测 ··· 163

　　11.2　线路工程定测 ··· 165

　　11.3　道路施工测量 ··· 181

　　11.4　架空输电线路测量 ··· 186

　　11.5　桥梁施工测量 ··· 196

　　思考题 ·· 200

第 12 章　地下空间与高速铁路工程测量 ·· 201

　　12.1　地下工程控制测量 ··· 201

　　12.2　隧道施工测量 ··· 202

　　12.3　管道施工测量 ··· 204

　　12.4　高速铁路施工测量 ··· 206

　　思考题 ·· 212

附录　光学仪器的检验与校正 ··· 213

　　附录 A　水准仪的检验与校正 ··· 213

　　附录 B　经纬仪的检验与校正 ··· 216

参考文献 ·· 220

第一篇
知识技能篇

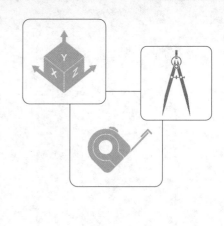

第1章
绪　　论

1.1　测量学概述

1.1.1　测量学的定义

测量学是研究如何测定地面点的平面位置和高程，将地球表面的地物、地貌及其他信息绘制成图，确定地球的形状、大小和空间位置的科学。它的内容包括两个部分，即测定和测设。测定是指使用测量仪器和工具，通过测量和计算得到一系列测量数据或把地球表面的地形缩绘成地形图，供经济建设、规划设计、科学研究和国防建设使用。测设是指把图纸上规划设计好的建筑物、构筑物的平面位置和高程在地面上一一标定出来，作为施工的依据。

1.1.2　测量学的分类

测量学按照研究范围和对象的不同，可分为如下几个分支学科：

大地测量学：研究整个地球的形状和大小，解决大地区控制测量、地壳变形以及地球重力场变化和问题的学科。

普通测量学：不考虑地球曲率的影响，研究小范围地球表面形状的测绘工作的学科。

摄影测量与遥感学：研究利用摄影或遥感的手段来测定目标物的形状、大小和空间位置，判断其性质和相互关系的理论技术的学科。

海洋测量学：研究以海洋和陆地水域为对象所进行的测量和制图工作的学科。

工程测量学：研究各种工程建设在规划设计、施工和运营管理阶段时的各种测量工作理论和技术的学科。

地图制图学：研究利用测量成果制作各种地图的理论、工艺和方法及其应用的学科。

1.1.3　测量学的发展

随着现代科学技术的发展，以"3S"［全球卫星定位系统（global positioning system，GPS）、遥感（remote sensing，RS）、地理信息系统（geographic information system，GIS）］

为代表的现代测绘技术快速发展并应用于测绘生产中，测绘产品也逐步实现向"4D"（数字高程模型 DEM、数字线划图 DLG、数字正射影像 DOM、数字栅格图 DRG）产品的过渡。随着电子计算机技术、人造地球卫星技术及许多空间技术的发展，传统的测绘学理论和技术发生了巨大的变革。测绘学研究的对象不再仅仅只是地球，已扩展到地球外层空间的各种自然和人造实体。传统的测图作业方式也正在向内外业一体化地面数字测图和全数字摄影测量发展，测绘学的服务范围和对象由制作国家基本地形图扩大到国民经济和国防建设中与地理空间数据有关的各个领域，使得测绘学科从单一学科向多学科交叉，正向着地球空间信息科学（geo-spatial information science）跨越和融合，测绘科学必然会像更高层次的自动化、数字化、信息化和网络化方向发展。

1.1.4 测量学的应用

工程测量是测量学的一门分支学科，是直接为工程建设服务的，它的服务和应用范围包括城建、地质、铁路、交通、房地产管理、水利电力、能源、航天和国防等各种工程建设部门。

按工程测量所服务的工程种类，也可分为建筑工程测量、线路测量、桥梁与隧道测量、矿山测量、城市测量和水利工程测量等。此外，还将用于大型设备的高精度定位和变形观测称为高精度工程测量；将摄影测量技术应用于工程建设称为工程摄影测量；而将以电子全站仪或地面摄影仪为传感器在电子计算机支持下的测量系统称为三维工业测量。

按工程建设的进行程序，工程测量可分为规划设计阶段的测量、施工阶段的测量和竣工后的运营管理阶段的测量。规划设计阶段的测量主要是提供各种比例尺地形图和测绘资料，一般可通过在所建立的控制测量的基础上进行地面测图或航空摄影测量。施工阶段的测量主要是按照设计要求在实地准确地标定建筑物各部分的平面位置和高程，作为施工与安装的依据。一般也要求先建立施工控制网，然后根据工程的要求进行各种测量工作。竣工后的运营管理阶段的测量包括竣工测量、施测竣工图，以供日后改建和维修养护，对建筑物和构筑物的工程安全状况进行变形观测，以保证工程的安全使用。由此可见，测量工作贯穿于工程建设的各个阶段，测量的速度和精度决定了整个工程的进度和质量。

1.2 地面点位的确定

测量工作的实质是确定地面点的位置。确定地面点的位置要了解地球的形状大小和地面点位的表示方式。

1.2.1 地球的形状和大小

在整个地球表面，陆地面积仅占 29%，而海洋面积占了 71%。因此，可以设想地球的整体形状是被海水所包围的球体，即设想将一静止的海洋面扩展延伸，使其穿过大陆和岛屿，形成一个封闭的曲面，这一静止的海水面称作水准面。由于海水受潮汐风浪等影响而时高时低，故水准面有无穷多个，其中与平均海水面相吻合的水准面称作大地水准面，如图 1-1 所示。由大地水准面所包围的形体称为大地体，通常用大地体来代表地球的真实形状和大小。

图 1-1　大地水准面

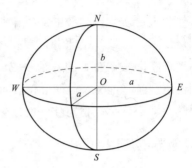

图 1-2　旋转椭球体

水准面的特性是处处与铅垂线相垂直。同一水准面上各点的重力位相等，故又将水准面称为重力等位面，它具有几何意义及物理意义。大地水准面和铅垂线就是实际测量工作所依据的基准面和基准线。

由于地球内部质量分布不均匀，致使地面上各点的铅垂线方向产生不规则变化，因此，大地水准面是一个不规则的无法用数学式表述的曲面，在这样的面上是无法进行测量数据的计算及处理的。因此人们进一步设想，用一个与大地体非常接近的又能用数学式表述的规则球体，即旋转椭球体来代表地球的形状。如图 1-2 所示，它是由椭圆 NESW 绕短轴 NS 旋转而成。旋转椭球体的形状和大小由椭球基本元素确定，即：

长半轴：a

短半轴：b

扁　率：$\alpha = \dfrac{a-b}{a}$

某一国家或地区为处理测量成果而采用与大地体的形状大小最接近，又适合本国或本地区要求的旋转椭球，这样的椭球体称为参考椭球体。确定参考椭球体与大地体之间的相对位置关系，称为椭球体定位。参考椭球体面只具有几何意义而无物理意义，它是严格意义上的测量计算基准面。由于参考椭球的扁率很小，在小区域的普通测量中可将地（椭）球看作圆球，其半径 $R = (a+a+b/3) = 6371$ km。几个著名的椭球体参数见表 1-1。

表 1-1　　　　　　　　　　　　几个著名的椭球体参数

椭球名称	长半轴 a（m）	扁率 α	计算年代和国家	备注
克拉索夫斯基	6 378 245	1:298.3	1940　苏联	中国 1954 北京坐标系采用
1975 国际椭球	6 378 140	1:298.257	1975 国际 第三个推荐值	中国 1980 国家 大地坐标系采用

续表

椭球名称	长半轴 a（m）	扁率 α	计算年代和国家	备注
WGS-84	6 378 137	1:298.257	1979 国际 第四个推荐值	美国 GPS 采用
2000	6 378 137	1:298.257	中国	中国 2000 国家 大地坐标系采用

1.2.2　地面点位置的确定

地面点的位置需用坐标和高程来确定。坐标是指地面点投影到基准面上的位置,高程表示地面点沿投影方向到基准面的距离。根据不同的需要可以采用不同的坐标系和高程系。

1. 地面点位的坐标系

(1)地理坐标系。当研究和测定整个地球的形状或进行大区域的测绘工作时,可用地理坐标来确定地面点的位置。地理坐标是一种球面坐标,依据球体的不同而分为天文坐标系和大地坐标系。

1)天文坐标系。以大地水准面为基准面,地面点沿铅垂线投影在该基准面上的位置,称为该点的天文坐标。该坐标用天文经度和天文纬度表示。如图 1-3 所示,将大地体看作地球,NS 即为地球的自转轴,N 为北极,S 为南极,O 为地球体中心。包含地面点 P 的铅垂线且平行于地球自转轴的平面称为 P 点的天文子午面。天文子午面与地球表面的交线称为天文子午线,也称经线。而将通过英国格林尼治天文台

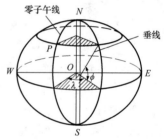

图 1-3　天文坐标

埃里中星仪的子午面称为起始子午面,相应的子午线称为起始子午线或零子午线,并作为经度计量的起点。过点 P 的天文子午面与起始子午面所夹的两面角就称为 P 点的天文经度,用 λ 表示,其值为 $0°\sim180°$,在本初子午线以东的叫东经,以西的叫西经。

通过地球体中心 O 且垂直于地轴的平面称为赤道面,它是纬度计量的起始面。赤道面与地球表面的交线称为赤道。其他垂直于地轴的平面与地球表面的交线称为纬线。过点 P 的铅垂线与赤道面之间所夹的线面角就称为 P 点的天文纬度,用 φ 表示,其值为 $0°\sim90°$,在赤道以北的叫北纬,以南的叫南纬。

天文坐标 (λ,φ) 是用天文测量的方法实测得到的。

2)大地坐标系。以参考椭球面为基准面,地面点沿椭球面的法线投影在该基准面上的位置,称为该点的大地坐标。该坐标用大地经度和大地纬度表示。如图 1-4 所示,包含地面点 P 的法线且通过椭球旋转轴的平面称为 P 的大地子午面。过 P 点的大地子午面与起始大地子午面所夹的两面角就称为 P 点的大地经度,用 L 表示,其值分为东经 $0°\sim180°$ 和西经 $0°\sim180°$。过点 P 的法线与椭球赤道面所夹的线面角就称为 P 点的大地纬度,用 B 表示,其值分为北纬 $0°\sim90°$ 和南纬 $0°\sim90°$。我国 1954 年北京坐标系和 1980 年国家大

工程测量

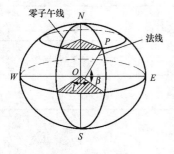

图 1-4 大地坐标

地坐标系就是分别依据两个不同的椭球建立的大地坐标系。大地坐标（L，B）因所依据的椭球体面不具有物理意义而不能直接测得，只可通过计算得到。

（2）地心坐标系。卫星大地测量是利用空中卫星的位置来确定地面点的位置，由于卫星围绕地球质心运动，因此卫星大地测量中需要采用地心坐标系。坐标原点为包括海洋和大气的整个地球的质量中心的坐标系为地心坐标系，我国的 2000 国家大地坐标系和美国的全球定位系统采用的 WGS-84 坐标就属于这类坐标。

2000 国家大地坐标系的 Z 轴由原点指向历元 2000.0 的地球参考极的方向，X 轴由原点指向格林尼治参考子午线与地球赤道面（历元 2000.0）的交点，Y 轴与 Z 轴、X 轴构成右手正交坐标系，采用广义相对论意义下的尺度。我国自 2008 年 7 月 1 日起启用 2000 国家大地坐标系。美国全球定位系统所采用的 WGS-84 坐标系 Z 轴指向国际时间局 BIH1984.0 定义的协议地球极方向（CTP），X 轴指向 BIH1984.0 的零子午圈与 CTP 赤道的交点，Y 轴垂直于 X、Z 轴，X、Y、Z 轴构成右手正交坐标系。

（3）平面直角坐标系。在实际测量工作中，通常是采用平面直角坐标系，如高斯平面直角坐标系和独立测区的平面直角坐标系。测量工作中所用的平面直角坐标系与数学上的直角坐标系有些不同：数学中的平面直角坐标系的横轴为 x 轴，纵轴为 y 轴，象限按逆时针方向编号，如图 1-5（a）所示；而测量工作中的平面直角坐标系以 x 轴为纵轴，一般表示南北方向，以 y 轴为横轴一般表示东西方向，象限为顺时针编号，直线的方向都是从纵轴北端按顺时针方向度量的，如图 1-5（b）所示。这样的规定使数学中的三角公式在测量坐标系中完全适用。

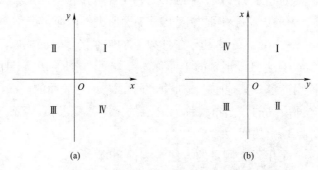

图 1-5 平面直角坐标
（a）数学平面直角坐标系；（b）测量平面直角坐标系

1）高斯平面直角坐标系。当测区范围较大时，要建立平面坐标系，就不能忽略地球曲率的影响，必须采用地图投影的方法将球面上的大地坐标转换为平面直角坐标。目前我国采用的是高斯投影，高斯投影是由德国数学家、测量学家高斯提出的一种横轴等角切椭圆柱投影，该投影解决了将椭球面转换为平面的问题。从几何意义上看，就是假设一个椭圆柱横套在地球椭球体外并与椭球面上的某一条子午线相切，这条相切的子午线称为中央子午线。假想在椭球体中心放置一个光源，通过光线将椭球面上一定范围内的物象映射到椭圆柱的内表面上，然后将椭圆柱面沿一条母线剪开并展成平面，即获得投影后的平面图形，如图 1−6 所示。

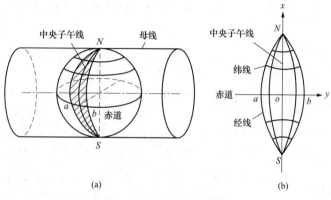

图 1−6　高斯投影概念

　　a. 高斯分带投影。高斯投影没有角度变形，但有长度变形和面积变形，离中央子午线越远，变形就越大，为了对变形加以控制，测量中采用限制投影区域的办法，即将投影区域限制在中央子午线两侧一定的范围，这就是所谓的分带投影，如图 1−7 所示。投影带一般分为 6°带和 3°带两种，如图 1−8 所示。

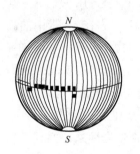

图 1−7　投影分带

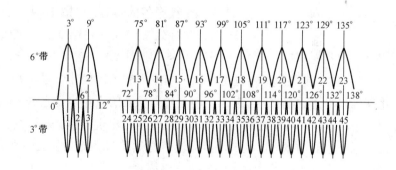

图 1−8　6°带和 3°带投影

　　6°带投影是从英国格林尼治起始子午线开始，自西向东，每隔经差 6°分为一带，将地球分成 60 个带，其编号分别为 1、2、…、60。每带的中央子午线经度可用式（1−1）计算。

$$L_6 = (6N - 3)^{\circ} \tag{1−1}$$

式中　N——6°带的带号。

　　若已知中央子午线经度，则带号可用式（1−2）计算：

$$N = \left[\frac{L_6}{6}\right] + 1 \tag{1−2}$$

式中　[ ]——取整符号。

6°带的最大变形在赤道与投影带最外一条经线的交点上，长度变形为0.14%，面积变形为0.27%。

3°投影带是在6°带的基础上划分的。每3°为一带，共120带，其中央子午线在奇数带时与6°带中央子午线重合，每带的中央子午线经度可用式（1-3）计算。

$$L_3 = (3n)° \tag{1-3}$$

式中　n——3°带的带号。

若已知中央子午线经度，则带号可用式（1-4）计算。

$$n = \left[\frac{L_3 - 1.5°}{3} \right] + 1 \tag{1-4}$$

3°带的边缘最大变形现缩小为长度0.04%，面积0.14%。

b. 高斯坐标。通过高斯投影，将中央子午线的投影作为纵坐标轴，用 x 表示；将赤

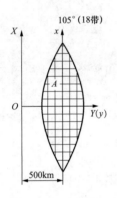

图1-9　高斯平面直角坐标

道的投影作为横坐标轴，用 y 表示；两轴的交点作为坐标原点。由此构成的平面直角坐标系称为高斯平面直角坐标系，如图1-9所示。对应于每一个投影带，就有一个独立的高斯平面直角坐标系，区分各带坐标系则利用相应投影带的带号。

在每一投影带内，y 坐标值有正有负，这对计算和使用均不方便，为了使 y 坐标都为正值，故将纵坐标轴向西平移500km（半个投影带的最大宽度不超过500km），并在 y 坐标前加上投影带的带号。如图1-9中的 A 点位于18投影带，其自然坐标为 $x=3\ 395\ 451\text{m}$、$y=-82\ 261\text{m}$，它在18带中的高斯通用坐标则为 $X=3\ 395\ 451\text{m}$、$Y=18\ 417\ 739\text{m}$。

2）独立测区的平面直角坐标。当测区的范围较小，能够忽略该区地球曲率的影响而将其当作平面看待时，可在此平面上建立独立的直角坐标系。一般选定子午线方向为纵轴，即 x 轴，原点设在测区的西南角，以避免坐标出现负值。测区内任一地面点用坐标（x, y）来表示，它们与本地区统一坐标系没有必然的联系而为独立的平面直角坐标系。如有必要可通过与国家坐标系联测而纳入统一坐标系。

2. 地面点的高程系统

（1）绝对高程。在一般的测量工作中都以大地水准面作为高程起算的基准面。因此，地面任一点沿铅垂线方向到大地水准面的距离就称为该点的绝对高程或海拔，简称高程，用 H 表示。如图1-10所示，图中的 H_A、H_B 分别表示地面上 A、B 两点的高程。我国采用的"1985国家高程基准"是根据青岛验潮站1952~1979年间的验潮资料计算确定的黄海平均海水面

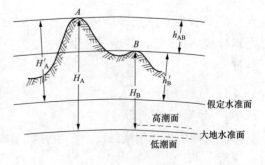

图1-10　地面点的高程

（其高程为零）作为大地水准面，并在青岛观象山建立水准原点，通过水准测量的方法将验潮站确定的高程零点引测到水准原点，推算大地水准原点高程为 72.260m，并于 1987 年启用。

（2）相对高程。当测区附近暂没有国家高程点可联测时，也可临时假定一个水准面作为该区的高程起算面。地面点沿铅垂线至假定水准面的距离，称为该点的相对高程或假定高程。如图 1-10 中的 H'_A、H'_B 分别为地面上 A、B 两点的假定高程。

地面上两点之间的高程之差称为高差，用 h 表示，例如，A 点至 B 点的高差可写为：

$$h_{AB} = H_B - H_A = H'_B - H'_A \qquad (1-5)$$

由式（1-5）可知，高差有正、有负，并用下标注明其方向。在土木建筑工程中，又将绝对高程和相对高程统称为标高。

1.3 用水平面代替水准面的限度

在实际测量中，在一定的测量精度要求和测区面积不大的情况下，往往以水平面直接代替水准面，但是这必定会影响到高程、距离和角度的测量。

1.3.1 水准面曲率对水平距离的影响

如图 1-11 所示，设 DAE 是水准面，AB 为其上的一段圆弧，设长度为 S，其所对圆心角为 θ，地球半径为 R，此时假定大地水准面作为一个圆球面。另自 A 点作切线 AC，设长为 t，如果将切于 A 点的水平面代替水准面，即以相应的切线段 AC 代替圆弧 AB，则在距离方面将产生误差 ΔS，由图可得 $\Delta S = t - S$，其中：$t = R \tan \theta$，$s = R \cdot \theta$，因为 θ 角值一般较小，利用级数展开，略去 5 次方后以 $\theta = \dfrac{S}{R}$ 代入，整理得：

$$\Delta S = \frac{1}{3} \left(\frac{S}{R} \right)^3 \qquad (1-6)$$

$$\frac{\Delta S}{S} = \frac{1}{3} \left(\frac{S}{R} \right)^2 \qquad (1-7)$$

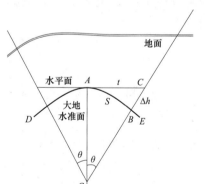

图 1-11　水平面代替水准面的影响

当水平距离为 10km 时，以水平面代替水准面所产生的距离误差为距离的 1/1 217 700，现在最精密距离丈量的容许误差为其长度的 1/1 000 000。因此在半径为 10km 的圆面积内进行长度的测量工作时，可以不必考虑地球曲率，在此范围内把水准面当作水平面看待，其误差可忽略不计。

1.3.2 水准面的曲率对水平角度的影响

由球面三角学可知（见图 1-12），同一个空间多边形在球面上投影的各内角之和，较

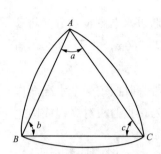

图 1-12 球面角超

其在平面上投影的各内角之和大一个球面角超 ε 的数值。

$$\varepsilon = \rho \frac{P}{R^2} \qquad (1-8)$$

式中 P——球面多边形的面积；

   R——地球半径；

   ρ——一弧度相应的秒值，且 $\rho = 206\,265''$。

以不同的球面多边形面积代入式（1-8），计算表明对于面积在 100km² 以内的多边形，地球曲率对水平角度的影响角超为 0.51″，仅在最精密的测量中需考虑。故一般在面积为 100km² 范围内水平角度测量可不考虑地球曲率影响。

1.3.3   地球曲率对高差的影响

由图 1-11 可知：

$$(R + \Delta h)^2 = R^2 + t^2$$

$$\Delta h = \frac{t^2}{2R + \Delta h} \qquad (1-9)$$

当两点间投影的水平距离与在大地水准面上的弧长相差很小时，可用 S 代替 t，同时考虑 Δh 比地球半径 R 小得可忽略不计，故式（1-9）可写成：

$$\Delta h = \frac{S^2}{2R} \qquad (1-10)$$

当 $S = 10$km 时，$\Delta h = 7.8$m；当 $S = 100$m 时，$\Delta h = 0.78$mm。

从上面计算表明：地球曲率的影响对高差而言，即使在很短的距离内也必须加以考虑。

1.4   测量工作概述

测量工作的基本任务是要确定地面点的平面位置和高程。确定地面点的几何位置需要进行一些测量的基本工作，为了保证测量成果的精度及质量需遵循一定的测量原则。

1.4.1   测量的基本工作

如图 1-13 所示，A、B、C、D、E 为地面上高低不同的一系列点，构成空间多边形 $ABCDE$，图下方为水平面。从 A、B、C、D、E 分别向水平面作铅垂线，这些垂线的垂足在水平面上构成多边形 $abcde$，水平面上各点就是空间相应各点的正射投影；水平面上多边形的各边就是各空间斜边的正射投影；水平面上的角就是包含空间两斜边的两面角在水平面上的投影。地形图就是将地面点正射

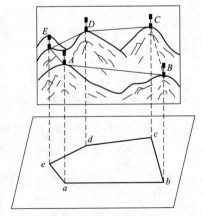

图 1-13   测量的基本工作

投影到水平面上后再按一定的比例尺缩绘至图纸上而成的。由此看出，地形图上各点之间的相对位置是由水平距离 D、水平角 β 和高差 h 决定的，若已知其中一点的坐标 (x, y) 和过该点的标准方向及该点高程 H，则可借助 D、β 和 h 将其他点的坐标和高程算出。因此，不论进行任何测量工作，在实地要测量的基本要素都是：距离（水平距离或斜距）、角度（水平角和竖直角）、高程（高差）。

1.4.2　测量工作的原则

测量工作的目的之一是测绘地形图，地形图是通过测量一系列碎部点（地物点和地貌点）的平面位置和高程，然后按一定的比例，应用地形图符号和注记缩绘而成。测量工作不能一开始就测量碎部点，而是先在测区内统一选择一些起控制作用的点，将它们的平面位置和高程精确地测量计算出来，这些点被称作控制点，由控制点构成的几何图形称作控制网，然后再根据这些控制点分别测量各自周围的碎部点，进而绘制成图。这种先建控制网，然后以控制网为基础再进行碎部测量的工作程序是测量工作必须遵循的一条基本原则，称为"从整体到局部""先控制后碎部"的原则；在测量精度上则要遵循"由高级到低级"的原则，为了防止误差积累，确保测量精度还应做到"步步检核"。

思考题

1. 测量工作的实质是什么？
2. 测量工作的基本原则是什么？
3. 测量工作的三个基本要素是什么？
4. 测量平面直角坐标系如何建立？与数学笛卡尔坐标系有何不同？
5. 地面某两点之间的相对高程之差与绝对高程之差是否相同，为什么？
6. 若地面某点 P 经度为 $117°26'$，试计算该点所在 $6°$ 带的带号及该 $6°$ 带中央子午线的经度。

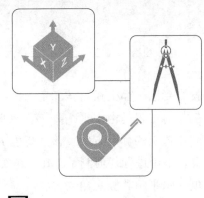

第2章
水 准 测 量

确定地面点高程的测量工作称为高程测量。按使用的仪器、施测方法和精度要求的不同，高程测量的方法可分为水准测量、三角高程测量、气压高程测量、GNSS 高程测量、液体静力水准测量等。水准测量是目前精度较高的一种高程测量方法，在国家高程控制测量、工程勘测和施工测量中应用广泛。

2.1 水准测量的原理

2.1.1 水准测量原理

水准测量的原理是借助水准仪提供的水平视线，配合水准尺测定地面上两点间的高差。

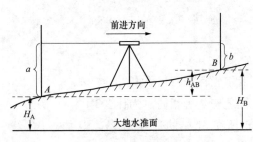

图 2-1 水准测量原理

图 2-1 中，为了求出 A、B 两点的高差 h_{AB}，在 A、B 两个点上竖立水准尺，在 A、B 两点之间安置水准仪，分别读得 A、B 两点标尺上读数 a 和 b，则 A、B 两点的高差为：

$$h_{AB} = a - b \qquad (2-1)$$

$A \rightarrow B$ 方向为前进方向，读数 a 称为"后视读数"，读数 b 称为"前视读数"。高差 h_{AB} 可能是正，也可能是负，正值表示点 B 高于点 A，负值表示点 B 低于点 A。此外，高差的正负号又与测量进行的方向有关，例如图 2-1 中测量由 A 向 B 进行，高差 h_{AB} 为正；反之由 B 向 A 进行，则高差用 h_{BA} 表示，其值为负。因此，在说明高差时必须标明高差的正负号，并说明测量进行方向。

1. 高差法

高差法是直接利用高差计算未知点 B 高程的方法。若 A 点高程已知为 H_A，测得 A、B 两点间高差 h_{AB}，则 B 点高程 H_B 为：

$$H_B = H_A + h_{AB} = H_A + (a - b) \qquad (2-2)$$

2. 视线高法

视线高法是利用仪器视线高程 H_i 计算未知点 B 高程的方法。由图 2-1 可知，A 点高程 H_A 加后视读数 a 与 B 点高程 H_B 加前视读数 b 相等，均为仪器视线的高程。

$$H_B + b = H_A + a = H_i \qquad (2-3)$$

则 B 点高程 H_B 为：

$$H_B = H_i - b = (H_A + a) - b \qquad (2-4)$$

在施工测量中，有时需要安置一次仪器同时测算出多个地面点的高程，则用视线高法比较方便。

2.1.2 连续水准测量

当两点相距较远、高差太大或不能直接通视时，安置一次仪器无法测定其高差。此时，可沿一条路线分段连续进行水准测量（见图 2-2）。从图 2-2 中可得：

$$h_1 = a_1 - b_1$$
$$h_2 = a_2 - b_2$$
$$\cdots$$
$$\frac{h_n = a_n - b_n}{h_{AB} = \sum h = \sum a - \sum b} \qquad (2-5)$$

即两点的高差等于连续各段高差的代数和，也等于后视读数之和减去前视读数之和。通常要用 $\sum h$ 和 $\sum a - \sum b$ 两种方式进行计算，用来检核计算是否有误。

图 2-2 中置仪器的点 I、II、…称为测站。每相邻两水准点间称为一个测段。立标尺的点 1、2、…称为转点，它们在前一测站先作为待求高程的点，然后在下一测站再作为已知高程的点。转点起传递高程的作用，在相邻两测站的观测过程中，必须保证转点的稳定。

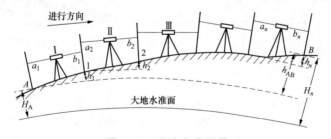

图 2-2 连续水准测量

2.2 水准测量仪器和工具

水准测量所使用的仪器和工具有水准仪、水准尺和尺垫。

水准仪可以提供严格的水平视线。目前常用的水准仪有微倾式水准仪——利用水准管来获得水平视线；自动安平水准仪——利用自动补偿器来获得水平视线；新型水准仪——

电子水准仪、激光水准仪等。

我国的水准仪系列标准一般有 DS_{05}、DS_1、DS_3 和 DS_{10} 四个等级。DS_{05} 和 DS_1 属于精密水准仪，用于国家一、二等水准测量；DS_3 和 DS_{10} 属于普通水准仪，常用于国家三、四等水准测量或等外水准测量。其中 D、S 是"大地测量"和"水准仪"汉语拼音的首字母，数字 05、1、3、10 则表示该仪器的精度。如 DS_3 型水准仪代表使用该仪器进行水准测量时每千米往返测高差中数的中误差为 $\pm3mm$，现工程建设中多使用 DS_3 型水准仪。

2.2.1 DS_3 微倾式水准仪

1. DS_3 微倾式水准仪的构造

DS_3 微倾式水准仪如图 2-3 所示，由三个主要部分组成：望远镜——用来提供视线，读取水准尺上的读数；水准器——用于指示仪器或视线是否处于水平位置；基座——用于置平仪器，它支承仪器的上部并使其在水平方向转动。

DS_3 微倾式水准仪各部分的名称如图 2-3 所示。基座上有三个脚螺旋，调节脚螺旋可使圆水准器的气泡居中，仪器粗略整平。望远镜和管水准器与仪器的竖轴连接成一体，竖轴插入基座的轴套内，可使望远镜和管水准器在基座上绕竖轴旋转。制动螺旋和微动螺旋用来控制望远镜在水平方向的转动。制动螺旋松开时，望远镜能自由旋转；旋紧时望远镜固定不动，旋转微动螺旋才能起作用，可使望远镜在水平方向做缓慢的转动，用来精确瞄准。旋转微倾螺旋可使望远镜连同管水准器做微量的上下倾斜，从而使视线精确水平。下面说明 DS_3 微倾式水准仪的主要部件和功能。

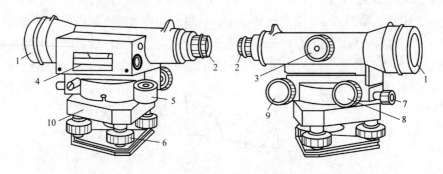

图 2-3 DS_3 微倾式水准仪的构造

1—物镜；2—目镜；3—调焦螺旋；4—管水准器；5—圆水准器；6—脚螺旋；
7—制动螺旋；8—微动螺旋；9—微倾螺旋；10—基座

（1）望远镜。望远镜是由物镜和目镜组成。测量仪器上的望远镜装有一个用来瞄准目标的十字丝分划板，它是刻在玻璃片上的十字丝，被安装在望远镜筒内靠近目镜的一端。水准仪上十字丝的图形如图 2-4 所示，水准测量中用它中间的横丝或楔形丝读取水准尺上的读数。

十字丝交点和物镜光心的连线称为视准轴（也称视线），是水准仪的主要轴线之一。为了能准确地照准目标或读数，望远镜内必须同时能看到清晰的物像和十字丝。望远镜内安装了一个调焦透镜（见图 2-5）。观测不同距离的目标，可旋转调焦螺旋，从而能在望远镜内清晰地看到所要观测的目标。目镜端设置了调焦螺旋，通过调节可以在望远镜内清晰地看到十字丝。

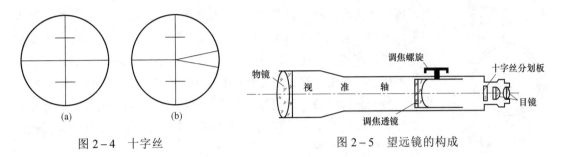

图 2-4　十字丝　　　　　　　　　　图 2-5　望远镜的构成

（2）水准器。水准器是用来置平仪器的一种设备，是测量仪器上的重要部件。水准器分为管水准器和圆水准器两种。

1）管水准器。管水准器又称水准管，是一个封闭的玻璃管，管的内壁在纵向磨成圆弧形，其半径可自 0.2m 至 100m。管内盛酒精或乙醚或两者混合的液体，并留有一气泡（见图 2-6）。管面上刻有间隔为 2mm 的分划线，分划的中点称水准管的零点。过零点与管内壁在纵向相切的直线称水准管轴。当气泡的中心点与零点重合时，称气泡居中，气泡居中时水准管轴位于水平位置，视线应水平。

水准管上一格所对应的圆心角称为水准管的分划值，范围为 10″～20″。水准管的分划值越小，视线置平的精度越高。

为了提高气泡居中的精度，在水准管的上面安装一套棱镜组（见图 2-7），使两端各有半个气泡的像被反射到一起。当气泡居中时，两端气泡的像就能符合，故这种水准器称为符合水准器，是微倾式水准仪上普遍采用的水准器。

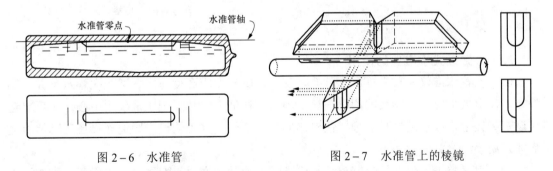

图 2-6　水准管　　　　　　　　　　图 2-7　水准管上的棱镜

2）圆水准器。圆水准器是一个封闭的圆形玻璃容器，顶盖的内表面为一球面，半径自 0.12m 至 0.86m，容器内盛乙醚类液体，留有一小圆气泡（见图 2-8）。容器顶盖中央刻有一小圈，小圈的中心是圆水准器的零点。通过零点的球面法线是圆水准器的轴，当圆水准器的气泡居中时，圆水准器的轴位于铅垂位置。

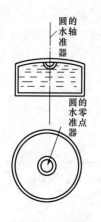

图 2-8 圆气泡

（3）基座。基座的作用是支撑仪器的上部同时将仪器与三脚架连接，主要由轴座、三个脚螺旋、三角形压板和底板构成。

2. 水准尺和尺垫

水准尺通常用优质木材、铝合金或玻璃钢制成，最常用的形状有直尺、塔尺和折尺三种（见图 2-9），长度有 2m、3m 和 5m 几种。塔尺和折尺多用于普通水准测量，塔尺能伸缩携带方便，但接合处容易产生误差；直尺比较坚固可靠。水准尺尺面绘有 1cm 或 5mm 黑白相间的分格，米和分米处注有数字。另外水准尺中还有双面尺，一面为黑白相间刻度，另一面为红白相间刻度的直尺，每两根为一对。两根的黑面都以尺底为零，而红面常用的尺底刻度分别为 4.687m 和 4.787m。双面尺用于较高等级的水准测量。

尺垫是用于转点上的一种工具，用钢板或铸铁制成（见图 2-10）。使用时把三个尖脚踩入土中，把水准尺立在突出的圆顶上。尺垫可使转点稳固防止平移和下沉。

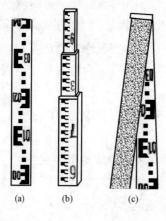

图 2-9 水准尺
（a）直尺；（b）塔尺；（c）折尺

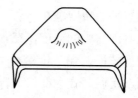

图 2-10 尺垫

3. DS₃微倾式水准仪的使用

（1）安置水准仪。首先打开三脚架，安置三脚架要求高度适当、架头大致水平并牢固稳定，在山坡上应使三脚架的两脚在坡下，一脚在坡上。然后把水准仪用中心连接螺旋连接到三脚架上，取水准仪时必须握住仪器的坚固部位，并确认已牢固地连接在三脚架上之后才可松手。

（2）粗略整平。仪器的粗略整平是用脚螺旋使圆水准器气泡居中。先用两个脚螺旋使气泡移到通过圆水准器零点并垂直于这两个脚螺旋连线的方向上。如图 2-11 中气泡自 a 移到 b，如此可使仪器在这两个脚螺旋连线的方向处于水平位置。然后用第三个脚螺旋使气泡居中，使原两个脚螺旋连线的垂线方向也处于水平位置，从而使整个仪器置平。如气泡仍有偏离可重复进行。应当注意的是操作时先旋转其中两个脚螺旋（反方向），然后只旋转第三个脚螺旋；气泡移动的方向和左手大拇指移动方向一致。

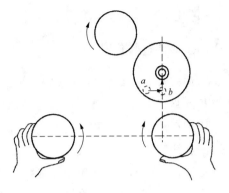

图 2-11 粗略整平

（3）照准目标。调节目镜调焦螺旋使十字丝清晰，然后利用望远镜的粗瞄器从外部瞄准水准尺，旋紧水平制动螺旋，再旋转物镜调焦螺旋使尺像清晰，这两步不可颠倒。最后用微动螺旋使十字丝竖丝照准水准尺。当照准不同距离处的水准尺时，需重新调节调焦螺旋才能使尺像清晰。

照准目标时必须要消除视差。视差是十字丝或目标成像不清晰，观测时眼睛稍作上下移动，目标与十字丝相互错动的现象。产生视差的原因是目标通过物镜所成的像和十字丝平面不重合。视差的存在会造成读数不准确。消除视差的方法是反复调节目镜调焦螺旋和物镜调焦螺旋，直至十字丝和尺像都清晰为止。

（4）精确整平。由于圆水准器的灵敏度较低，所以用圆水准器只能使水准仪粗略地整平，因此在每次读数前还必须用微倾螺旋使水准管气泡影像符合，使视线精确整平。由于微倾螺旋旋转时，经常在改变望远镜和竖轴的关系，当望远镜由一个方向转变到另一个方向时，水准管气泡一般不再符合，因此望远镜每次变动方向后，每次读数前都需要用微倾螺旋重新使气泡符合。

（5）读数。每个读数应有四位数，一般从尺上可读出米、分米和厘米数，然后估读出毫米数，零不可省略，如 1.020m、0.027m 等。读数前应先认清水准尺的分划，熟悉尺子的读数。在读数前后都应该检查水准管气泡是否仍然符合。

2.2.2 自动安平水准仪

自动安平水准仪是一种不用水准管而能自动获得水平视线的水准仪（见图 2-12）。由于水准管水准仪在用微倾螺旋使气泡符合时要花一定的时间，水准管灵敏度越高，整平需

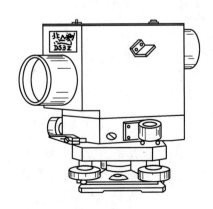

图 2-12 自动安平水准仪

要的时间越长。观测时还要随时注意气泡有无变动。而自动安平水准仪在用圆水准器使仪器粗略整平后，即可借助自动补偿器的功能直接得到水平视线进行读数。当仪器有微小的倾斜变化时，补偿器能随时调整，始终视线水平。因此它具有观测速度快、精度高的优点，被广泛地应用在各种等级的水准测量中。

自动安平水准仪的使用方法较微倾式水准仪简便。首先也是用脚螺旋使圆水准器气泡居中，完成仪器的粗略整平。然后用望远镜照准水准尺，即可用十字丝横丝读取水准尺读数，所得的就是水平视线读数。有的自动安平水准仪配有一个补偿器检查按钮，每次读数前按一

下该按钮，确认补偿器能正常作用再读数。

2.2.3 精密水准仪

精密水准仪有水准管式和自动安平式两种。除了有较高的置平精度外，构造上主要特点是都附有一个供读数用的光学测微装置，如图 2-13 所示。它包括装在望远镜物镜前的一块平行玻璃板，玻璃板可绕横轴做俯仰转动；另有一个测微尺通过连杆与平行玻璃板相连。旋转测微螺旋可以使平行玻璃板绕横轴转动，同时也带动了测微尺，从而可以测出平行玻璃板转动的量。水准仪上视线的最大平移量有 5mm 和 10mm 两种，相当于水准尺上一个分划。测微尺上的最小分划值为最大平移量的 1/100，即可直接读出 0.05mm 或 0.1mm。测微尺读数为 0 时，视线向上平移水准尺的半个分划，这就是测量高差时直接的视线高，如图 2-14（a）所示。

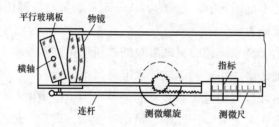

图 2-13　精密水准仪光学测微装置

精密水准仪的使用与普通水准仪基本相同，望远镜瞄准水准尺和精平后，旋转测微螺旋使楔形横丝精确照准水准尺的分划线，测微尺上即可精确读出视线平移量 Δ，即水准尺上不足一分划的量。如图 2-14（b）所示，从水准尺可直接读出厘米以上的值为 152，从测微尺上读出毫米及以下的值为 61，故全部读数为 15 261，单位为 0.1mm。

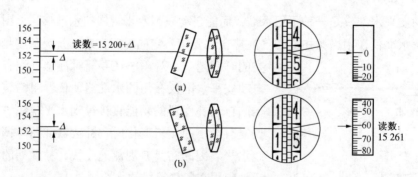

图 2-14　精密水准仪读数

精密水准仪必须配有精密水准尺。这种尺一般是铟瓦水准尺，铟瓦是一种膨胀系数极小的合金。用铟瓦做成一根长 3m 的带尺，带上标有刻划，安装在木质尺身内，数字注在木尺上。

精密水准尺上的分划注记形式一般有两种：一种是尺身上两排均为基本划分，其最小分划为 10mm，但彼此错开 5mm，尺身一侧注记米数，另一侧注记分米数。尺身标有大、小三角形，小三角形表示半分米处，大三角形表示分米的起始线。这种水准尺上的注记数字比实际长度增大了一倍，即 5mm 注记为 1cm。因此使用这种水准尺进行测量时，要将观测高差除以 2 才是实际高差（见图 2–15）。另一种是尺身上刻有左右两排分划，右边为基本分划，左边为辅助分划。基本分划的注记从零开始，辅助分划的注记从某一常数 K 开始，K 称为基辅差。其作用如同双面水准尺，可检核读数用。

2.2.4　电子水准仪

电子水准仪又称为数字水准仪（见图 2–16），它是在自动安平水准仪的基础上发展起来的，可以利用条形编码标尺进行自动水准测量。条形编码标尺是与电子水准仪配套使用的水准尺，通常由玻璃纤维或铟瓦制成。在水准测量时，电子水准仪中的线译码器捕获仪器视场内的标尺影像作为测量信号，然后与仪器的参考信号进行比较，即可获得数据，在显示屏上直接显示中丝读数和视距，测量时标尺也一定要竖直。电子水准仪可进行夜间作业，只要标尺被照亮，即可进行测量。另外也可利用普通水准尺与光学仪器一样进行水准测量。

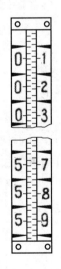

图 2–15　精密水准尺

图 2–16　电子水准仪

电子水准仪的主要优点是：① 操作简捷，自动观测和记录，并立即用数字显示测量结果；② 整个观测速度快，只要照准标尺聚焦，按动测量键即可完成标尺读数和视距测量，可大大减少观测误差；③ 仪器还附有数据处理器及与之配套的软件，可将观测结果输入计算机进行后处理，实现测量工作自动化和流水线作业，大大提高了工作效率。

电子水准仪的使用时，用键盘上的按键和侧面的测量按钮来操作。在 LCD 显示屏上显示测量结果和系统的状态给使用者。进行测量时，在完成安置、粗平、瞄准目标（条形编码水准尺）后，按下测量键后，短时间内就会显示出测量结果。其测量结果可储存在电子水准仪内或通过电缆连接存入计算机。

2.2.5 激光水准仪

水准仪的视准轴一般是不可见的,因此在有的工程如设备安装抄平中用起来不太方便。激光水准仪的出现解决了这一问题,它主要由氦氖激光器和水准仪两部分组成,它将激光器发出的激光束,经过棱镜系统导入水准仪的望远镜镜筒内,使之沿视准轴方向射出一束红色的可见光,利用这束可见光就可以进行必要的水准测量。

2.3 普通水准测量

2.3.1 水准点和水准路线

1. 水准点

为了统一全国的高程系统和满足各种工程建设的需要,我国已建立了统一的高程控制网。它是以黄海平均海水面作为高程起算面,称为 1985 国家高程基准。水准原点设在青岛,高程为 72.260m。全网分为一、二、三、四等共 4 个等级,低一级控制网依据高一级控制网建立。

在水准测量中,已知高程控制点和待定高程控制点都称为水准点,记为 BM。水准点有永久性和临时性两种。国家等级永久性水准点如图 2-17(a)所示,一般用石料或混凝土制成,埋到地面冻土以下,顶面镶嵌不易锈蚀材料制成的半球形标志。也可以用金属标志埋设于稳固的建筑物墙脚上,称为墙上水准点。

等级较低的永久性水准点,制作和埋设可简单些,如图 2-17(b)所示。

临时性水准点可利用地面上突出稳定的坚硬岩石、门廊台阶角等,用红色油漆标记;也可用木桩、钢钉等打入地面,并在桩顶标记点位。其示意图如图 2-17(c)所示。

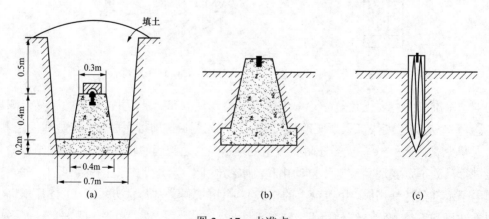

图 2-17 水准点
(a)国家等级永久性水准点;(b)等级较低的永久性水准点;(c)临时性水准点

2. 水准路线

水准测量前应根据要求布置并选定水准点的位置，埋设好水准点标石，拟定水准路线形式。一般有以下几种：

（1）附合水准路线。水准测量从一个已知高程的水准点开始，结束于另一已知高程的水准点。这种水准路线称为附合水准路线，可使测量成果得到可靠的检核，如图 2-18（a）所示。

（2）闭合水准路线。水准测量从一个已知高程的水准点开始，最后又闭合到这个水准点上。这种水准路线称为闭合水准路线，同样也可以使测量成果得到检核，如图 2-18（b）所示。

（3）支水准路线。水准测量从一个已知高程的水准点开始，最后既不附合也不闭合到已知高程的水准点上，这种水准路线称为支水准路线。支水准路线不能对测量成果进行检核。因此必须进行往返测或每站高差进行两次观测，如图 2-18（c）所示。

（4）水准网。当几条附合水准路线、闭合水准路线或支水准路线连接在一起时，就形成了水准网，如图 2-18（d）（e）所示。水准网可使检核成果的条件增多，从而提高成果的精度。

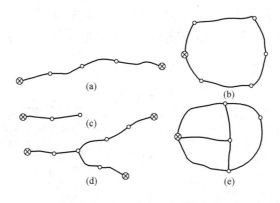

图 2-18 水准路线

（a）附合水准路线；（b）闭合水准路线；（c）支水准路线；（d）水准网；（e）水准网

2.3.2 普通水准测量的施测

1. 外业施测过程

在实际工作中，应先拟定水准路线，埋设水准点标石，并绘制点之记。普通水准测量施测方法如图 2-19 所示，图中 A 为已知高程点，B、C 为待求高程点。施测过程如下：

（1）首先在已知高程点 A 上竖立水准尺，若 AB 间存在距离较远、高差较大或不通视的情况，可在测量前进方向设立第一个转点 Z_1，必要时放置尺垫，并竖立水准尺。

（2）在离 A、Z_1 两点等距离的 I 处安置水准仪。粗略整平后照准起始点 A 上的水准尺，用微倾螺旋使管水准气泡符合后，读取 A 点的后视读数 2.073，记入表 2-1 后视栏。

（3）旋转望远镜照准转点 Z_1 上的水准尺，符合管水准气泡后读取 Z_1 点的前视读数 1.526，记入表 2－1 前视栏。

（4）计算出这两点间的高差。后视读数与前视读数的差值，即 $2.073-1.526=+0.547$，记入表 2－1 高差栏。

（5）此后在转点 Z_1 处的水准尺不动，仅把尺面转向前进方向。在 A 点的水准尺竖立在转点 Z_2 处，Ⅰ 点的水准仪迁至与 Z_1、Z_2 两转点等距离的 Ⅱ 处。按第 Ⅰ 站同样的步骤和方法读取后视读数和前视读数，并计算出高差。如此继续进行直至点 B。B 至 C 点同样测得。

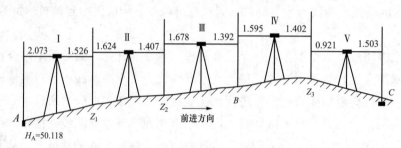

图 2－19　普通水准测量

记录和计算值要正确地填入表 2－1 相应的栏内。测段 AB 间各测站所得的高差代数和 $\sum h$，就是点 A 与点 B 的高差。点 B 的高程等于点 A 的高程与 A、B 间高差的和。测量的目的是求待定水准点的高程，转点的高程不需计算。

表 2－1　　　　　　　　　　普 通 水 准 测 量 手 簿

测站	测点	后视读数	前视读数	高差	高程	备注
Ⅰ	A	2.073		$+0.547$	50.118	A 点高程已知
	Z_1		1.526			
Ⅱ	Z_1	1.624		$+0.217$		
	Z_2		1.407			
Ⅲ	Z_2	1.678		$+0.286$		
	B		1.392		51.168	
Σ		5.375	4.325	$+1.050$		
计算检核		$\sum a - \sum b = 1.050$		$\sum h = 1.050$	$H_B - H_A = 1.050$	

2. 水准测量成果的检核

为了保证水准测量成果的正确可靠，对水准测量的成果必须进行检核。检核方法有计算检核、测站检核和水准路线检核。

（1）计算检核。在每一测段结束后必须进行计算检核。检查后视读数之和与前视读数之和的差（$\sum a - \sum b$）是否等于各站高差之和（$\sum h$）。如不相等，则计算中必有错误，应进行检查。但这种检核只能检查计算工作有无错误，而不能检查出测量过程中所产生的错误（如读错记错）。

（2）测站检核。为防止在一个测站上所测高差发生错误，可在每个测站上对观测结果进行检核，方法如下：

1）两次仪器高法。在每个测站上一次测得两尺间的高差后，改变一下水准仪的高度，再次测量两转点间的高差。对于一般水准测量，当两次所得高差之差小于 5mm 时可认为合格，取其平均值作为该测站所得高差，否则应进行检查或重测。

2）双面尺法。利用双面水准尺分别由黑面和红面读数测出的高差，扣除一对水准尺的常数差后，两个高差之差符合限差，取其平均值作为该测站所得高差，否则应进行检查或重测。

（3）水准路线检核。

1）附合水准路线。为使测量成果得到可靠的检核，最好把水准路线布设成附合水准路线。对于附合水准路线，理论上在两已知高程水准点间所测得各站高差之和应等于起止两水准点间高程之差。如果它们不能相等，其差值称为高差闭合差，用 f_h 表示。所以附合水准路线的高差闭合差为：

$$f_h = \sum h - (H_{\text{终}} - H_{\text{起}}) \qquad (2-6)$$

高程闭合差的大小在一定程度上反映了测量成果的质量。

2）闭合水准路线。在闭合水准路线上也可对测量成果进行检核。因为它起闭于同一个点，所以理论上全线各站高差之和应等于零。如果高差之和不等于零，则其差值即 $\sum h$ 就是闭合水准路线的高差闭合差，即

$$f_h = \sum h \qquad (2-7)$$

3）支水准路线。支水准路线必须在起终点间用往返测进行检核。理论上往返测所得高差的绝对值应相等，但符号相反，或者是往返测高差的代数和应等于零。如果往返测高差的代数和不等于零，其值即为支水准路线的高差闭合差，即

$$f_h = \sum h_{\text{往}} + \sum h_{\text{返}} \qquad (2-8)$$

有时也可以用两组并测来代替一组的往返测以加快工作进度。两组所得高差差值即为支水准路线的高差闭合差，即

$$f_h = \sum h_1 - \sum h_2 \qquad (2-9)$$

闭合差的大小反映了测量成果的精度。在各种不同等级的水准测量中，都规定了高差闭合差的限值即容许高差闭合差，用 $f_{h容}$（mm）表示。普通水准测量的容许高程闭合差为

平地　　　　　　　$$f_{h容} = \pm 40\sqrt{L} \qquad (2-10)$$

山地　　　　　　　$$f_{h容} = \pm 12\sqrt{n} \qquad (2-11)$$

式中　L——水准路线的长度，km；

　　　n——水准路线的测站总数。

当实际闭合差小于容许闭合差时，表示观测精度满足要求，否则应对外业资料进行检查，必要时返工重测。

2.3.3 水准测量的成果计算

1. 高差闭合差的分配和高程的计算

当实测的高差闭合差 f_h 在容许值以内时，可把闭合差分配到各测段的高差上。对于普通水准测量的高差闭合差分配原则是把闭合差以相反的符号根据各测段路线的长度或测站数按比例分配到各测段的高差上，然后根据改正后的高差来求取各未知点的高程。各测段高差的改正数为：

$$v_i = -\frac{f_h}{\sum L}L_i \qquad (2-12)$$

或

$$v_i = -\frac{f_h}{\sum n}n_i \qquad (2-13)$$

式中　v_i——第 i 个测段的高差改正数；

　　　f_h——高差闭合差；

　　　L_i——第 i 个测段的路线长度；

　　　n_i——第 i 个测段的测站数；

　　　ΣL——水准路线的总长度；

　　　Σn——水准路线的测站总数。

（1）附合水准路线的成果计算。以附合水准路线为例，介绍水准测量内业成果处理中的一种近似平差方法。如图 2-20 所示为一附合水准路线的已知数据及观测数据，利用这些数据求取各未知点 BM1、BM2、BM3、BM4、BM5 的高程。

解题步骤如下：

1）绘制路线略图并填写数据。绘制路线略图并标注已知数据和观测数据，如图 2-20 所示。将点号、已知点高程、各测段距离和观测高差依次填入表 2-2 中。

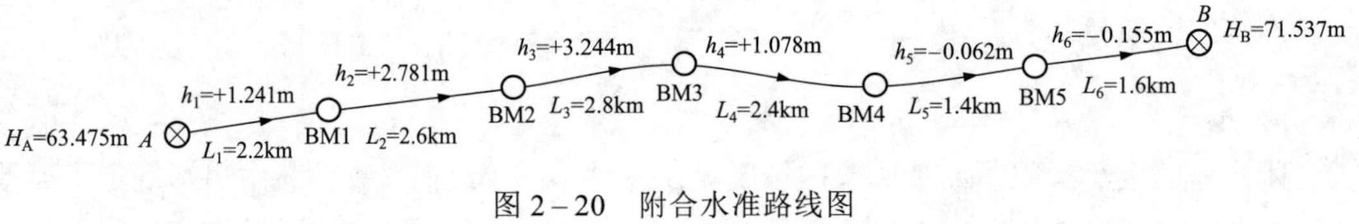

图 2-20　附合水准路线图

2）高差闭合差的计算。

$$\begin{aligned} f_h &= \sum h_{测} - (H_B - H_A) \\ &= +8.127 - (71.537 - 63.475) \\ &= +0.065 \ (m) \end{aligned}$$

实际高程闭合差为 $f_h < f_{h容} = \pm 40\sqrt{L} = \pm 0.144m$，符合精度要求，可以进行调整。

3）高差改正数和改正后的高差的计算。高差的改正数是按式（2-12）计算并记入表 2-2 中第 4 栏。作为检核，改正数总和必须与高差闭合差大小相等，符号相反；各测段改正后的高差应该等于实测高差加上高差改正数，即表 2-2 中的第 5 栏等于第 3 栏与第 4 栏之和，改正后的高差代数和应与两已知点高程之差相等。

4）高程的计算。根据检核过的改正后的高差，由起点 A 的高程累计加上各测段改正后的高差，逐一推算出相应各点的高程，填入第 6 栏。作为检核，最后推算出终点 B 的高程应与该点的已知高程完全符合。

表 2-2 为该附合水准路线的高差闭合差计算和分配以及高程计算的表格。

表 2-2　　　　　　　　附合水准路线的高差闭合差计算和分配以及高程计算

点号	距离 （km）	实测高差 （m）	改正数 （mm）	改正后高差 （m）	高程 （m）
1	2	3	4	5	6
A					63.475
	2.2	+1.241	-11	+1.230	
BM1					64.705
	2.6	+2.781	-13	+2.768	
BM2					67.473
	2.8	+3.244	-14	+3.230	
BM3					70.703
	2.4	+1.078	-12	+1.066	
BM4					71.769
	1.4	-0.062	-7	-0.069	
BM5					71.700
	1.6	-0.155	-8	-0.163	
B					71.537
Σ	13.0	+8.127	-65	+8.062	

（2）闭合水准路线的成果计算。闭合水准路线的闭合差调整和高程计算与附合水准路线相同，只是闭合水准路线各测段高差之和理论值为零。其高差闭合差为 $f_{\mathrm{h}}=\sum h_{测}$。

（3）支水准路线的成果计算。对于支水准路线，应在高程闭合差符合要求后，取各段往返测高差的平均值作为该测段的改正高差，符号同往测高差的符号。从已知的高程开始逐一来计算各待求点高程。

2. 利用 Excel 表格进行水准测量内业计算

（1）计算路线总长和实测高差总和。如图 2-21 所示，首先将测段编号、测段距离、实测高差及已知高程值填入 Excel 表格内，然后用光标选中 B8 的位置，在 B8 位置或在编辑栏内输入"=SUM（B2:B7）"后回车；或者选中 B8 的位置后，用鼠标点击插入菜单中的"函数"功能，而后选择 SUM 函数，按"确定"后输入 B2:B7 并点击"确定"按钮，则 B8 位置显示出距离的总和 13.0。同样的方法可计算出实测高差的总和 8.127。

（2）辅助计算。在 C9 位置进行辅助计算中的高差闭合差的计算，光标选中 C9 位置，在 C9 位置或在编辑栏中输入"=C8-（F8-F2）"后回车，即可得高差闭合差 $f_{\mathrm{h}}=8.127-$（71.537-63.475）=+0.065。再在 E9 位置或在编辑栏输入"=-C9/B8"后回车，则可得

每千米改正数 $-f_h / \Sigma L = -0.005$。

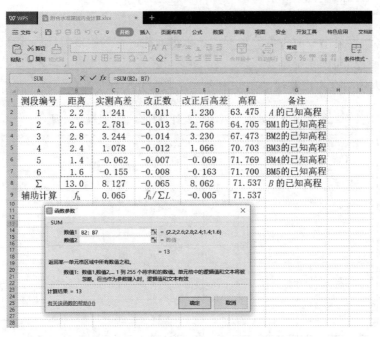

图 2-21 利用 Excel 表格进行水准测量内业计算

（3）计算改正数和改正后高差。选中 D2 位置或在编辑栏输入"=E9*B2"后回车，即可得改正数 -0.011，然后在 D3 位置输入"=E9*B3"，可得改正数 -0.013，依次类推，最后在 D8 位置用上述求和方法求出改正数之和。改正后高差计算首先选中 E2 位置，然后在编辑栏输入"=C2+D2"并回车，可得 1.230，这时 1.230 方框的右下角有一小点，当光标落在小点上时，光标变为小的黑十字，然后竖向拖动光标至 E7 位置，则可得所有的改正后高差，然后在 E8 位置用以上求和方法处理得改正后高差的总和，应正好等于两已知高程之差。

（4）计算高程。在 F3 位置或在编辑栏内输入"=F2+E2"回车，可得 BM1 的高程。然后对准 F3 框的右下角小点，当光标变为黑色十字后下拉至 F7，可得各未知点的高程，下拉至 F8 可对 B 点高程进行检核，应正好等于 71.537。

2.4　三、四等水准测量

三、四等水准测量所使用的仪器、工具、作业方法与普通水准测量大致相同，区别主要是观测顺序、记录计算和精度要求不同等。三、四等水准测量较普通水准测量的精度高，除用于国家高程控制点的加密外，还用于建立小地区首级高程控制点。三、四等水准点应从更高等级的水准点引测，可组成附合水准路线或闭合水准路线。水准点应选在土质坚实、能够长期保存和便于观测的地方。

2.4.1 三、四等水准测量的技术要求

三、四等水准测量的技术要求见表 2-3，每站观测的技术要求见表 2-4。

表 2-3   三、四等水准测量的技术要求

等级	路线长度（km）	水准仪型号	水准尺	观测次数		往返较差、附合或环线闭合差	
				与已知点联测	附合或环线	平地（mm）	山地（mm）
三等	≤50	DS₁	铟瓦	往返各一次	往一次	$12\sqrt{L}$	$4\sqrt{n}$
		DS₃	双面		往返各一次		
四等	≤16	DS₃	双面	往返各一次	往一次	$20\sqrt{L}$	$6\sqrt{n}$

表 2-4   三、四等水准测量每站观测的主要技术要求

等级	水准仪型号	视线长度（m）	前后视距较差（m）	前后视距累积差（m）	视线离地面最低高度（m）	黑面、红面读数较差（mm）	黑面、红面所测高差较差（mm）
三等	DS₁	100	2	5	三丝能读数	1.0	1.5
	DS₃	75				2.0	3.0
四等	DS₃	100	3	10	三丝能读数	3.0	5.0

2.4.2 三、四等水准测量的施测

三、四等水准测量观测工作应在通视良好、成像清晰稳定的情况下进行，主要采用双面尺法。下面以 DS₃ 微倾式水准仪为例，介绍双面尺法的观测程序，其记录、计算与校核见表 2-5。

1. 每站观测顺序

（1）在测站上安置水准仪，使圆水准气泡居中，后视水准尺黑面，转动微倾螺旋，使符合水准气泡居中，用上、下视距丝读数，并记入表 2-5 中的（1）、（2）位置，用中丝读数，记入表 2-5 中的（3）位置。

（2）前视水准尺黑面，转动微倾螺旋，使符合水准气泡居中，用上、下视距丝读数，并记入表 2-5 中的（4）、（5）位置，用中丝读数，记入表 2-5 中的（6）位置。

（3）前视水准尺红面，旋转微倾螺旋，使管水准气泡居中，用中丝读数，记入表 2-5 中（7）位置。

（4）后视水准尺红面，转动微倾螺旋，使符合水准气泡居中，用中丝读数，记入表 2-5 中（8）位置。以上（1）、（2）、…、（8）表示观测与记录的顺序，见表 2-5。

这样的观测顺序称为"后-前-前-后"或"黑-黑-红-红"，其优点是可以大大减弱仪器下沉等误差的影响。对四等水准测量每站观测顺序也可为"后-后-前-前"或"黑-红-黑-红"。

2. 每站计算与检核

（1）视距计算与检核

根据后、前视的上、下丝读数计算后视、前视的视距（9）和（10）：

$$后视距离（9）＝100×|（1）－（2）|$$

$$前视距离（10）＝100×|（4）－（5）|$$

计算前、后视距差（11）：（11）＝（9）－（10），对于三等水准测量，（11）不得超过2m，对于四等水准测量，（11）不得超过3m。

计算前、后视距累积差（12）：（12）＝上站之（12）＋本站（11），对于三等水准测量，（12）不得超过5m，对于四等水准测量，（12）不得超过10m。

（2）同一水准尺红、黑面中丝读数的检核。k为双面水准尺的红面分划与黑面分划的零点差，配套使用的两把尺其k为4687或4787，同一把水准尺其红、黑面中丝读数差按下式计算：

$$（13）＝（6）＋k－（7）$$

$$（14）＝（3）＋k－（8）$$

（13）、（14）的大小，对于三等水准测量，不得超过2mm；对于四等水准测量，不得超过3mm。

（3）高差计算与检核。按前、后视水准尺红、黑面中丝读数分别计算一站高差。

$$计算黑面高差（15）＝（3）－（6）$$

$$计算红面高差（16）＝（8）－（7）$$

红黑面高差之差（17）＝（15）－[（16）±0.100]＝（14）－（13）（检核用）

对于三等水准测量，（17）不得超过3mm，对于四等水准测量，（17）不得超过5mm。式中0.100为单、双号两根水准尺红面零点注记之差，以米（m）为单位。

（4）计算平均高差。红、黑面高差之差在容许范围以内时，取其平均值作为该站的观测高差（18），一般取位至0.0001m。

$$（18）＝\frac{（15）+[（16）±0.100]}{2}$$

表2－5　　　　　　　　　三、四等水准测量记录

测站编号	点号	后尺		前尺		方向及尺号	水准尺读数		$k＋$黑－红（mm）	平均高差（m）	备注
		上丝		上丝			黑面	红面			
		下丝		下丝							
		后视距（m）		前视距（m）							
		视距差（m）		累计差Σd（m）							
		（1）		（4）		后尺	（3）	（8）	（14）		
		（2）		（5）		前尺	（6）	（7）	（13）	（18）	$K1＝4787$；$K2＝4687$
		（9）		（10）		后－前	（15）	（16）	（17）		
		（11）		（12）							

续表

测站编号	点号	后尺 上丝/下丝/后视距(m)/视距差(m)	前尺 上丝/下丝/前视距(m)/累计差Σd(m)	方向及尺号	黑面	红面	k+黑-红(mm)	平均高差(m)	备注
1	BM1 ┃ TP1	1426	0801	后尺 $K1$	1211	5998	0	+0.625 0	
		0995	0371	前尺 $K2$	0586	5273	0		
		43.1	43.0	后-前	+0.625	+0.725	0		
		+0.1	+0.1						
2	TP1 ┃ TP2	1812	0570	后尺 $K2$	1554	6241	0	+1.243 5	
		1296	0052	前尺 $K1$	0311	5097	+1		
		51.6	51.8	后-前	+1.243	+1.144	-1		
		-0.2	-0.1						
3	TP2 ┃ TP3	0889	1713	后尺 $K1$	0698	5486	-1	-0.824 5	$K1=4787$; $K2=4687$
		0507	1333	前尺 $K2$	1523	6210	0		
		38.2	38.0	后-前	-0.825	-0.724	-1		
		+0.2	+0.1						
4	TP3 ┃ BM2	1891	0758	后尺 $K2$	1708	6395	0	+1.134 0	
		1525	0390	前尺 $K1$	0574	5361	0		
		36.6	36.8	后-前	+1.134	+1.034	0		
		-0.2	-0.1						
辅助计算	$\sum(9)=169.5$ $\sum(10)=169.6$ $\sum(9)-\sum(10)=-0.1$ $\sum(9)+\sum(10)=339.1$		$\sum(3)=5.171$ $\sum(6)=2.994$ $\sum(15)=+2.177$ $\sum(15)+\sum(16)=+4.356$		$\sum(8)=24.120$ $\sum(7)=21.941$ $\sum(16)=+2.179$ $2\sum(18)=+4.356$				

3. 每页计算与校核

（1）高差部分。红、黑面后视总和减红、黑面前视总和应等于红、黑面高差总和，还应等于平均高差总和的两倍。即：

当测站数为偶数时，$\sum[(3)+(8)]-\sum[(6)+(7)]=\sum[(15)+(16)]=2\sum(18)$。

当测站数为奇数时，$\sum[(3)+(8)]-\sum[(6)+(7)]=\sum[(15)+(16)]=2\sum(18)\pm0.100$。

（2）视距部分。后视距离总和减前视距离总和应等于末站视距累积差。即：

$$\sum(11)=\sum(9)-\sum(10)=末站(12)$$

校核无误后，算出总视距：

$$总视距=\sum(9)+\sum(10)$$

2.4.3　三、四等水准测量的成果计算

确保各测站计算无误且各项数值都符合相应的限差要求，则可根据每个测站的高差中

数，利用已知点高程，依次推算各待求点的高程。测量规范中规定，各等级高程控制网（指一、二、三、四等水准网）应采用条件平差或间接平差的方法进行成果计算，条件平差或间接平差是严密平差方法，本书不作叙述。

2.5 水准测量误差及注意事项

测量工作中由于仪器工具、人、外界条件等因素的影响，使测量成果中不可避免的带有误差。为了保证测量成果的精度，水准测量过程中应注意一些事项，从而采取一定的措施消除和减小误差的影响。

2.5.1 水准测量误差

1. 仪器误差

（1）残余误差。由于仪器校正的不完善，校正后仍存在部分余留误差，如视准轴与水准管轴不平行引起的误差（i 角误差）、调焦引起的误差，观测中可保持前视和后视的距离相等，来消除这些误差。

（2）水准尺的误差。水准尺的误差包括分划误差和构造上的误差，构造上的误差如零点误差和接头误差，或受其他因素影响造成的尺长变化、弯曲、零点磨损等，都会影响水准测量的成果。所以使用前应对水准尺进行检验。另外，由于使用、磨损等原因，水准尺的底面与其分划零点不完全一致产生的标尺零点差，一般可采用测段内观测偶数站的方法自行抵消。

2. 观测误差

（1）气泡居中误差。视线水平是以气泡居中或符合为根据的，气泡的居中或符合凭眼来判断，也存在判断误差。气泡居中的精度主要决定于水准管的分划值。一般认为水准管居中的误差约为 0.1 分划值，采用符合水准器气泡居中的误差大约是直接观察气泡居中误差的 1/2。因此它对读数产生的误差为

$$m_\tau = \pm \frac{0.1\tau''}{2\rho} s \qquad (2-14)$$

式中　τ''——水准管的分划值；

　　　ρ——弧度秒值，$\rho = 206\ 265''$；

　　　s——视线长。

为了减小气泡居中误差的影响，应对视线长加以限制，观测时应使气泡精确地居中或符合。

（2）水准尺的估读误差。水准尺上的毫米数都是估读的，估读误差与十字丝的粗细、望远镜的放大率及视线的长度有关。通常按式（2-15）计算其影响

$$m_v = \frac{60''}{V} \frac{s}{\rho} \qquad (2-15)$$

式中 V ——望远镜的放大倍率；

  $60''$ ——人眼的分辨能力。

在各种等级的水准测量中，对望远镜的放大率和视线长的限制都有一定的要求。此外，在观测中还应注意消除视差，避免在成像不清晰时进行读数。

（3）水准尺不直的误差。水准尺没有立直，无论向哪一侧倾斜都使读数偏大。这种误差随尺的倾斜角和读数的增大而增大。例如尺有 3° 的倾斜，读数超过 1m 时，可产生 2mm 的误差。为使尺能扶直，水准尺上最好装有水准器，并注意在测量工作中认真扶尺。

3. 外界条件的影响

（1）仪器下沉和水准尺下沉。在读取后视读数和前视读数之间，若仪器下沉了 Δ，由于前视读数减少了 Δ，从而使高差增大了 Δ（见图 2-22）。在松软的土地上，每一测站都可能产生这种误差。当采用双面尺或两次仪器高时，第二次观测可先读前视点 B，然后读后视点 A，即"后前前后"的顺序读数，则可使所测高差减小，两次高差的平均值可消除一部分仪器下沉的误差。用往测和返测时，同样也可消除部分的误差。

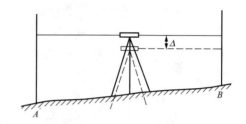

图 2-22 仪器下沉的影响

水准尺在仪器从一个测站迁到下一个测站的过程中下沉了，即转点下沉了，则会使下一测站的后视读数偏大，使高差也增大。在同样情况下返测，则使高差的绝对值减小。所以取往返测的平均高差，可以减弱水准尺下沉的影响。

当然，在进行水准测量时，应选择坚实的地点安置仪器和转点，转点须垫上尺垫并踩实，以避免仪器和水准尺的下沉。

（2）地球曲率和大气折光的误差。地球曲率引起的误差是由于理论上水准测量应根据水准面来求出两点的高差（见图 2-23），但视准轴是一直线，因此使读数中含有由地球曲率引起的误差 p。

$$p = \frac{s^2}{2R} \qquad (2-16)$$

式中 s ——视线长；

  R ——地球的半径。

大气折光引起的误差是由于水平视线经过密度不同的空气层被折射，一般情况下形成向下弯曲的曲线，它与理论水平线的读数之差，就是由大气折光引起的误差 r（见图 2-23）。实验得出：大气折光误差比地球曲率误差要小，是地球曲率误差的 K 倍，在一般大气情况下，$K=1/7$，故：

$$r = K\frac{s^2}{2R} = \frac{s^2}{14R} \qquad (2-17)$$

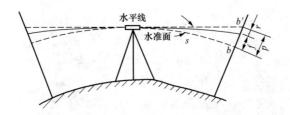

图 2-23　地球曲率和大气折光的影响

所以水平视线在水准尺上的实际读数位于 b'，它与按水准面得出的读数 b 之差，就是地球曲率和大气折光总的影响值 f。故：

$$f = p - r = 0.43 \frac{s^2}{R} \tag{2-18}$$

当前后视距相等时，这种误差在计算高差时可自行消除。但是离近地面的大气折光变化十分复杂，即使保持前后视距相等，大气折光误差也不能完全消除。由于 f 值与距离的平方成正比，因此限制视线的长可以使这种误差大为减小，此外使视线离地面尽可能高些，也可减弱折光变化的影响。

（3）自然环境的影响。除了上述各种误差来源外，测量工作中自然环境的影响也会带来误差，如风吹、日晒、温度的变化和地面水分的蒸发等引起的仪器状态变化、视线跳动等，所以观测时应注意自然环境带来的影响。为了防止日光曝晒，仪器应打伞保护。无风的阴天是最理想的观测天气。

2.5.2　水准测量的注意事项

水准测量应根据测量规范规定的要求进行，以减小误差和防止错误发生。另外在水准测量过程中，还应注意以下事项：

（1）水准仪和水准尺必须经过检验和校正后才能使用。

（2）水准仪应安置在坚固的地面上并将三脚架踩实，尽可能使前后视距相等，观测时手不能放在仪器或三脚架上。

（3）水准尺要立直，尺垫要踩实。

（4）读数前要消除视差并使符合水准气泡严格居中，读数要准确、快速，不可读错。

（5）手簿记录一律使用铅笔填写，记录要及时、规范、清楚。记录前要复诵观测者报出的读数，确认无误后方可记入观测手簿中。

（6）不得涂改或用橡皮擦掉外业数据。读错或记错的数据（仅限于米、分米读数）与文字应用单斜线划去，在其上方写上正确的数据或文字，并在相应的备注栏内注明原因。

（7）测站上观测和记录计算完成后要检核，发现错误或超出限差要立即重测。

（8）每测站的记录和计算全部完成后才可以迁站。迁站时先检查仪器和三脚架是否安装牢固。近距离迁站时可不必卸下仪器，脚架并拢，一手托住仪器，另一手抱住三脚架；远距离迁站时，则应卸下仪器装箱。

（9）注意保护测量仪器和工具，装箱时脚螺旋、微倾螺旋和微动螺旋要在中间位置。

思考题

1. 产生视差的原因是什么？如何消除视差？

2. 设 A 点高程为 105.14m，当后视读数为 1.064m，前视读数为 1.220m 时，则 AB 两点的高差是多少？待测点 B 的高程是多少？

3. 已知水准仪的视线高程为 98m，当瞄准 A 点的后视读数为 2m 时，则 A 点的高程是多少？

4. 在水准测量中转点的作用是什么？

5. 单一水准路线的布设形式通常有哪几种？

6. 水准测量中为什么要保持前后视距相等？

7. 水准测量中，测量误差产生的原因有哪些？

8. 什么是高差闭合差？如何分配？

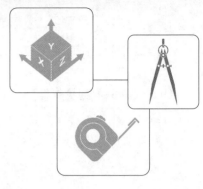

第3章
角 度 测 量

角度是测量工作的三大基本元素之一，也是确定点的空间位置必不可少的一个元素。角度测量的仪器通常有经纬仪和全站仪。角度测量分为水平角（horizontal angle）测量和竖直角（vertical angle）测量。水平角测量目的是用于求算地面点的平面位置。竖直角测量目的有两个：一是测定地面两点的高差；二是将地面两点的倾斜距离改化成水平距离。

3.1 角度测量的原理

3.1.1 水平角测量原理

水平角是指地面一点与两个目标点的连线在水平面投影的夹角，或过 B、C 两点铅垂面与过 B、A 两点铅垂面的两面角。其角值取值范围为 $0° \sim 360°$，如图 3–1 所示。

设想在过角顶点 B 上安置一个水平刻度圆盘，圆盘中心 O 正通过 B 点的铅垂线，测出 BA 方向在度盘的读数 a，BC 方向在度盘的读数 c。若度盘为顺时针注记，则水平角 $\beta = c - a$。

3.1.2 竖直角测量原理

竖直面内，倾斜目标视线与水平视线的夹角称为竖直角，用 α 表示；与天顶方向所构成的夹角称为天顶距，用 Z 表示。竖直角有正负之分，仰角为正（+），俯角为负（−），取值范围是 $-90° \sim +90°$。

同水平角一样，竖直角的角值也是度盘上两个方向的读数之差。如图 3–2 所示，设想在 O 点处安置一个竖直度盘且中心在过 O 点的水平线上，望远镜瞄准目标的视线与水平线分别在竖直度盘上有对应读数，两读数之差即为竖直角的角值。所不同的是，竖直角的两方向中的一个方向是水平方向。无论对哪一种经纬仪来说，视线水平时的竖

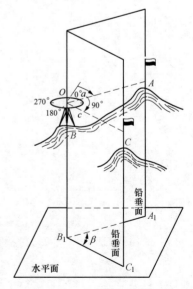

图 3–1 水平角测量原理

盘读数都应为 90° 的倍数。所以，测量竖直角时，只要瞄准目标读出竖盘读数，即可计算出竖直角。

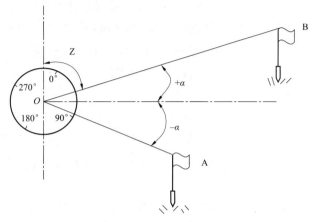

图 3－2　竖直角测量原理

3.2　光学经纬仪及其使用

国产光学经纬仪型号主要有 DJ_{07}，DJ_1，DJ_2，DJ_6，DJ_{15}，其中 D、J 分别为"大地测量"和"经纬仪"汉语拼音的首字母，数字 07，1，2，6，15 则表示该仪器的精度。如 DJ_6 型经纬仪代表使用该仪器进行角度测量时水平方向一测回方向观测中误差为 ±6″，现工程建设中多使用 DJ_6 型经纬仪。

3.2.1　DJ_6 光学经纬仪的构造

如图 3－3 所示，DJ_6 光学经纬仪主要由基座、水平度盘、照准部三大部分组成，后两个为主要部分。

1. 照准部

照准部是水平度盘上能绕竖轴旋转的全部部件总称，主要包括竖轴、U 形支架、望远镜、横轴、竖盘指标管水准器、照准部水准管和读数装置等。

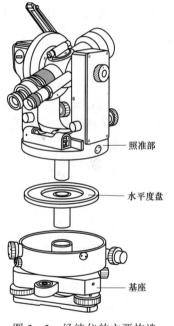

图 3－3　经纬仪的主要构造

（1）竖轴。照准部的旋转轴称为仪器的竖轴。通过调节照准部制动螺旋和微动螺旋，可以控制照准部在水平方向上的转动。

（2）望远镜。望远镜用于瞄准目标。另外为了便于精确瞄准目标，经纬仪的十字丝分划板与水准仪的稍有不同，如图 3－4 所示。

望远镜的旋转轴称为横轴。通过调节望远镜制动螺旋和微动螺旋，可以控制望远镜的上下转动。

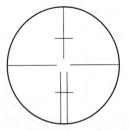

图 3-4 经纬仪十字丝的分划板

望远镜的视准轴垂直于横轴,横轴垂直于仪器竖轴。因此,在仪器竖轴铅直时,望远镜绕横轴转动扫出一个铅垂面。

(3)竖直度盘。竖直度盘用于测量竖直角,竖直度盘固定在横轴的一端,随望远镜一起转动,而竖盘读数指标不动,可调整竖盘指标水准管微动螺旋使其水准管气泡居中或利用竖盘指标自动归零装置,打开自动补偿器,使竖盘指标位于正确位置。

(4)读数装置。读数装置用于读取水平度盘和竖直度盘的读数。

(5)照准部水准管。照准部水准管用于精确整平仪器。水准管轴垂直于仪器竖轴,当照准部水准管气泡居中时,经纬仪的竖轴铅直,水平度盘处于水平位置。圆水准器用作粗略整平。

(6)光学对中器。光学对中器用于仪器对中,目的使水平度盘中心位于测站点的铅垂线上。因光路中装有直角棱镜,从而可使通过仪器纵轴中心的光轴由铅垂方向折成水平方向,以便观察对中情况,即当仪器精确水平时,若从目镜中看到地面点与视场内的圆圈或十字交点重合,说明仪器竖轴与过测站点的铅垂线一致。

2. 水平度盘

水平度盘用于测量水平角。它是由光学玻璃制成的圆环,环上刻有 0°~360° 的分划线,在整度分划线上标有注记,并按顺时针方向注记,其度盘分划值为 1° 或 30′。

水平度盘与照准部是分离的,当照准部转动时,水平度盘并不随之转动。当需要改变水平度盘的位置时,可通过照准部上的水平度盘变换手轮,将度盘变换到所需的位置。

3. 基座

基座用于支承整个仪器,并通过中心连接螺旋将经纬仪固定在三脚架上。基座上有三个脚螺旋,用于精平仪器。在基座上还有一个轴座固定螺旋,用于控制照准部和基座之间的衔接。

3.2.2 DJ₆ 光学经纬仪的读数方法

DJ₆ 光学经纬仪的读数装置包括度盘、光路系统及测微器等。水平度盘和竖盘上的分划线经棱镜和透镜成像,显示在望远镜旁的读数显微镜内。按测微方法和读数方法的不同,大致可分为分微尺读数法和单平板玻璃读数法两种。现只介绍最常用的分微尺测微读数法。

分微尺测微读数法也称带尺显微镜法,利用度盘刻度线在分微尺上读数。度盘上 1° 分划的间隔经放大后与分微尺全长相等。分微尺全长分 60 格,每格代表 1′。每 10 个小格注记数字,分别表示 0′、10′、20′、30′、40′、50′、60′。不足 1 格时可估读至 0.1 格,即估读的秒数都应是 6″ 的倍数。从读数显微镜中看到的影像如图 3-5 所示,H 和 V 分别代表水平度盘和竖直度盘的影像。读数时,先读出位于分微尺中的度盘分划线的注记度数,然后以度盘分划线为指标,在分微尺上读取不足 1° 的分数,并估读秒数。如图 3-5 所示,其水平度盘读数为 214° 54′42″，竖直度盘读数为 79° 05′30″。

3.2.3　DJ$_6$光学经纬仪的使用

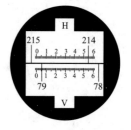

图 3-5　显微镜读数窗

1. 安置仪器

打开三脚架，调整高度适当、架头大致水平并牢固稳定，在山坡上应使三脚架的两脚在坡下，一脚在坡上。将经纬仪用中心连接螺旋连接到三脚架上，确认已牢固后方可松手。

2. 对中整平

对中的目的是使仪器的中心与测站点位于同一铅垂线上，而整平的目的是使仪器竖轴铅垂，即水平度盘和横轴位于水平位置，竖直度盘位于竖直面内。对中整平的步骤如下：

（1）粗略对中。使三脚架头大致水平，目估初步对中后移动两架腿同时观察光学对中器，旋转光学对中器的目镜调焦螺旋看清分划板上的圆圈，推拉目镜看清测站点影像，使其刻线中心与测站中心大致对准。

（2）粗略整平。伸缩三角架的相应架腿长度，使圆气泡居中。

（3）精确整平。调节脚螺旋，使管水准器的气泡各方向上居中。如图 3-6 所示，可以先使管水准器与任意两脚螺旋连线的方向平行，以左手拇指原则，双手以相同的速度反方向旋转这两个脚螺旋，使管水准器气泡居中，再将照准部旋转 90°，用另外一个脚螺旋使气泡居中。这样反复进行，直至管水准器在任一方向上气泡都居中为止。

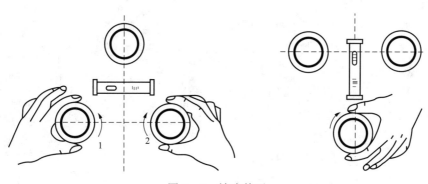

图 3-6　精确整平

（4）精确对中。旋松中心连接螺旋平移仪器，使光学对中器刻线中心与测站中心精确对准。

3. 瞄准目标

（1）松开望远镜制动螺旋和照准部制动螺旋，将望远镜朝向明亮背景，调节目镜调焦螺旋，使十字丝清晰。

（2）利用望远镜上的照门和准星粗略对准目标，拧紧照准部及望远镜制动螺旋；调节物镜调焦螺旋，使目标影像清晰，并注意消除视差。

（3）转动照准部和望远镜微动螺旋，精确瞄准目标。观测水平角时，应用十字丝交点

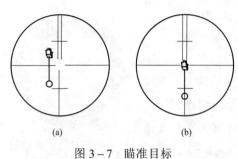

（a）　　　　　　　（b）

图 3-7　瞄准目标

附近的竖丝瞄准目标底部，如图 3-7 所示。当所照目标成像较细，用双丝对称夹住目标，当所照目标成像较粗，用十字丝的单丝平分目标；观测竖直角时，应使十字丝中丝与目标的顶部相切。

4. 读数

（1）打开反光镜，调节反光镜镜面位置，使读数窗亮度适中。

（2）转动读数显微镜目镜调焦螺旋，使度盘、测微尺及指标线的影像清晰。

（3）根据仪器的读数设备，按前述的经纬仪读数方法进行读数。

3.3　水平角测量

水平角测量常用的方法有测回法和方向观测法。无论采用哪种方法，为了消除仪器的某些误差，一般要用盘左盘右两个盘位进行观测。当望远镜照准目标时，若竖盘在望远镜的左侧，称为"盘左"（又称"正镜"）；竖盘位于望远镜的右侧时称为"盘右"（又称"倒镜"）。

3.3.1　测回法

1. 测回法的观测方法

测回法适用于观测两个方向之间的单角。

如图 3-8 所示，设 O 为测站点，A、B 为观测目标，用测回法观测 OA 与 OB 两方向之间的水平角 β，具体施测步骤如下：

（1）在测站点 O 安置经纬仪，在 A、B 两点竖立测杆或测钎等，作为目标标志。

（2）将仪器置于盘左位置，转动照准部，先瞄准左目标 A，读取水平度盘读数

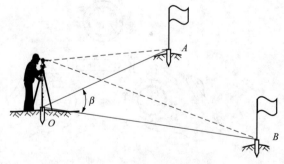

图 3-8　水平角测量（测回法）

a_L，设读数为 $0°01'30''$，记入测回法观测手簿表 3-1 第 4 栏内。松开照准部制动螺旋，顺时针转动照准部，瞄准右目标 B，读取水平度盘读数 b_L，设读数为 $98°20'48''$，记入表 3-1 第 4 栏内。

以上称为上半测回，盘左位置的水平角角值（也称上半测回角值）β_L 为：

$$\beta_L = b_L - a_L = 98°20'48'' - 0°01'30'' = 98°19'18''$$

将结果记入表 3-1 第 5 栏内。

（3）松开照准部制动螺旋，倒转望远镜成盘右位置，先瞄准右目标 B，读取水平度盘读数 b_R，设读数为 $278°21'12''$，记入表 3-1 第 4 栏。松开照准部制动螺旋，逆时针转动照准部，瞄准左目标 A，读取水平度盘读数 a_R，设读数为 $180°01'42''$，记入表 3-1 第 4 栏内。

以上称为下半测回，盘右位置的水平角角值（也称下半测回角值）β_R 为：

$$\beta_R = b_R - a_R = 278°21'12'' - 180°01'42'' = 98°19'30''$$

将结果记入表 3–1 第 5 栏内，上半测回和下半测回构成一测回。

（4）对于 DJ_6 型光学经纬仪，如果上、下两半测回角值之差不大于 $\pm 40''$，认为观测合格。此时，可取上、下两半测回角值的平均值作为一测回角值 β。

在本例中，第一测回中上、下两半测回角值之差为：

$$\Delta\beta = \beta_L - \beta_R = 98°19'18'' - 98°19'30'' = -12''$$

一测回角值为：

$$\beta = \frac{\beta_L + \beta_R}{2} = \frac{98°19'18'' + 98°19'30''}{2} = 98°19'24''$$

将结果记入表 3–1 第 6 栏内。

表 3–1　　　　　　　　　　　　测 回 法 观 测 手 簿

日期：　　　　　　仪器：　　　　　　观测者：　　　　　　天气：　　　　　　地点：　　　　　　记录者：

测站	竖盘位置	目标	水平度盘读数 (° ′ ″)	半测回角值 (° ′ ″)	一测回角值 (° ′ ″)	各测回平均值 (° ′ ″)
1	2	3	4	5	6	7
第一测回 O	左	A	0 01 30	98 19 18	98 19 24	98 19 30
		B	98 20 48			
	右	A	180 01 42	98 19 30		
		B	278 21 12			
第二测回 O	左	A	90 01 06	98 19 30	98 19 36	
		B	188 20 36			
	右	A	270 00 54	98 19 42		
		B	8 20 36			

注意：由于水平度盘是顺时针刻划和注记的，因此在计算水平角时，总是用右目标的读数减去左目标的读数。如果不够减，则应在右目标的读数上加上 360°，再减去左目标的读数，绝不可以倒过来减。

2. 安置水平度盘读数的方法

当测角精度要求较高时，需对一个角度观测多个测回，应根据测回数 n，以 $180°/n$ 的差值，安置水平度盘读数。例如，当测回数 $n=2$ 时，第一测回的起始方向读数可安置在略大于 0° 处；第二测回的起始方向读数可安置在略大于 $180°/2 = 90°$ 处。对于 DJ_6 型光学经纬仪，如果各测回角值互差不超过 $\pm 40''$，取各测回角值的平均值作为最后角值，记入表 3–1 第 7 栏内。

安置水平度盘读数时，一般先转动照准部瞄准起始目标，然后按下度盘变换手轮下的保险手柄，将手轮推压进去并转动手轮，直至从读数窗看到所需读数。最后，将手松开，手轮退出，把保险手柄倒回。

3.3.2 方向观测法

1. 方向观测法的观测方法

方向观测法简称方向法，又称全圆测回法。适用于在一个测站上观测两个以上的方向。

如图 3-9 所示，设 O 为测站点，A、B、C、D 为观测目标，用方向观测法观测各方向间的水平角，具体施测步骤如下：

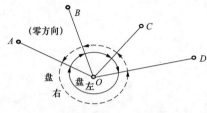

图 3-9　水平角测量（方向观测法）

（1）在测站点 O 安置经纬仪，在 A、B、C、D 观测目标处竖立观测标志。

（2）盘左位置。选择一个明显目标 A 作为起始方向，瞄准零方向 A，将水平度盘读数安置在稍大于 0°处，读取水平度盘读数，记入表 3-2 方向观测法观测手簿第 4 栏内。

松开照准部制动螺旋，顺时针方向旋转照准部，依次瞄准 B、C、D 各目标，分别读取水平度盘读数，记入表 3-2 第 4 栏内。为了校核，再次瞄准零方向 A，称为上半测回归零。读取水平度盘读数，记入表 3-2 第 4 栏内。

零方向 A 的两次读数之差称为半测回归零差，归零差不应超过表 3-3 中的规定。如果归零差超限，应重新观测。

以上称为上半测回。

（3）盘右位置。逆时针方向依次照准目标 A、D、C、B、A，并将水平度盘读数由下向上记入表 3-2 第 5 栏内，此为下半测回。

上、下两个半测回合称一测回。为了提高精度，有时需要观测 n 个测回，则各测回起始方向仍按 $180°/n$ 的差值，安置水平度盘读数。

2. 方向观测法的计算方法

（1）计算两倍视准轴误差 $2c$ 值。

$$2c = 盘左读数 - （盘右读数 \pm 180°）$$

上式中，盘右读数大于 180° 时取"-"号，盘右读数小于 180° 时取"+"号。计算各方向的 $2c$ 值，填入表 3-2 第 6 栏内。一测回内各方向 $2c$ 值互差不应超过表 3-3 中的规定。如果超限，应在原度盘位置重测。

（2）计算各方向的平均读数。平均读数又称为各方向的方向值。

$$平均读数 = \frac{1}{2}\left[盘左读数 + （盘右读数 \pm 180°）\right]$$

计算时，以盘左读数为准，将盘右读数加或减 180° 后和盘左读数取平均值。计算各方向的平均读数，填入表 3-2 第 7 栏内。起始方向有两个平均读数，故应再取其平均值，填入表 3-2 第 7 栏上方小括号内。

（3）计算归零后的方向值。将各方向的平均读数减去起始方向的平均读数（括号内数值），即得各方向的"归零后方向值",填入表3-2第8栏内。起始方向归零后的方向值为零。

（4）计算各测回归零后方向值的平均值。多测回观测时，同一方向值各测回互差，符合表3-3中的规定，则取各测回归零后方向值的平均值，作为该方向的最后结果，填入表3-2第9栏内。

（5）计算各目标间水平角角值。将第9栏相邻两方向值相减即可求得相应水平角值。

注意：当需要观测的方向为3个时，除不做归零观测外，其他均与3个以上方向的观测方法相同。

表3-2 　　　　　　　　　　　方向观测法观测手簿

日期：　　　　仪器：　　　　观测者：　　　　天气：　　　　地点：　　　　记录者：

测站	测回数	目标	水平度盘读数					2c (″)	平均读数 (° ′ ″)			归零后方向值 (° ′ ″)			各测回归零后方向值的平均值 (° ′ ″)		
			盘左 (° ′ ″)			盘右 (° ′ ″)											
1	2	3	4			5			6	7			8			9		
O	1	A	0	02	12	180	02	00	+12	(0	02	09)	0	00	00	0	00	00
										0	02	06						
		B	37	44	18	217	44	06	+12	37	44	12	37	42	03	37	42	04
		C	110	29	00	290	28	54	+6	110	28	57	110	26	48	110	26	52
		D	150	14	54	330	14	42	+12	150	14	48	150	12	39	150	12	33
		A	0	02	18	180	02	06	+12	0	02	12						
	2	A	90	03	30	270	03	24	+6	(90	03	24)	0	00	00			
										90	03	27						
		B	127	45	36	307	45	24	+12	127	45	30	37	42	06			
		C	200	30	24	20	30	18	+6	200	30	21	110	26	57			
		D	240	15	54	60	15	48	+6	240	15	51	150	12	27			
		A	90	03	24	270	03	18	+6	90	03	21						

3. 方向观测法的技术要求

方向观测法的技术要求见表3-3。

表3-3 　　　　　　　　　　　方向观测法的技术要求

仪器型号	半测回归零差	一测回内2c互差	同一方向值各测回互差
DJ$_2$	12″	18″	12″
DJ$_6$	18″	—	24″

3.4 竖直角测量

3.4.1 竖直度盘的构造

如图3-10所示，光学经纬仪竖直度盘的构造包括竖直度盘、竖盘指标、竖盘指标水准管和竖盘指标水准管微动螺旋。

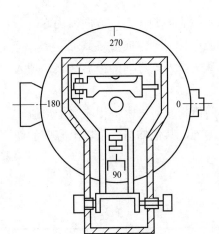

图 3-10 竖直度盘的构造

竖直度盘固定在横轴的一端，当望远镜在竖直面内转动时，竖直度盘也随之转动，而用于读数的竖盘指标则不动。当竖盘指标水准管气泡居中时，竖盘指标所处的位置称为正确位置。

光学经纬仪的竖直度盘也是一个玻璃圆环，分划与水平度盘相似，度盘刻度 0°～360° 的注记有顺时针方向和逆时针方向两种。如图 3-11（a）所示为顺时针方向注记，如图 3-11（b）所示为逆时针方向注记。

竖直度盘构造的特点是：当望远镜视线水平，竖盘指标水准管气泡居中时，盘左位置的竖盘读数为 90°，盘右位置的竖盘读数为 270°。

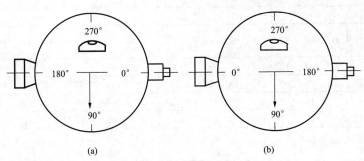

图 3-11 竖直度盘刻度注记
（a）顺时针方向注记；（b）逆时针方向注记

3.4.2 竖直角计算公式

由于竖盘注记形式不同，竖直角计算的公式也不一样。在观测竖直角之前，将望远镜大致放置水平，观察竖盘读数，首先确定视线水平时的读数；然后上仰望远镜，观测竖盘读数是增加还是减少。

若读数增加，则竖直角的计算公式为：

$$\alpha = 瞄准目标时竖盘读数 - 视线水平竖盘读数 \tag{3-1}$$

若读数减少，则竖直角的计算公式为：

$$\alpha = 视线水平竖盘读数 - 瞄准目标时竖盘读数 \tag{3-2}$$

以上规定，适合任何竖直度盘注记形式和盘左盘右观测。

如图 3-12 为 DJ_6 型光学经纬仪的竖盘注记形式，以顺时针注记的竖盘为例，推导竖直角计算的公式。

盘左位置：视线水平时，竖盘读数为 90°。当瞄准一目标时，竖盘读数为 L，则盘左竖直角 α_L 为：

$$\alpha_L = 90° - L \qquad\qquad (3-3)$$

盘右位置：视线水平时，竖盘读数为 270°。当瞄准原目标时，竖盘读数为 R，则盘右竖直角 α_R 为：

$$\alpha_R = R - 270° \qquad\qquad (3-4)$$

将盘左、盘右位置的两个竖直角取平均值，即得竖直角 α 计算公式为：

$$\alpha = \frac{1}{2}(\alpha_L + \alpha_R) \qquad\qquad (3-5)$$

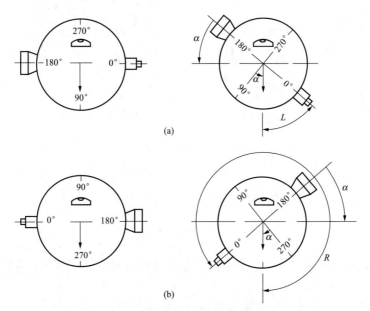

图 3-12　竖盘读数与竖直角计算
（a）盘左位置；（b）盘右位置

对于逆时针注记的竖盘，用类似的方法推得竖直角的计算公式为：

$$\left.\begin{array}{l} \alpha_L = L - 90° \\ \alpha_R = 270° - R \end{array}\right\} \qquad\qquad (3-6)$$

3.4.3　竖盘指标差

在竖直角计算公式中，认为当视准轴水平、竖盘指标水准管气泡居中时，竖盘读数应是 90° 的整数倍。但是实际上这个条件往往不能满足，竖盘指标常常偏离正确位置，这个偏离的差值 x 角称为竖盘指标差。竖盘指标差 x 本身有正负号，一般规定当竖盘指标偏移方向与竖盘注记方向一致时，x 取正号，反之 x 取负号。

如图 3-13 所示盘左位置，由于存在指标差，其正确的竖直角计算公式为：

$$\alpha = 90° - L + x = \alpha_L + x \qquad\qquad (3-7)$$

同样盘右位置，其正确的竖直角计算公式为：

$$\alpha = R - 270° - x = \alpha_R - x \tag{3-8}$$

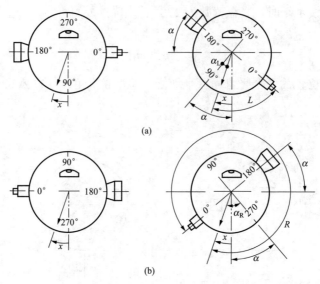

图 3-13 竖盘指标差

(a) 盘左位置；(b) 盘右位置

将式（3-7）和式（3-8）相加并除以 2，得：

$$\alpha = \frac{1}{2}(\alpha_L + \alpha_R) = \frac{1}{2}(R - L - 180°) \tag{3-9}$$

由此可见，在竖直角测量时，用盘左、盘右观测取平均值作为竖直角的观测结果，可以消除竖盘指标差的影响。

将式（3-7）和式（3-8）相减并除以 2，得：

$$x = \frac{1}{2}(\alpha_R - \alpha_L) = \frac{1}{2}(L + R - 360°) \tag{3-10}$$

式（3-10）为竖盘指标差的计算公式。指标差互差（即所求指标差之间的差值）可以反映观测成果的精度。有关规范规定：竖直角观测时，指标差互差的限差，DJ$_2$ 型仪器不得超过 ±15″；DJ$_6$ 型仪器不得超过 ±25″。

3.4.4 竖直角观测

以瞄准目标 A 点为例，竖直角的观测、记录和计算步骤如下：

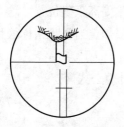

图 3-14 竖直角测量瞄准

（1）在测站点 O 安置经纬仪，在目标点 A 竖立观测标志，按前述方法确定该仪器竖直角计算公式，为方便应用，可将公式记录于竖直角观测手簿表 3-4 备注栏中。

（2）盘左位置。瞄准目标 A，使十字丝横丝精确地切于目标顶端，如图 3-14 所示。转动竖盘指标水准管微动螺旋，使水准管气泡严格居中，然后读取竖盘读数 L，设为 95°22′00″，记入

44

竖直角观测手簿表 3–4 第 4 栏内。

（3）盘右位置。重复步骤（2），设其读数 R 为 264°36′48″，记入表 3–4 第 4 栏内。

表 3–4 　　　　　　　　　　　　竖 直 角 观 测 手 簿

日期：　　　　仪器：　　　　观测者：　　　　天气：　　　　地点：　　　　记录者：

测站	目标	竖盘位置	竖盘读数 (° ′ ″)	半测回竖直角 (° ′ ″)	指标差 (″)	一测回竖直角 (° ′ ″)	备注
1	2	3	4	5	6	7	8
O	A	左	95　23　00	－ 5　23　00	－ 12	－ 5　23　06	
		右	264　36　48	－ 5　23　12			

（4）根据竖直角计算公式计算，得：

$$\alpha_L = 90° - L = 90° - 95°23'00'' = -5°23'00''$$

$$\alpha_R = R - 270° = 264°36'48'' - 270° = -5°23'12''$$

那么一测回竖直角为：

$$\alpha = \frac{1}{2}(\alpha_L + \alpha_R) = \frac{1}{2} \times [(-5°23'00'') + (-5°23'12'')] = -5°23'06''$$

竖盘指标差为：

$$x = \frac{1}{2}(\alpha_R - \alpha_L) = \frac{1}{2} \times [(-5°23'12'') - (-5°23'00'')] = -12''$$

将计算结果分别填入表 3–4 相应栏内。

3.5　角度测量误差及注意事项

3.5.1　角度测量误差

产生角度测量误差的因素与其他测量误差一样，也有三种因素，即仪器误差、观测误差和外界条件的影响引起的误差。

1. 仪器误差

仪器误差是指仪器不能满足设计理论要求而产生的误差，包括由于仪器制造和加工不完善而引起的误差以及由于仪器检校不完善而引起的残余误差。

消除或减弱上述误差的具体方法如下：

（1）采用盘左、盘右观测取平均值的方法，可以消除视准轴不垂直于水平轴、水平轴不垂直于竖轴、水平度盘偏心差和竖盘指标差的影响。

（2）采用在各测回间变换度盘位置观测，取各测回平均值的方法，可以减弱由于水平度盘刻划不均匀给测角带来的影响。

（3）仪器竖轴倾斜引起的水平角测量误差，无法采用一定的观测方法来消除。因此，在经纬仪使用之前应严格检校，确保水准管轴垂直于竖轴；同时，在观测过程中应特别注意仪器的严格整平。

2. 观测误差

观测误差主要有仪器对中误差（测站偏心）、目标偏心误差、整平误差、照准误差及读数误差。

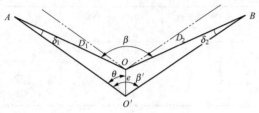

图 3－15　仪器对中误差

（1）仪器对中误差。在安置仪器时，由于对中不准确，使仪器中心与测站点不在同一铅垂线上，称为对中误差。如图 3－15 所示，A、B 为两目标点，O 为测站点，O' 为仪器中心，OO' 的长度称为测站偏心距，用 e 表示，其方向与 $O'A$ 之间的夹角 θ 称为偏心角。β 为正确角值，β' 为观测角值，由对中误差引起的角度误差 $\Delta\beta$ 为：

$$\Delta_\beta = \beta - \beta' = \delta_1 + \delta_2$$

因 δ_1 和 δ_2 很小，故：

$$\delta_1 \approx \frac{e \cdot \sin\theta}{D_1} \times \rho \qquad (3-11)$$

$$\delta_2 \approx \frac{e \cdot \sin(\beta' - \theta)}{D_2} \times \rho \qquad (3-12)$$

$$\Delta\beta = \delta_1 + \delta_2 = e\rho\left[\frac{\sin\theta}{D_1} + \frac{\sin(\beta' - \theta)}{D_2}\right] \qquad (3-13)$$

分析上式可知，对中误差对水平角的影响有以下特点：

1）$\Delta\beta$ 与偏心距 e 成正比，e 越大，$\Delta\beta$ 越大。

2）$\Delta\beta$ 与测站点到目标的距离 D 成反比，距离越短，误差越大。

3）$\Delta\beta$ 与水平角 β' 和偏心角 θ 的大小有关，当 $\beta'=180°$，θ 90° 时，$\Delta\beta$ 最大，为：

$$\Delta\beta = e\rho\left(\frac{1}{D_1} + \frac{1}{D_2}\right)$$

例如，当 $\beta'=180°$，$\theta=90°$，$e=0.002m$，$D_1=D_2=100m$ 时，

$$\Delta\beta = 0.002m \times 206\ 265''\left(\frac{1}{100m} + \frac{1}{100m}\right) = 8.3''$$

对中误差引起的角度误差不能通过观测方法消除，所以观测水平角时应仔细对中。当边长较短或两目标与仪器接近在一条直线上时，要特别注意仪器的对中，避免引起较大的误差。一般规定对中误差不超过 3mm。

（2）目标偏心误差。水平角观测时，常用测钎、测杆或觇牌等立于目标点上作为观测标志。当观测标志倾斜或没有立在目标点的中心时，将产生目标偏心误差。如图 3－16 所示，O 为测站，A 为地面目标点，AA' 为测杆，测杆长度为 L，倾斜角度为 α，则目标偏心

距 e 为：

$$e = L \cdot \sin \alpha \qquad (3-14)$$

目标偏心对观测方向影响为：

$$\delta = \frac{e}{D} \cdot \rho = \frac{L \cdot \sin \alpha}{D} \cdot \rho \qquad (3-15)$$

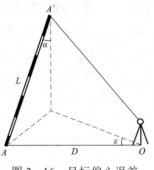

图 3-16　目标偏心误差

目标偏心误差对水平角观测的影响与偏心距 e 成正比，与距离成反比。为了减小目标偏心差，瞄准测杆时，测杆应立直并尽可能瞄准测杆的底部。当目标较近又不能瞄准目标的底部时，可采用悬吊垂线或选用专用觇牌作为目标。

（3）整平误差。整平误差是指安置仪器时竖轴不竖直的误差。倾角越大，影响也越大。一般规定在观测过程中，水准管偏离零点不得超过一格。

（4）照准误差。照准误差主要与人眼的分辨能力和望远镜的放大倍率有关，人眼分辨两点的最小视角一般为 $60''$。设经纬仪望远镜的放大倍率为 v，则用该仪器观测时，其照准误差为：

$$m_v = \pm \frac{60''}{v} \qquad (3-16)$$

一般 DJ_6 型光学经纬仪望远镜的放大倍率 v 为 25～30 倍，因此照准误差 m_v 一般为 $2.0''\sim2.4''$。

另外，照准误差与目标的大小、形状、颜色和大气的透明度等也有关。因此，在观测中我们应尽量消除视差，选择适宜的照准标志，熟练操作仪器，掌握照准方法并仔细照准以减小误差。

（5）读数误差。读数误差主要取决于仪器的读数设备，同时也与照明情况和观测者的经验有关。对于 DJ_6 型光学经纬仪，用分微尺测微器读数，一般估读误差不超过分微尺最小分划的十分之一，即不超过 $\pm6''$，对于 DJ_2 型光学经纬仪一般不超过 $\pm1''$。如果反光镜进光情况不佳，读数显微镜调焦没有调到位，或者观测者操作不熟练，则估读的误差可能会超限。因此，读数时必须仔细调节读数显微镜，使度盘与测微尺影像清晰，也要仔细调整反光镜，使影像亮度适中，然后再仔细读数。使用测微轮时，一定要使度盘分划线位于双指标线正中央。

3. 外界条件的影响

外界条件的影响很多，如大风、松软的土质会影响仪器的稳定，地面的辐射热会引起物像的跳动，观测时大气透明度和光线的不足会影响瞄准精度，温度变化影响仪器的正常状态等，这些因素都直接影响测角的精度。因此，要选择有利的观测时间和避开不利的观测条件，使这些外界条件的影响降低到较小的程度。

3.5.2　角度测量的注意事项

（1）经纬仪必须经过检验和校正后才能使用，仪器应安置在坚固的地面上并将三脚架

47

踩实，仪器与脚架连接务必牢固，以防在对中整平过程中发生仪器摔落损坏的现象。

（2）仪器对中的过程一定要认真仔细，特别在短边观测水平角时，对中精度应该更高。

（3）观测目标在设立标志过程中，觇标、花杆或测钎应尽量竖直。

（4）读数前要消除视差，读数要准确、快速、不可读错。

（5）手簿记录一律使用铅笔填写，原始观测数据不允许涂改、转抄。读错或记错的数据（仅限于度、分读数）与文字应用单斜线划去，在其上方写上正确的数据或文字，并在相应的备注栏内注明原因。

（6）一测回的观测过程中，不得再对中、整平仪器。若照准部管水准器泡偏离中心超2格，则应重新整平仪器进行观测。

（7）在一个测站上，记录和计算全部完成后才可以迁站。迁站时先检查仪器和三脚架是否安装牢固。近距离迁站时可不必卸下仪器，脚架并拢，一手托住仪器，另一手抱住三脚架；远距离迁站时，则应卸下仪器装箱。

（8）注意保护测量仪器和工具，必要时要打伞遮光观测。

思考题

1. 光学经纬仪对中整平的目的是什么？

2. 观测水平角时，如何利用度盘变换手轮进行水平度盘读数的配置？若测回数为3，则各测回的起始读数应为多少？

3. 观测水平角时，测回法与方向观测法分别适用于什么情况？观测步骤是什么？

4. 方向观测法中，什么是归零差？什么是$2c$值？

5. 观测竖直角时，竖盘指标差是什么？如何计算？

6. 角度测量时，采用盘左、盘右角值取平均的方法可以消除或减弱哪些误差？

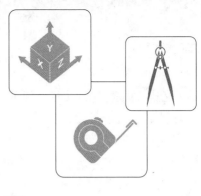

第4章
距　离　测　量

距离测量也是测量的一项基本工作，主要用来确定地面上各点之间的水平距离。根据精度要求和仪器工具使用的不同，距离测量的方法有钢尺量距、视距测量、电磁波测距及GNSS 测距等。

4.1　钢尺量距

钢尺量距主要是借助钢尺及其他辅助工具进行地面两点间距离测量的方法，适用于地面比较平坦、边长较短的距离测量。因其工具简单，目前一些建筑施工单位仍在使用。按照精度要求的不同可分为一般方法和精密方法。

4.1.1　量距工具

1. 钢尺

钢尺又称为钢卷尺，如图 4-1 所示。其名义长度有 10、20、50m 等。还有一种稍薄一些的钢卷尺，称为轻便钢卷尺，通常收卷在一皮盒或铁皮盒内。钢卷尺因长度起算的零点位置不同，有端点

图 4-1　钢卷尺

尺和刻线尺两种。端点尺的起算零点位置是尺端的扣环；而刻线尺是以刻在尺端附近的零分化线起算的。端点尺使用比较方便，但量距精度较刻线尺低一些。

2. 辅助工具

其他量距工具还有测钎、标杆、弹簧秤、温度计等，如图 4-2 所示。测钎用来计算整尺段数；花杆用来标定直线；弹簧秤和温度计一般用于精密量距，以控制施加在钢卷尺上的拉力和测定温度。

4.1.2　直线定线

当两点距离较远或地形起伏较大时，钢尺的一个整尺段无法测定其距离。此时，可用

木桩在地面上标定欲丈量直线的走向，这项工作称为直线定线。一般采用目估法和经纬仪定线法。

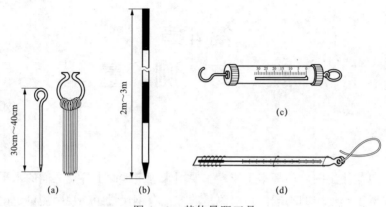

图 4-2　其他量距工具

（a）测钎；（b）标杆；（c）弹簧称；（d）温度计

1. 目估法

在钢尺量距的一般方法中，量距的精度要求较低，故只用目估法进行直线定线。

如图 4-3 所示，设两点为 A 和 B，且能互相通视，分别在 A、B 点上竖立标杆。由测量员甲站在 A 点标杆后 1～2m 处，指挥另一测量员乙持标杆在 AB 方向附近移动，当甲看到三点的标杆重合时，即在同一直线上，此时测量员乙所持标杆底部的地面点即为所求的定线点。同理，定出直线上的其他定线点。在平坦地区定线往往与量距同时进行，即边量距边定线。定线时，所有标杆应竖直，点与点之间的距离应稍短于一整尺段长。

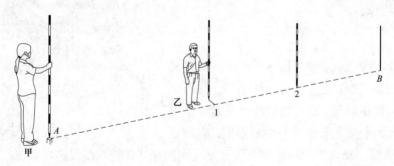

图 4-3　目估定线

2. 经纬仪定线法

在钢尺量距精密方法中，量距的精度要求较高，故一般用仪器定线法进行直线定线。

如图 4-4 所示，在待测直线的一端 A 点安置经纬仪，用十字丝照准另一端 B 点标杆底部或标志中心。旋紧照准部水平制动螺旋，松开竖直制动螺旋，俯仰望远镜，使其在竖直面内转动。通过望远镜观察，在 AB 方向的照准面内按略小于一个整尺段长的位置依次打下木桩，同时指挥另一人在木桩顶面划十字，直至与经纬仪十字丝中心重合，即为定线点位置。同理，依次定出直线上的其他定线点。

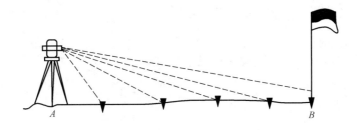

图 4-4 经纬仪定线

4.1.3 钢尺量距的方法

1. 一般方法

（1）平坦地面量距。目估定线后即可进行量距工作。量距时，后司尺员持钢尺零点端，前司尺员持钢尺末端并用测钎标示尺端端点位置。如图 4-5 所示，钢尺长度用 l 表示，整尺段数用 n 表示，余长用 q 表示，则地面两点间的水平距离 D 为：

$$D = nl + q \qquad (4-1)$$

为了进行检核和提高量距精度，需进行往返测量。一般用相对误差 K 来表示成果的精度，并化为分子为 1、分母为整数的形式。

$$K = \frac{|D_{往} - D_{返}|}{\overline{D}} \qquad (4-2)$$

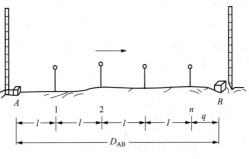

图 4-5 平坦地面量距

式中　$\overline{D}$——往、返测距离的平均值。

若相对误差在规定的允许范围内，取往、返量距结果的平均值作为两点间的水平距离。若超限，则应重新丈量。一般图根钢尺量距导线，K 值不应超过 1/3000。

（2）倾斜地面量距。

1）平量法。如图 4-6（a）所示，如果是在倾斜不大的地面量距，一般采取抬高尺子一端或两端，使尺子呈水平以量得各段的水平距离，然后将各段距离求和得到直线的水平距离。

2）斜量法。如图 4-6（b）所示，当倾斜地面的坡度均匀，大致成一倾斜面时，可以沿斜坡丈量 AB 的斜距 S，测得 AB 两点间的高差 h，则水平距离为：

$$D = \sqrt{S^2 - h^2} \qquad (4-3)$$

或测得地面的倾角 α，则水平距离为：

$$D = S \cdot \cos\alpha \qquad (4-4)$$

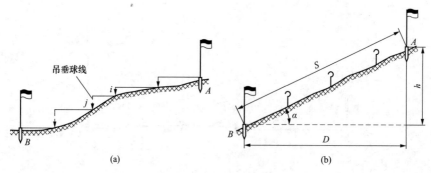

图 4-6　倾斜地面量距
（a）平量法；（b）斜量法

2. 精密方法

仪器定线后，由前、后司尺员采用钢尺悬空丈量并在尺段两端同时读数的方法进行精密量距。将钢尺两端置于木桩上，零端在前，末端在后，用检定时的拉力把钢尺拉直后，由前、后司尺员按桩顶"十"字标志进行读数并记录（读到 mm 位）。每尺段要移动钢尺位置进行 3 次读数，量距较差视不同要求而定，若符合限差则取三次量距结果的平均值作为此尺段的观测成果。由于所量结果为相邻桩顶间的倾斜距离，因此需在量距前后，用仪器测定每尺段的高差以便进行倾斜改正。另外，还应记录每次量距时的温度。以同样的方法进行往返逐段丈量。

随着电磁波测距技术的发展，在距离测量的作业中，多采用全站仪测距来代替钢尺量距的精密方法。

4.1.4　钢尺量距的误差及注意事项

1. 钢尺测量的误差

同其他测量误差一样，距离测量的误差来源也主要是仪器误差、观测误差和外界条件的影响。

（1）仪器误差。钢尺表面标注的长度称为名义长度。由于钢尺制造等因素，钢尺的实际长度通常不等于其名义长度，且不是一个固定值，而是随丈量时的拉力和温度的变化而异。因此，在测距前必须进行钢尺检定。经过检定的钢尺，其长度可以用钢尺尺长方程式来表示钢尺的真实长度与名义长度、尺长改正数和温度的函数关系。

$$l_t = l + \Delta l + \alpha l(t - t_0) \tag{4-5}$$

式中　l_t ——丈量时温度为 t 时的钢尺实际长度，m；

　　　　l ——钢尺刻划上注记的长度，即名义长度，m；

　　　　Δl ——钢尺在检定温度为 t_0 时的尺长改正数；

　　　　α ——钢尺膨胀系数，其值为 $11.6\times10^{-6} \sim 12.5\times10^{-6}$，/℃；

　　　　t_0 ——钢尺检定时的温度，又称标准温度，一般取 20℃；

　　　　t ——钢尺丈量时的温度。

每根钢尺都应有尺长方程式才能测得实际长度，但尺长方程式中的 Δl 会因一些客观因素影响而变化，所以钢尺每使用一定时期后必须重新检定。

（2）观测误差。

1）定线误差。距离测量时，钢尺偏离定线方向使得实际测量到的距离不是直线距离，而是一组折线的长度，导致量距结果偏大。因此，量距精度要求较高时，可用经纬仪定线。

2）拉力误差。钢尺具有弹性，外界拉力的大小会影响钢尺的长度。当量距精度要求较高时，一般采用弹簧秤，以控制量距时的拉力与钢尺检定时的拉力一致，从而减小拉力误差。

3）钢尺倾斜和垂曲误差。量距过程中，地面的高低不平造成的钢尺不水平或者悬空丈量时中间尺段的下垂都会导致量距长度大于实际长度。因此，量距时应尽量使钢尺水平，有必要时可在中间托住尺段。当量距精度要求较高时，可测出尺段两端点的高差进行倾斜改正。

4）丈量过程产生的误差。钢尺端点不准、测钎标志位置不准、尺子读数不准等都会引起测距误差。因此，量距过程中测量人员应尽量认真操作。

（3）外界条件的影响。钢尺的长度随外界温度的变化而产生热胀冷缩，当量距时的温度与标准温度不一致时，会改变实际尺长。一般量距过程，温度变化较小，可以忽略温度误差的影响；但量距精度要求较高时，需要对测量结果进行温度改正。

2. 钢尺量距注意事项

（1）量距前，应辨认清钢尺的零端和末端。钢尺要拉平、拉直、拉紧，要小心慢拉并尽量保持拉力恒定。

（2）量距中若需转移尺段，则应将钢尺抬高，不应在地面上拖拉摩擦，不可磨损钢尺刻划面，不可让行人或车辆等从钢尺上压过。

（3）量距时，尽量插直测钎并对准钢尺的分划线，量距结束应仔细检查测钎数目，避免加错或算错整尺段数。往返测距完毕，应立即检查相对误差是否符合限差要求，否则应重测。

（4）量距过程中的记录要完整、准确，不可涂改原始观测数据。

（5）量距工作结束后，要用干净布将钢尺擦干净，最好上油以防生锈。

4.2 视距测量

当地面高低起伏较大、不便直接进行量距时，可采用经纬仪（或水准仪）配合视距尺的方式进行量距。这种间接测量距离的方法可同时测定两点间的水平距离和高差，但其精度较低，相对误差为 1/200～1/300。这种视距测量的方法操作方便且不受地形起伏的限制，故广泛应用于碎部测量中。

4.2.1 视距测量原理

1. 视准轴水平时的视距测量

如图 4–7 所示，待测距离为 AB，在 A 点安置经纬仪（或水准仪），在 B 点立一视距尺，设望远镜视准轴水平，此时视线与视距尺垂直。则 AB 两点的水平距离可表示为：

$$D = d + f + \delta \qquad (4-6)$$

由 $\Delta Fm'n' \sim \Delta FMN$，则有：

$$\frac{d}{f} = \frac{l}{p}, \quad d = \frac{f}{p}l \qquad (4-7)$$

将式（4–7）代入式（4–6），有：

$$D = \frac{f}{p}l + f + \delta \qquad (4-8)$$

式中 f——望远镜物镜的焦距；

　　l——尺间隔或视距间隔，即视距丝（上下丝）在 B 点视距尺上的读数之差；

　　p——望远镜内视距丝（上下丝）的间隔；

　　δ——望远镜物镜的光心至仪器中心的距离。

令 $K = \dfrac{f}{p}$ 为视距乘常数，$C = f + \delta$ 为视距加常数，则式（4–8）即 AB 的水平距离，可以表示为：

$$D = Kl + C \qquad (4-9)$$

在仪器制造时，通常设计 $K = 100$、$C \approx 0$，故式（4–10）可表示为：

$$D = Kl = 100l \qquad (4-10)$$

同时，由图 4–7 可看出，AB 两点的高差：

$$h_{AB} = i - v \qquad (4-11)$$

式中 i——仪器高；

　　v——视距尺中丝读数。

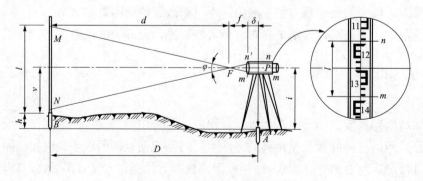

图 4–7　水平视距测量原理

2. 视准轴倾斜时的视距测量

如图 4-8 所示，AB 两点高差较大，望远镜视线处于倾斜状态，只能使用经纬仪进行视距测量，此时视线不垂直于视距尺，故不能使用式（4-10）和式（4-11）计算水平距离和高差。若要计算倾斜时的水平距离和高差，必须导入两项改正：一是对于视线不垂直于视距尺的改正；二是视线倾斜的改正。

考虑 φ 角较小，可以把 $\angle OM'M$ 和 $\angle ON'N$ 当作直角，而 $\angle M'OM = \angle N'ON = \alpha$，设 $M'N' = l'$，则有 $l' = l \cdot \cos\alpha$，其中 l 为尺间隔。

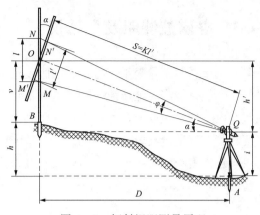

图 4-8　倾斜视距测量原理

应用式（4-10），可得出倾斜直线 OQ 的长度：

$$S = Kl' = Kl\cos\alpha \qquad (4-12)$$

将倾斜距离折算成水平距离 D 需乘以 $\cos\alpha$，则 AB 水平距离为：

$$D = Kl\cos^2\alpha \qquad (4-13)$$

由图 4-8 可看出，若有仪器高度 i 和视距尺中丝读数（或觇标高度）v，则 AB 两点的高差可表示为：

$$h = D\tan\alpha + i - v \qquad (4-14)$$

在实际工作中，尽可能使 v 等于仪器高 i，以简化高差 h 的计算。

4.2.2　视距测量的施测

视距测量作业流程如下：

（1）将经纬仪安置在测站 A 上，对中、整平，量仪器高 i。

（2）将视距尺竖立于待测点上，用望远镜瞄准视距尺，分别读出上、下视距丝，计算尺间隔 l 和读取中丝读数 v。

（3）读取竖盘读数，计算竖直角 α。

（4）根据式（4-13）和式（4-14）计算出测点至测站的水平距离 D 和高差 h。

视距测量记录见表 4-1。

表 4-1　　　　　　　　　　　　　视 距 测 量 记 录

测站：A　　　　　　　　　　　测站高程：46.540m　　　　　　　　仪器高 i：1.48m

测点	下丝读数	上丝读数	视距间隔 l	中丝读数 v	竖盘读数（° ′ ″）	竖角（° ′ ″）	水平距离 D（m）	高差 h（m）	高程 H（m）
B	2.500	1.500	1.000	2.000	83 11 00	+6 49 00	98.59	+11.265	57.805
C	1.920	0.920	1.000	1.420	94 27 00	-4 27 00	99.40	-7.676	38.864

4.3 电磁波测距及全站仪

钢尺量距工作繁重，特别在山区及沼泽地区的量距工作不便展开，而视距测量精度较低，一般只能满足地形测图时测量碎部点的需要。20 世纪 60 年代初，随着激光技术的出现及电子技术的发展，各国家相继研制出各类型电磁波测距仪，大大提高了测距速度和精度。其中，用微波段的无线电波作为载波的微波测距仪和用激光作为载波的激光测距仪多用于远程测距，用红外光作为载波的红外测距仪多用于中、短程测距。一般测距仪的标称精度可表达为：

$$m_{\mathrm{D}} = \pm(a + bD)$$

式中　a ——固定误差，mm；

　　　b ——比例误差系数；

　　　D ——距离，km。

4.3.1 电磁波测距原理

电磁波测距的基本原理是通过测定电磁波在待测距离两端点间往返一次的传播时间 t，利用电磁波在大气中的传播速度 c 来计算两点间的距离。

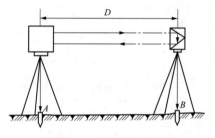

图 4-9　光电测距原理

若测定 A、B 两点间的距离 D，如图 4-9 所示。把测距仪安置在 A 点，反射镜安置在 B 点，则其距离 D 可按式（4-15）计算：

$$D = \frac{1}{2}ct \qquad\qquad (4-15)$$

4.3.2 测距成果整理

使用测距仪进行外业作业后，需对测距成果进行整理计算。下面主要对这些改正参数进行讨论。

1. 加常数改正

由于测距仪的距离起算中心与仪器的安置中心不一致，以及反射棱镜的等效反射面与棱镜安置的中心不一致，测距仪实际测得距离 D' 与应测距离 D 不相等，这一固定的差数称为测距仪的加常数。加常数改正与所测距离的长短无关，可预置在仪器中作自动改正，但仪器使用一段时间后，需要对加常数进行检定。

$$a = D - D' \qquad\qquad (4-16)$$

2. 乘常数改正

测距仪在使用过程中，由于电子元件老化等原因，使得实际的调制光频率与设计的标准频率之间有偏差，这将会影响测距成果的精度。当频率偏离其标准值而引起的一个计算改正数的乘系数，称为乘常数，其与所测距离的长度成正比。设 f 为标准频率，f' 为实际工作频率，则乘常数为：

$$b = \frac{f' - f}{f'} \qquad (4-17)$$

乘常数改正值为：

$$\Delta D_R = -bD' \qquad (4-18)$$

式中　D'——实测距离值，km；

　　　b——乘常数，mm/km。

3. 气象改正

由于野外实测的气象条件不同于制造仪器时确定仪器测尺频率时选取的基准气象条件，考虑大气条件的影响，需使用气象改正参数修正测量成果。只需要测定气压和气温，利用厂家提供的气象改正公式便可计算距离的气象改正值。如某测距仪的气象改正公式为：

$$\Delta S_1 = \left(273.8 - \frac{0.290\ 0p}{1 + 0.003\ 66t}\right) \times D' \times 10^6 \qquad (4-19)$$

式中　ΔS_1——气象改正值，mm；

　　　p——气压，hpa；

　　　t——温度，℃；

　　　D'——实测距离值，km。

目前，测距仪一般将气象参数预置于机内，测距时自动改正。

4. 折光改正值的计算

$$\Delta S_2 = -(k - k^2)\frac{S^3}{12r^2} \qquad (4-20)$$

式中　ΔS_2——折光改正值，m；

　　　k——常量。

注：10km 以上的距离做此项改正。

5. 倾斜改正

测距仪经过以上改正项后得到的是改正后的倾斜距离 S，需要进行倾斜改正，才可获得待测水平距离。已知两点的高差 h，则倾斜改正的公式为：

$$\Delta D_h = -\frac{h}{2S^2} \qquad (4-21)$$

4.3.3　全站仪认识

全站仪又称全站型电子速测仪，是一种可以同时进行角度测量和距离测量，并能显示平距、高差和坐标增量等观测数据。由于只需一次安置，便可完成测站上所有的测量工作，因此被称为"全站仪"。全站仪由电子测距仪、电子经纬仪和电子记录装置三部分组成。通过输入、输出设备，可以实现与计算机的交互通信，即将测量数据直接传输给计算机，在数据处理软件和绘图软件的支持下，进行计算、编辑和绘图，从而实现测图的自动化。电子全站仪种类很多，各种全站仪基本功能差别不大，主要可归纳为三种常规测量模式，即角度测量模式、距离测量模式和坐标测量模式。但各类型全站仪借助于机内的软件，形成的应用性测量功能却差别较大，如悬高测量、遥距测量、定线等，故使用前需仔细阅读仪器说明书。下面以南方全站仪为例，介绍全站仪的基本操作和使用。

1. 全站仪的基本设置

（1）安置仪器。全站仪的安置方法同光学经纬仪的安置步骤基本相同，可采用光学对中器完成对中，利用长水准管精平仪器；或对于带有激光对中器的全站仪，其安置过程更为方便。

（2）设置参数。安置好仪器后，即可按电源开关【POWER】键，完成仪器的正常开机。

1）设置温度和气压。预先测得测站周围的温度和气压，执行参数设置并输入。

2）设置大气改正。测定温度和气压，从大气改正图上或根据改正公式求得大气改正值PPM，一旦设置，即可自动对测距结果实施大气改正。

3）设置大气折光和地球曲率改正。仪器可自动进行改正。

4）设置反射棱镜常数。南方全站的棱镜常数的出厂设置为−30，则 PSM 值设为−30即可。

若使用的是不同厂家生产的棱镜，要按其棱镜的参数予以相应设置。一旦设置了，关机后该常数仍被保存。

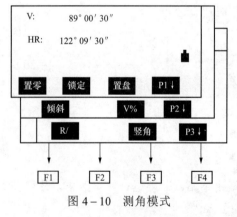

图4−10 测角模式

此外，还可根据工作成果要达到的精度要求，来进行其他相关工作参数的设置，如最小读数、垂直角倾斜改正、仪器常数设置等。

2. 角度测量

确认角度测量模式（见图4−10）。全站仪可测定水平角和竖直角，观测步骤与经纬仪基本相同。

水平角测量的方法有测回法和方向观测法。为了提高测量精度，一般需按规范要求采用多测回进行观测，即每一测回都必须配置度盘。全站仪进行度盘读数设置时有两种模式：一种是通过锁定角度值进行设置，另一种是通过键盘输入进行设置。然后在不同的盘位，依次对不同观测方向进行观测并记录，从而完成水平角的观测。

竖直角的观测则更为方便，按照其测角原理，只需在不同的盘位状态照准目标进行观测并记录，从而完成竖直角的计算。此外全站仪还可根据测量需要对垂直角与斜率的转换、天顶距和高度角的转换进行设置。

3. 距离测量

全站仪在进行距离测量前通常需要确认大气改正和棱镜常数等设置。

确认距离测量模式（见图4−11）。将棱镜立于待观测目标点位，照准棱镜中心后按菜单提示测量距离。除棱镜目标外，全站仪还有其他两种合作模式：反射板（即测距时对准反射板）和无合作（即测距时只需要对准被测物体）。

另外，全站仪还可以根据测距精度的需要设置单次测量模式或连续测量模式，也可设置精测模式或跟踪模式。

4. 坐标测量

确认坐标测量模式（见图 4-12）。全站仪通过输入仪器高和棱镜高后测量坐标时，可直接测定未知点的坐标。

一般说来，进行坐标测量要先设置测站点坐标值、测站仪器高和目标高；设置后视，并通过测量来确定后视方位角（即后视定向方向，该方向值一般需根据站点与定向点的已知坐标通过反算得到），然后通过已知站点测量出未知点的坐标。

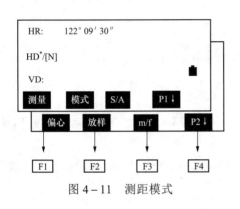

图 4-11　测距模式

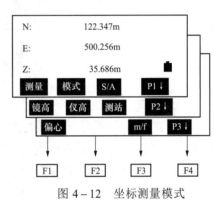

图 4-12　坐标测量模式

5. 数据采集测量

确认数据采集模式。全站仪数据采集作为数字测图中野外数据采集的主要手段之一，其测量原理是依据控制点来测取其所控制范围内的大量碎部特征点，多按三角高程原理进行工作。一般来讲，操作流程可归纳如下：

（1）选择数据采集文件，将野外采集的数据存储在该文件中。

（2）选择坐标数据文件，可进行测站坐标数据及后视数据的调用。

（3）设置测站点，包括仪器高和测站点号及坐标。全站仪提供两种测站点坐标的设定模式：一种是利用内存中的坐标数据来设定；另外一种是直接由键盘输入。

（4）设置后视点，通过测量后视点进行定向，确定方位角。全站仪提供三种后视点定向角的设定模式：一是利用内存中的坐标数据来设定；二是直接键入后视点坐标；三是直接键入设置的定向角。

（5）设置待测点的点名、编码和棱镜高，开始采集并存储数据，直至将本站点所控制的范围内的地物、地貌特征点全部采集完毕。

（6）当整个测区的数据采集完成后，利用全站仪的通讯功能将数据传输到电脑，借助数据处理软件和测图软件对数据进行编辑与处理，形成数字地图。

6. 施工放样测量

确认坐标放样模式。在施工测量控制点上安置仪器，在放样之前，一般可先建立控制点坐标文件，方便建立测站时进行数据调用操作。

（1）选择一个坐标数据文件，也可将新点测量数据存入所选定的坐标数据文件中。

（2）设置测站点、后视点（设定模式同前面讲解的数据采集测量过程）。

（3）开始实施放样，可以通过点号调用内存中的坐标值，也可直接键入所需放样的坐标值。设置棱镜高度后仪器即显示出测设数据（计算出的角度 HR 和距离 HD），根据显示的目前照准方向与待测设方向之间的角差，水平旋转照准部直至角差 $dHR = 0$，锁定方向。指挥携带棱镜的测量员在该方向上前后移动棱镜直至距离差 $dHD = 0$，用桩标定该点。

同样，全站仪也可进行角度放样、距离放样和高度放样等。

思考题

1. 直线定线的目的是什么？方法有哪些？

2. 用钢尺对一段距离进行往、返丈量，其值分别为 75.365m 和 75.353m，则其相对误差是多少？

3. 用钢尺往返丈量一段距离，其平均值为 145.280m，若要求量距的相对误差为 1/3000，那么往返测量距离之差不能超过多少？

4. 视距测量的原理是什么？适用于什么情况下的测距？

5. 全站仪的常规测量模式有哪三个？

6. 简述全站仪数据采集的主要作业过程。

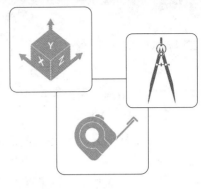

第5章
测 量 误 差 理 论

研究测量误差的来源、性质及其产生和传播的规律，解决测量工作实际问题而建立的概念和原理的体系称为测量误差理论。

5.1 测量误差来源与分类

5.1.1 概述

在实际测量工作中，用仪器对某个量进行观测，就会产生误差。第一种情况表现为：同等条件下对同一个未知理论值的量进行多次重复观测时，各次观测结果并不完全相同，如测回法测角时 $\beta_{上} \neq \beta_{下}$，测量一段距离时 $D_{往} \neq D_{返}$；另一种情况表现为：对某个已知理论值的量进行观测时，实际观测结果往往不等于该理论值，如水准测量时，闭合水准路线 $\sum h \neq 0$，观测三角形的三个内角和不等于 $180°$。可见，某量的各观测值之间或观测值与理论值之间总是存在一定的差异，也就意味着测量误差的产生是不可避免的。

任何一个观测量总存在一个能代表其真正大小的数值，这个数值称为该观测量的真值，用 X 表示。对某一观测量进行多次观测所得的数值称为观测值，用 $l_1, l_2, \cdots, l_n$ 表示。则观测值与真值的差值 Δ 称为真误差，有 n 个观测值，就存在 n 个真误差，即

$$\Delta_i = l_i - X (i = 1, 2, \cdots, n) \tag{5-1}$$

5.1.2 测量误差产生的原因

产生测量误差的原因有很多，其误差的来源主要有以下三个方面：

1. 测量仪器和工具

由于测量仪器和工具加工制造不完善或校正之后残余误差存在所引起的误差。如经纬仪的视准轴误差 $2c$、竖盘指标差 x；水准仪的视准轴不严格平行于水准管轴的 i 角误差；钢尺的尺长误差 Δl 等。

2. 观测者

由于观测者感觉器官鉴别能力的局限性所引起的误差，如照准误差、估读误差、对中

整平误差、插测钎误差等。

3. 外界条件的影响

外界条件的变化所引起的误差，如风力、温度、气压、松软的土地、大气折光和地球曲率等。

以上三方面是引起测量误差的主要因素，通常称为观测条件。若观测条件好，则测量误差小，观测成果的精度就高；反之，则测量误差大，观测成果的精度就低。观测条件相同的各次观测称为等精度观测；观测条件不相同的各次观测称为非等精度观测。但无论观测条件如何，任何观测都不可避免的产生误差。

5.1.3 测量误差的分类

误差按其特性可分为系统误差和偶然误差两大类。

1. 系统误差

在相同观测条件下，对某量进行一系列的观测，如果误差出现的符号和大小均相同，或按一定的规律变化，这种误差称为系统误差。

例如：用没有检定过、名义长度为30m、实际长度为30.005m的钢尺量距，每丈量一整尺段距离就量短了 0.005m，产生 −0.005m 的量距误差。各整尺段的量距误差大小都是 −0.005m，符号都是负，不能抵消。

由此可见，系统误差在测量成果中具有累积性、单向性，对测量成果影响较大。但它具有一定的规律性，找到规律就可在观测过程采取某种消除措施或对观测值施加改正数以消除或削弱系统误差的影响，如进行计算改正、选择适当的观测方法或精确的检校仪器等。

2. 偶然误差

在相同的观测条件下，对某量进行一系列的观测，如果观测误差的符号和大小都不一致，表面上没有任何规律性，这种误差称为偶然误差。但是随着对同一量观测次数的增加，大量的偶然误差就表现出一定的统计规律性。通过长期对大量测量数据分析和统计计算，人们总结出了偶然误差的四个特性：

（1）有界性：在一定观测条件下，偶然误差的绝对值有一定的限值，或者说，超出该限值的误差出现的概率为零。

（2）单峰性：绝对值较小的误差比绝对值较大的误差出现的概率大。

（3）对称性：绝对值相等的正、负误差出现的概率相同。

（4）抵偿性：同一量的等精度观测，其偶然误差的算术平均值，随着观测次数 n 的无限增大而趋于零，即

$$\lim_{n \to \infty} \frac{[\Delta]}{n} = 0 \qquad\qquad （5-2）$$

式中 [ ]——高斯求和符号；

[Δ] ——偶然误差的代数和，$[\Delta] = \Delta_1 + \Delta_2 + \cdots + \Delta_n$。

由于偶然误差本身的特性，故不能用计算改正或改变观测方法的方式来简单加以消除

或减弱。可以应用误差理论来研究最合理的测量工作方案和观测方法，以减弱偶然误差对测量结果的影响。如进行多余观测，适当提高仪器等级或者求取最可靠值等。

需要注意的是，观测中应避免出现粗差，即由观测者本身疏忽或使用仪器不当、观测不当所造成的误差，如读错、记错、测错等。粗差的数值往往偏大，使观测结果显著偏离真值，故粗差是可以发现和避免的，一旦发现粗差，应该立刻从观测成果中剔除。因此，测量过程中必须遵守测量规范，要认真操作、随时检查，并对观测结果采取必要的检核措施。在观测中，系统误差和偶然误差往往是同时产生的。如果观测值中存在显著的系统误差，则观测误差呈现出系统误差的性质；反之，则呈现偶然误差的性质。对于一组剔除了粗差的观测值，当系统误差设法消除或减弱后，决定观测精度的关键是偶然误差。所以，本章讨论的测量误差仅指偶然误差。

5.2　衡量精度的指标

在测量工作中，常采用以下几种标准评定测量成果的精度。

5.2.1　中误差

设在相同的观测条件下，对某量进行 n 次重复观测，其观测值为 $l_1, l_2, \cdots, l_n$，相应的真误差为 $\Delta_1, \Delta_2, \cdots, \Delta_n$。则观测值的中误差 m 为：

$$m = \pm\sqrt{\frac{[\Delta\Delta]}{n}} \qquad\qquad (5-3)$$

式中　$[\Delta\Delta]$——真误差的平方和，$[\Delta\Delta] = \Delta_1^2 + \Delta_2^2 + \cdots + \Delta_n^2$。

中误差 m 的几何意义：代表了误差分布曲线拐点的横坐标值。m 越小的分布曲线误差分布越集中，各观测值之间的差异越小，该组观测值的精度越高；反之，m 越大的分布曲线误差分布越离散，表明各观测值之间的差异越大，该组观测值的精度越低。

所谓的集中和离散是指向着误差为零的真值点集中或离散。因此，中误差 m 表示了误差分布的离散程度。

5.2.2　极限误差

在一定观测条件下，偶然误差的绝对值不应超过的限值称为极限误差，也称限差或容许误差。

概率论的研究结果表明：

$$P(-\sigma < \Delta < +\sigma) = 68.3\%$$
$$P(-2\sigma < \Delta < +2\sigma) = 95.5\%$$
$$P(-3\sigma < \Delta < +3\sigma) = 99.7\%$$

故通常将 2 倍或 3 倍中误差作为偶然误差的容许值，即

$$\Delta_{容} = 2m \text{ 或 } \Delta_{容} = 3m$$

如果某个观测值的偶然误差超过了容许误差，就可以认为该观测值含有粗差，应舍去不用或返工重测。

5.2.3 相对中误差

中误差是绝对误差。在距离丈量中，中误差不能准确地反映出观测值的精度。例如丈量两段距离，$D_1 = 100m$，$m_1 = \pm1cm$ 和 $D_2 = 30m$，$m_2 = \pm1cm$。虽然两者中误差相等 $m_1 = m_2$，显然，不能认为这两段距离丈量精度是相同的，这时应采用相对中误差 K 来作为衡量精度的标准。

相对中误差是中误差的绝对值与相应观测结果之比，并化为分子为 1 的分数，即：

$$K = \frac{|m|}{D} = \frac{1}{\dfrac{D}{|m|}} \qquad (5-4)$$

在上面所举的例子中，$K_1 = \dfrac{|m_1|}{D_1} = \dfrac{0.01m}{100m} = \dfrac{1}{10\,000}$

$$K_2 = \frac{|m_2|}{D_2} = \frac{0.01m}{30m} = \frac{1}{3000}$$

显然前者的精度比后者高。

5.3 算术平均值及其中误差

5.3.1 算术平均值

在相同的观测条件下，对某量进行多次重复观测，根据偶然误差特性，可取其算术平均值作为最终观测结果。

设对某量进行了 n 次等精度观测，观测值分别为 $l_1, l_2, \cdots, l_n$，其算术平均值为：

$$\bar{L} = \frac{l_1 + l_2 + \cdots + l_n}{n} = \frac{[l]}{n} \qquad (5-5)$$

设观测量的真值为 X，观测值为 l_i，则观测值的真误差为

$$\left.\begin{array}{l} \Delta_1 = l_1 - X \\ \Delta_2 = l_2 - X \\ \cdots \\ \Delta_n = l_n - X \end{array}\right\} \qquad (5-6)$$

将式（5-6）内各式两边相加，并除以 n，得：

$$\frac{[\Delta]}{n} = \frac{[l]}{n} - X = \bar{L} - X \qquad (5-7)$$

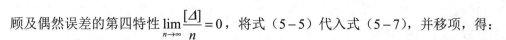

顾及偶然误差的第四特性 $\lim\limits_{n \to \infty} \dfrac{[\Delta]}{n} = 0$，将式（5-5）代入式（5-7），并移项，得：

$$\lim_{n \to \infty} \overline{L} = X \qquad\qquad (5-8)$$

由式（5-8）可知，当观测次数 n 无限增大时，算术平均值趋近于真值。但在实际测量工作中，观测次数总是有限的。因此，算术平均值较观测值更接近于真值。将最接近于真值的算术平均值称为最或然值或最可靠值。

5.3.2　观测值的改正数

观测值的算术平均值与观测值之差，称为观测值的改正数，用 v 表示，即：

$$v_i = \overline{L} - l_i \qquad\qquad (5-9)$$

将等式的两端分别相加，得：

$$[v] = n\overline{L} - [l]$$

顾及 $\overline{L} = \dfrac{[l]}{n}$ 可得：

$$[v] = 0 \qquad\qquad (5-10)$$

因此，对于等精度观测，一组观测值的改正数之和恒等于零。这个结论常用于检核计算。

5.3.3　白塞尔公式

当观测值真值 X 已知时，可以由式（5-3）计算出观测值的中误差 m。但在实际工作中，观测量的真值是往往不知道的，真误差当然也无法求得，这样就不能用式（5-3）计算观测值的中误差 m。考虑到最或然值 $\overline{L}$ 在观测次数无限增多时，将逐渐趋近真值 X。由此在观测次数有限时，以 $\overline{L}$ 代替 X，就相当于以各观测值改正数 v_i 代替真误差 Δ_i，这样可由观测值改正数来计算观测值中误差，即白塞尔公式：

$$m = \pm\sqrt{\dfrac{[vv]}{n-1}} \qquad\qquad (5-11)$$

式中　m ——等精度观测值中误差；

　　　v ——改正数；

　　　n ——观测次数；

　　　[ ] ——高斯求和符号，$[vv] = v_1 + v_2 + \cdots + v_n$。

设等精度观测值的中误差为 m，根据误差传播定律，n 次观测值的算术平均值 $\overline{L}$ 的中误差 M 为：

$$M = \pm\dfrac{m}{\sqrt{n}} \qquad\qquad (5-12)$$

5.4　误差传播定律

在测量工作中，有些未知量往往不能直接测得，而需要由其他的直接观测值按一定的函数关系计算出来。如用水准仪进行一个测站的高差测量，有 $h = a - b$，则高差 h 就是后视读数 a 和前视读数 b 的函数。由于独立观测值 a、b 存在误差，导致其函数 h 也必然存在误差，这种关系称为误差传播。阐述观测值中误差与观测值函数中误差之间关系的定律称为误差传播律。表 5 - 1 列出几种函数式的误差传播公式。

表 5 - 1　　　　　　　　　　　　　误 差 传 播 公 式

函数名称	函数关系	中误差传播公式
倍数函数	$z = kx$	$m_z = \pm k m_x$
和差函数	$z = x_1 \pm x_2 \pm \cdots \pm x_n$	$m_z = \pm \sqrt{m_1^2 + m_2^2 + \cdots + m_n^2}$
线性函数	$z = k_1 x_1 + k_2 x_2 + \cdots + k_n x_n$	$m_z = \pm \sqrt{k_1^2 m_1^2 + k_2^2 m_2^2 + \cdots + k_n^2 m_n^2}$
非线性函数	$z = f(x_1, x_2, \cdots, x_n)$	$m_z = \pm \sqrt{\left(\dfrac{\partial f}{\partial x_1}\right)^2 m_1^2 + \left(\dfrac{\partial f}{\partial x_2}\right)^2 m_2^2 + \cdots + \left(\dfrac{\partial f}{\partial x_n}\right)^2 m_n^2}$

误差传播定律不仅可以求得观测值函数的中误差，还可以用来研究允许误差的确定及分析观测可能达到的精度等。

5.5　权与加权平均值

前面几节讨论了 n 次等精度观测中求出未知量的最可靠值并评定其精度，但在实际测量工作中，有时候也需要处理非等精度条件下的观测结果，如对某一观测量进行了 n 次不同精度观测，则各观测值的中误差不同，便不能取算术平均值计算最或然值。这时就需要解决由这些不等精度的观测值求出未知量的最或然值，以及如何评定他们的精度。

5.5.1　权与定权

在对某量进行非等精度观测时，各观测结果的中误差不同，则观测结果的可靠性也不同。一般来说，精度较高的观测结果，其可靠度也较高，那么在计算观测值的最或然值时，就应对最后结果有较大的影响程度。这就需要找一个量来衡量这些观测值的可靠度，这个量就称为观测值的权，通常用 p 表示。观测值的中误差越小，可靠性就越高，权也就越大，因此可以根据中误差来定义观测结果的权，即：

$$P_i = \frac{C}{m_i^2} \tag{5-13}$$

式中　C——任意常数。

但权的意义并不在于它本身值的大小，而是它们相互之间的比例关系。当权等于 1 时，称为单位权。权等于 1 时的观测值中误差称为单位权中误差。设单位权中误差为 μ，则权与中误差的关系为：

$$P_i = \frac{\mu^2}{m_i^2}(i = 1, 2, \cdots, n) \tag{5-14}$$

5.5.2　加权平均值

在非等精度观测条件下，观测值的加权平均值就是该观测量的最或然值。设对某一量进行了 n 次非等精度观测，观测值为 $l_1, l_2, \cdots, l_n$，相对应的权为 $p_1, p_2, \cdots, p_n$，则该观测量的加权平均值为：

$$x = \frac{p_1 l_1 + p_2 l_2 + \cdots + p_n l_n}{p_1 + p_2 + \cdots + p_n} = \frac{[pl]}{[p]} \tag{5-15}$$

改正数 v 应满足检核条件 $[pv] = 0$。

5.5.3　加权平均值的中误差

根据误差传播定律，则加权平均值的中误差为：

$$m_x = \pm \frac{\mu}{\sqrt{[p]}} \tag{5-16}$$

在处理不等精度的测量成果时，需要根据单位权中误差来计算观测值的权和加权平均值的中误差。当观测值真值已知时，用真误差求单位权中误差的公式为：

$$\mu = \sqrt{\frac{[p\Delta\Delta]}{n}} \tag{5-17}$$

当观测值真值未知时，用观测值的加权平均值代替真值，用观测值的改正值代替真误差，得到按不等精度观测值的改正值计算单位权中误差的公式：

$$\mu = \sqrt{\frac{[pv v]}{n-1}} \tag{5-18}$$

思考题

1. 误差产生的原因是什么？

2. 试举例几种实际测量工作中的系统误差？并说明如何消除或削弱。

3. 2000 地形图上两点间长度为 $l = 187.3\text{mm} \pm 0.2\text{mm}$，试计算该两点实地距离 D 及其中误差 m_D。

4. 一段距离分为四段丈量，分别量得 $D_1 = 40.78m$、$D_2 = 145.63m$、$D_3 = 80.72m$、$D_1 = 61.52m$，它们的中误差分别为 $m_1 = \pm 2cm$、$m_2 = \pm 5cm$、$m_3 = \pm 4cm$、$m_4 = \pm 3cm$，试求该段距离总长 D 及其中误差 m_D。

5. 设某水平角施测了三个测回，若一测回的测角中误差为 $m = \pm 18''$，那么三个测回的平均值的中误差 m_β 是多少？

6. 对某三角形进行同精度观测，三个内角观测的测回数依次为 4、6、9，试确定三个内角的权。

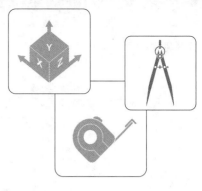

第 6 章
小地区控制测量

6.1 控制测量概述

在实际测量工作中必须遵循"从整体到局部，先控制后碎部"的原则，即先在测区内选取若干具有控制意义的点，按一定的规律和要求组建控制网，精确测定这些地面控制点的空间位置。然后以控制网为基础，测定控制点附近的其他碎部点或者进行施工放样等其他测量工作。这种对控制网进行布设、观测、计算以及确定控制点空间位置的工作称为控制测量。控制测量可作为较低等级测量工作的依据，在精度上起控制作用，防止误差的积累。控制测量可分为平面控制测量、高程控制测量和三维控制测量。其中，平面控制测量需布设平面控制网来确定控制点的平面坐标；高程控制测量则布设高程控制网来确定控制点的高程；有时也将二者结合布设成三维控制网，以确定控制点的三维坐标。

6.1.1 平面控制测量

平面控制通常采用三角测量、导线测量、交会测量和 GNSS 测量等方法。其中，三角测量是将地面上选定的若干控制点相互连接形成若干个三角形，组成各种网（锁）状图形的测量方法。通过观测三角形的内角或（和）边长，由起始边的边长、坐标方位角和起始控制点的坐标，经过数据解算获得三角形各顶点的平面坐标。导线测量是将控制点用直线连接起来形成折线形式，通过观测导线边的边长和转折角，依据起算数据经计算从而获得导线点平面坐标的测量方法。导线测量布设较灵活，多用于隐蔽地区和建筑物多而通视困难的城市测量中。交会测量则是利用交会定点法来加密平面控制点的测量方法，可分为测角交会、测边交会和边角交会。与前几种方法相比，GNSS 测量具有速度快、精度高、全天候、操作方便等优点，是一种以分布在空中的多颗卫星为观测目标来确定地面点三维坐标的测量方法。

在全国范围内建立的控制网称为国家平面控制网。它是全国各种比例尺测图的基本控制和工程建设的基本依据，采用逐级控制、分级布设的原则，按平面控制网精度由高到低可分为一等、二等、三等、四等共四个等级，主要采用三角测量方法布设。其中一等三角锁作为低等级平面控制网的基础，是国家平面控制网的骨干，沿经线和纬线布设成纵横交

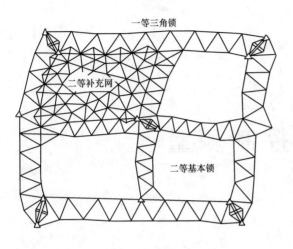

一等三角锁

二等补充网

二等基本锁

图 6-1　国家平面控制三角网

叉的三角锁，平均边长为 20～30km；二等三角网布设于一等三角锁环内，平均边长为 13km，是扩展低等级平面控制网的基础，是国家平面控制网的全面基础。此外，也可用纵横交叉的两条二等基本锁将一等三角锁环划分为 4 个大致相等的部分，各部分由二等补充网填充，如图 6-1 所示；三、四等三角网则采用插点或插网的形式，作为一、二等三角网的进一步加密，三等三角网平均边长为 8km，四等三角网平均边长 2～6km。

为城市和工程建设需要而建立的平面控制网称为城市平面控制网，一般以国家控制网点为基础，按城市或工程建设范围大小布设成不同等级的平面控制。城市平面控制网可分为二、三、四等三角网或三、四等导线网和一、二级小三角网或一、二、三级导线网。

一般在小于 15km² 的范围内建立的平面控制网称为小区域控制网。小区域控制网应尽可能与国家控制网或城市控制网联测，并将国家或城市高级控制点坐标作为小区域控制网的起算和校核数据。若测区附近无高级控制点或联测较为困难时，也可建立独立平面控制网。直接为地形测图而建立的控制网称为图根控制网。一般对于面积在 15km² 以下的小城镇，可采用小三角网或一级导线网作为首级控制，而面积在 0.5km² 以下的测区，则可选用图根控制网为首级控制。

6.1.2　高程控制测量

高程控制主要采用水准测量方法，但当地形起伏较大或直接进行水准测量较困难的地区以及图根高程控制网的建立，一般采用三角高程测量方法。

在全国范围内采用水准测量方法建立的高程控制网称为国家水准网。它是全国范围内施测各种比例尺地形图和各类工程建设的高程控制基础，采用逐级控制、分级布设的原则，按高程控制网精度由高到低可分为一等、二等、三等、四等共四个等级。其中一等、二等水准网采用精密水准测量建立，是研究地球形状和大小、海洋平均海水面变化的重要资料，可作为全国范围内的高程控制基础；三等、四等水准网则是国家高程控制网的进一步加密，为地形测图和工程建设提供高程控制点。

为满足城市和各种工程建设需要而建立的高程控制网称为城市高程控制网，以国家水准网点为基础，根据城市范围的大小，可分为二等、三等、四等水准网及图根控制网。一般城市首级高程控制网可布设成二等或三等水准网，然后用三等或四等水准网做进一步加密，在四等水准网以下布设直接为测图所用的图根水准网。

在小区域范围内建立高程控制网，应根据测区面积大小和工程要求，采用分级建立的方法。一般情况下，应尽可能与国家控制网或城市控制网中的等级水准点联测，若有困难可建立三等、四等水准控制网，再用水准测量或三角高程测量的方法测定图根点的高程。

6.1.3　平面控制网的定向与定位

控制网中控制点的坐标或高程是由起算数据和观测数据经平差计算得到的。控制网的起算数据可以通过与已有国家控制网或城市控制网联测获得，若只有一套必要起算数据的控制网为独立网，如果多于一套必要起算数据的称为附合网。平面控制网的必要起算数据是指已知一点的坐标和一条边的坐标方位角，其中至少需要已知一条边的坐标方位角才可以确定控制网的方向，简称定向；至少需要已知一个点的平面坐标才可以确定控制网的位置，简称定位。在平面控制测量中，为了计算出待定控制点的坐标，一般需要至少一组起算数据，以便确定控制网的方向和位置，再根据观测的角度和边长，便可推算出控制网中各边的坐标方位角和水平距离，进而求得待定点的坐标。同样，高程控制测量中，应至少需要已知一个点的高程，简称定高，根据观测的高差，便可推算出控制网中各点的高程。

1. 标准方向

在测量工作中，经常需要确定两点间平面位置相对关系。除了需要测定两点间的距离之外，还需要确定两点连线的方向。一条直线的方向是根据某一基本方向来确定的。确定一条直线与标准方向之间的水平角，称为直线定向。

在测量工作中，常用的标准方向主要有真北方向、磁北方向和坐标北方向，如图 6−2 所示。

（1）真北方向。真北方向为过地面某点真子午线的切线北方向。真北方向可采用天文测量的方法测定（如观测北极星，太阳等），也可采用陀螺经纬仪测定。

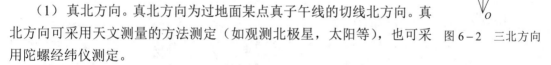

图 6−2　三北方向

（2）磁北方向。磁北方向为磁针自由静止时其北端所指的方向。磁北方向可用罗盘仪测定。因地球南北极和地磁南北极并不重合，因此过地面某点的磁北与真北不重合，二者夹角为磁偏角 δ。

（3）坐标北方向。坐标北方向为坐标纵轴（X 轴）正向所指的方向。一般常取与高斯平面直角坐标系中 X 坐标轴平行的方向为坐标北方向。由高斯投影可知除中央子午线上的点外，投影带其他各点的坐标北方向与真北方向不重合，二者夹角为子午线收敛角 γ。

2. 方位角

测量工作中，一般用方位角来表示直线的方向。由直线一端的基本方向起，顺时针量至该直线的水平角称为该直线的方位角，方位角的取值范围是 $0° \sim 360°$。

根据选定的标准方向的不同，方位角可分为真方位角（即由真北方向起算的方位角）、磁方位角（即由磁北方向起算的方位角）和坐标方位角（即由坐标北方向起算的方位角）三种。

考虑坐标方位角在计算上较方便，应用较多，下面重点介绍有关坐标方位角的一些推算。

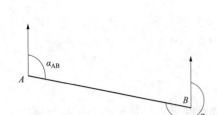

图 6-3 正、反坐标方位角

（1）正反坐标方位角。因起始点的不同，对于一条直线的坐标方位角往往存在着两个值，即 α_{AB} 表示点 A 到点 B 方向的坐标方位角，而 α_{BA} 则表示点 B 到点 A 方向的坐标方位角。一般称 α_{AB} 和 α_{BA} 互为正、反坐标方位角。换言之，如果称 α_{AB} 为正坐标方位角，则 α_{BA} 为反坐标方位角；反之，如果称 α_{BA} 为正坐标方位角，则 α_{AB} 为反坐标方位角。如图 6-3 所示，可看出同一条直线的正反坐标方位角相差 180°，即：

$$\alpha_{AB} = \alpha_{BA} \pm 180° \qquad (6-1)$$

式中，若 $\alpha_{BA} \geqslant 180°$，则取"－"号；若 $\alpha_{BA} < 180°$，则取"＋"号。

（2）坐标方位角推算。

坐标方位角推算可根据已知边的坐标方位角和改正后的角值，推算导线各边坐标方位角，即

$$\alpha_{前} = \alpha_{后} \pm 180° \pm \beta \qquad (6-2)$$

式中 $\alpha_{前}$，$\alpha_{后}$——导线前进方向的前一条边的坐标方位角与之相连的后一条边的坐标方位角。若 $\alpha_{后} \geqslant 180°$，则取"－"号；若 $\alpha_{后} < 180°$，则取"＋"号。

β 为前后两条导线边所夹的左（右）角，沿前进方向，导线左边的转折角为左角，取"＋"号；反之为右角，则取"－"号。

计算得到的坐标方位角，若 $\alpha_{前} > 360°$，则应减去 360°；若 $\alpha_{前} < 0°$，则应加上 360°，保证 $0° < \alpha_{前} < 360°$。

坐标方位角传递如图 6-4 所示。

例如图 6-4 中，设直线 AB 的坐标方位角 α_{AB} 为 120°，在 B 点观测了左转折角 β 为 160°，则直线 BC 的坐标方位角为：

$$\alpha_{BC} = \alpha_{AB} + 180° + \beta = 100°$$

3. 象限角

如图 6-5 所示，直线定向时有时也用小于 90° 的角度来表示，即象限角——从 X 轴的一端顺时针或逆时针转至某直线的锐角，用 R 表示，其取值范围是 $0° \sim 90°$。

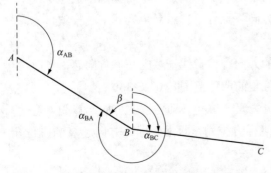

图 6-4 坐标方位角传递

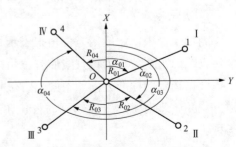

图 6-5 两点间方位角和象限角的关系

象限角与坐标方位角的换算关系见表 6−1。

表 6−1　　　　　　　　　　　象限角与坐标方位角的换算关系

象限	坐标增量符号	关系	象限	坐标增量符号	关系
I	$\Delta x > 0, \Delta y > 0$	$\alpha = R$	II	$\Delta x < 0, \Delta y > 0$	$\alpha = 180° - R$
III	$\Delta x < 0, \Delta y < 0$	$\alpha = 180° + R$	IV	$\Delta x > 0, \Delta y < 0$	$\alpha = 360° - R$

4. 坐标正反算

坐标正、反算如图 6−6 所示。

（1）坐标正算。根据已知点 A（x_A，y_A）、边长 D_{AB} 和坐标方位角 α_{AB} 来计算待定点 B（x_B，y_B）的过程，称为坐标正算。由图 6−6 可知，A、B 两点的坐标增量为

$$\Delta x_{AB} = x_B - x_A = D_{AB} \cos \alpha_{AB}$$
$$\Delta y_{AB} = y_B - y_A = D_{AB} \sin \alpha_{AB} \qquad (6-3)$$

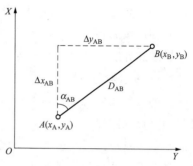

图 6−6　坐标正、反算

则 B 点坐标可按式（6−4）计算：

$$x_B = x_A + \Delta x_{AB} = x_A + D_{AB} \cos \alpha_{AB}$$
$$y_B = y_A + \Delta y_{AB} = y_A + D_{AB} \sin \alpha_{AB} \qquad (6-4)$$

（2）坐标反算。根据已知点 A（x_A，y_A）和 B（x_B，y_B）来计算边长 D_{AB} 和坐标方位角 α_{AB} 的过程，称为坐标反算。由图 6−6 可知：

$$\alpha_{AB} = \arctan \frac{\Delta y_{AB}}{\Delta x_{AB}} \qquad (6-5)$$

$$D_{AB} = \sqrt{\Delta x_{AB}^2 + \Delta y_{AB}^2} \qquad (6-6)$$

其中，$\Delta x_{AB} = x_B - x_A$，$\Delta y_{AB} = y_B - y_A$。

由式（6−5）式求得的 α 可在四个象限之内，它需要由 Δy 和 Δx 的正负符号确定，即：

在第一象限时　　　　　　　　　$\alpha = \arctan \dfrac{\Delta y_{AB}}{\Delta x_{AB}}$

在第二象限时　　　　　　　　　$\alpha = 180° + \arctan \dfrac{\Delta y_{AB}}{\Delta x_{AB}}$

在第三象限时　　　　　　　　　$\alpha = 180° + \arctan \dfrac{\Delta y_{AB}}{\Delta x_{AB}}$

在第四象限时　　　　　　　　　$\alpha = 360° + \arctan \dfrac{\Delta y_{AB}}{\Delta x_{AB}}$

另外，可先计算象限角 $R = \arctan \left| \dfrac{\Delta y_{AB}}{\Delta x_{AB}} \right|$，然后再根据 R 所在的象限，将象限角换算成方位角，也可得到同样结果。

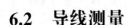

6.2 导线测量

由于城市建筑区地物分布较复杂，一些隐蔽地区或带状地区的视线障碍较多，因此城市平面控制网的建立多采用导线测量的方法。

6.2.1 导线的布设形式

将测区内相邻控制点连接起来而构成的折线称为导线，其中控制点称为导线点，折线边称为导线边，相邻导线边之间的夹角称为转折角，与定向边（即坐标方位角已知的导线边）相连接的转折角又称连接角或定向角。根据测区的不同情况和要求，导线可布设成单一导线和导线网，其中单一导线又可布设为闭合导线、附合导线和支导线三种形式。

1. 闭合导线

闭合导线如图 6-7 所示，从一个已知控制点 A 出发，经过导线点 P_1、P_2、P_3、P_4 后又回到该已知控制点 A 上，形成的一个闭合多边形的导线称为闭合导线。一般在闭合导线的已知控制点上应至少有一条已知方向边与之相连接。闭合导线多用于面积开阔的测区，本身有严密的几何条件，可以对观测结果进行检核。

2. 附合导线

附合导线如图 6-8 所示，从一个已知控制点 A 出发，经过导线点 P_1、P_2、P_3 后终止于另一个已知控制点 B 所形成的导线称为附合导线。一般在附合导线的已知控制点上可以有一条或几条已知方向边与之相连接，特殊情况下，也可以没有定向边与之相连接。附合导线同样可以对观测结果进行检核，多用于带状地区如道路、管线、水利等工程。

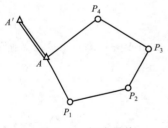

图 6-7 闭合导线

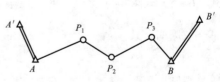

图 6-8 附合导线

3. 支导线

支导线如图 6-9 所示，由一个已知控制点 A 出发，既不附合到另一个已知控制点，也不闭合到原起始控制点的导线称为支导线。支导线缺乏检核条件，故一般只用于地形测量中的图根控制加密且其支出的控制点数一般不超过 2 个。

图 6-9 支导线

除单一导线外，实际测量过程中还可根据需要采用多条闭合导线、附合导线或支导线组成网状，形成导线网。导线网的处理方法与单一导线相同。

用导线测量方法建立小地区平面控制网，通常分为三等、四等导线，一级、二级、三级导线和图根导线等几种等级。常规测量中，根据采用的仪器的不同又分为光电测距导线和钢尺量距导线，其相应的主要技术要求参见表 6-2、表 6-3。本节重点介绍图根导线测量方法。

表 6-2 光电测距图根导线的主要技术要求

比例尺	附合导线长度（m）	平均边长（m）	导线相对闭合差	测回数 DJ$_6$	方位角闭合差″	测距	
						仪器类型	方法与测回数
1:500	900	80	≤1/4000	1	≤±40$\sqrt{n}$（n 为测站数）	Ⅱ级	单程观测 1
1:1000	1800	150					
1:2000	3000	250					

表 6-3 钢尺量距图根导线的主要技术要求

比例尺	附合导线长度（m）	平均边长（m）	导线相对闭合差	测回数 DJ$_6$	方位角闭合差″
1:500	500	75	≤1/2000	1	≤±60$\sqrt{n}$（n 为测站数）
1:1000	1000	120			
1:2000	2000	200			

6.2.2 图根导线测量的外业工作

用于测图控制的导线称为图根导线。图根导线测量的外业工作主要包括踏勘选点、导线边长测量、导线角度测量和联测。

1. 踏勘选点

踏勘选点前，应先收集测区原有的地形图、高一等级控制点的成果资料，利用地形图展绘原有控制点，并初步拟定图根导线的布设路线，然后到实地踏勘，核对、修改、落实点位和建立标志。如果测区内没有地形图资料或测区不大，则可直接到现场详细踏勘，结合已知控制点的分布、测区地形条件及建设和施工的需要等合理选定导线点。

实地选点时，应注意下列几点：

（1）相邻点间通视良好，地势较平坦，以便开展测角和测距工作。

（2）点位应选在土质坚实且不易被破坏处，便于保存标志和稳固安置仪器。

（3）在点位上，视野应开阔，便于测绘周围的地物和地貌等碎部点。

（4）导线各边的边长应大致相等，避免过长或过短，以减少因调焦对测角的影响，具体可参照表 6-2、表 6-3 等相关规范规定。

（5）导线点应有足够的密度且均匀分布在测区，便于控制整个测区。

导线点选定后，应在地面上建立标志，沿导线走向顺序统一编号并绘制导线略图，导线点在地形图上的表示符号如图 6-10 所示，图中的 2.0 表示符号正方形的长宽为 2mm，

2.0 ⊡ I16 / 45.78

埋石等级导线点

1.6 ⊙ 45 / 23.46 2.6

埋石图根点

I12 / 84.46

土堆上的等级导线点

1.6 ⊙ 25 / 62.74

不埋石图根点

图 6-10 导线点图式符号

1.6 表示符号圆的直径为 1.6mm。若导线点需要保存的时间较长，需按规范埋设混凝土桩或石桩，桩顶刻"十"字，作为永久性标志（见图 6-11）。当然，也可设立临时性标志，若在泥土地面上可在每一点位上打一大木桩，其周围浇灌一圈混凝土，并在桩顶钉一小钉作为标志（见图 6-12）；若在碎石或沥青路面上，可以用顶上凿有十字纹的大铁钉代替木桩；若在混凝土场地或路面上，用钢凿凿一十字纹后再涂上红油漆使标志明显。

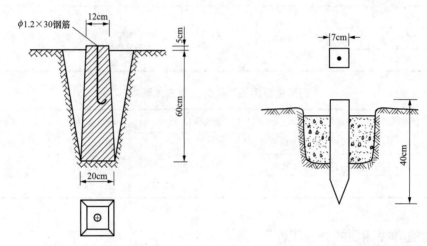

图 6-11 永久性标志　　　　图 6-12 临时性标志

为便于观测时寻找，导线点埋设后，可以在点位附近房角或电线杆等明显地物上用红油漆标明指示导线点的位置并注明尺寸，绘制点之记，如图 6-13 所示。

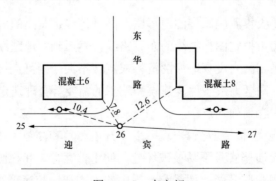

图 6-13 点之记

2. 导线边长测量

图根导线的边长测量可采用普通钢尺，但钢尺必须经过检定。对于图根导线，用一般的方法往返丈量或同一方向丈量两次，在限差允许的情况想，取往返丈量的平均值作为结果，并要求其相对误差不大于 1/3000。此外导线的边长测量也可采用检定过的光电测距仪，如图根导线的边长测量可在全站仪测取导线转折角时同时测得。

3. 导线角度测量

一般用测回法施测导线的左转折角（位于导线前进方向左侧的角）或右转折角（位于导线前进方向右侧的角），如图 6-14 所示。一般在附合导线中，测量导线左转折角；在闭合导线中均测内角，若闭合导线按逆时针方向编号，则其左转折角就是内角。对于支导线，应分别观测导线间的左角和右角，以增加检核条件。不同等级的导线的测角技术要求已列入表 6-2、表 6-3 中，图根导线一般用 DJ_6 级光学经纬仪（或全站仪）测一个测回。若盘左、盘右测得角值的较差不超过限差要求，则取其平均值作为最后观测值。

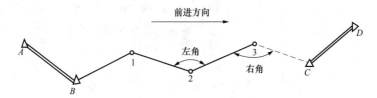

图 6-14　导线的左角与右角

测角时，为了便于瞄准，可在已埋设的标志上用三根竹竿吊一个大垂球或用测钎、觇牌作为照准标志。另外，为了提高测角的精度，应对所用仪器、觇牌和光学对中器进行严格检校，并且精确对中和照准。

4. 联测

为了使导线与高级控制点连接，必须观测连接角以便推算导线各边的坐标方位角如图 6-15 所示，必须观测连接角 β_0、β_1。如果附近无高级控制点，则用罗盘仪施测导线起始边的磁方位角，并假定起始点的坐标作为起算数据（为无约束导线网）。参照前面章节中角度和距离测量的记录格式，完成导线测量的外业记录，并妥善保存。

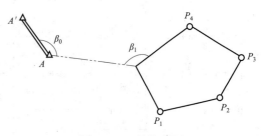

图 6-15　导线联测

6.2.3　图根导线测量的内业计算

导线测量是由起算数据、导线边长和角度观测值，通过计算获得各导线点的平面直角坐标。其中，计算的起算数据是已知点坐标和已知坐标方位角，观测数据是角度观测值和边长观测值。在开始计算前，应按规范技术要求对导线测量的外业成果进行全面检查和验算，看数据是否齐全，有无记错、算错的地方，观测成果是否正确无误，起算数据是否准确等。

图根导线测量内业计算的基本思路是先进行角度闭合差的分配，然后再进行坐标增量闭合差的分配，通过对各项闭合差的调整以达到处理角度误差和边长误差的目的，并在满足相应等级的技术要求下，计算出各待定导线点的平面直角坐标。

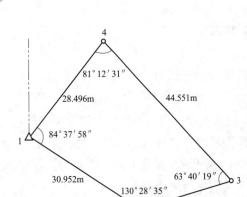

图 6-16 闭合导线略图

1. 闭合导线内业计算

现以图 6-16 中的实测数据为例，说明闭合导线坐标计算的步骤。图中已知点 1 的坐标（x_1，y_1）和 12 边的坐标方位角 α_{12}，按导线的前进方向依次编号为 1→2→3→4→1，则此时观测的导线内角为左转折角。内业计算的目的是计算出导线点 2、3、4 点的平面直角坐标。

（1）填写起算数据和观测数据。将已知起始点的坐标、起始坐标方位角、观测的角值和边长数据连带导线略图中的点号依次填入"闭合导线坐标计算表"（见表 6-4）中。

表 6-4   闭合导线坐标计算表（使用计算器计算）

点名	观测角值（左角）（° ′ ″）	改正数（″）	改正角（° ′ ″）	坐标方位角（° ′ ″）	距离（m）	坐标增量 Δx (m)	坐标增量 Δy (m)	改正后的坐标增量 Δx̂ (m)	改正后的坐标增量 Δŷ (m)	导线点坐标 x̂ (m)	导线点坐标 ŷ (m)	点名
1	2	3	4	5	6	7	8	9	10	11	12	13
1										**483.562**	**269.432**	1
				122 45 58	30.952	+1 −16.752	−1 +26.027	−16.751	+26.026			
2	130 28 35	+10	130 28 45							466.811	295.458	2
				73 14 43	22.975	+1 +6.623	0 +22.000	+6.624	+22.000			
3	63 40 19	+9	63 40 28							473.435	317.458	3
				316 55 11	44.551	+1 +32.540	−1 −30.429	+32.541	−30.430			
4	81 12 31	+9	81 12 40							505.976	287.028	4
				218 07 51	28.496	+1 −22.415	−1 −17.595	−22.414	−17.596			
1	84 37 58	+9	84 38 07							**483.562**	**269.432**	1
				122 45 58								
2												2
Σ	359 59 23	+37	360 00 00		126.974	−0.004	+0.003	0	0			

辅助计算	$\sum\beta_测 = 359°59'23''$ $f_x = \sum\Delta x_测 = -0.004$ (m) $f_y = \sum\Delta y_测 = +0.003$ (m)
	$\sum\beta_理 = 360°$ 导线全长闭合差 $f = \sqrt{f_x^2 + f_y^2} = 0.005$ (m)
	$f_\beta = \sum\beta_测 - \sum\beta_理 = -37''$ 导线全长相对闭合差 $K = \dfrac{f}{\sum D} \approx \dfrac{1}{25\ 395}$
	$f_{\beta允} = \pm 60''\sqrt{n} = \pm 120''$

（2）计算角度闭合差并调整。设 n 边形闭合导线的各内角分别为 β_1、β_2、…、β_n，根据平面几何原理，n 边形的内角和的理论值为：

$$\sum\beta_理 = (n-2)\times 180° \qquad (6-7)$$

但角度观测的过程中不可避免地含有误差，致使实测的内角和 $\sum\beta_测$ 并不等于其理论值，故而产生角度闭合差 $f_β$，则有：

$$f_β = \sum β_测 - \sum β_理 = \sum β_测 - (n-2) \times 180° \tag{6-8}$$

若 $f_β \leqslant f_{β容}$，则可将角度闭合差 $f_β$ 按"反号平均分配"的原则，计算各观测角的改正数 $v_β = -f_β/n$。其中，对图根光电测距导线，角度闭合差的容许值为 $f_{β容} = \pm 40''\sqrt{n}$；对图根钢尺测距导线，角度闭合差的容许值为 $f_{β容} = \pm 60''\sqrt{n}$。若 $f_β > f_{β容}$，则说明所测角度不符合要求，应返工重测。

将各角度的改正数 $v_β$ 加到各观测角 $β_i$ 上，计算出改正后的角值 $\hatβ_i$，即：$\hatβ_i = β_i + v_β$。改正后的内角和应为 $(n-2) \times 180°$，以做计算校核。

本例中为四边形理论值应为 $360°$，故改正后各角之和应为 $360°$。

（3）用改正后的角度推算导线各边的坐标方位角。根据起始边的已知坐标方位角 $α_{12}$ 及改正后的角值 $\hatβ_i$，按下列公式推算其他各导线边的坐标方位角。本例观测左角，按式（6-9）计算：

$$α_前 = α_后 \pm 180° + \hatβ_左 \tag{6-9}$$

最后应推算回起始边坐标方位角，其推算值应与原有的起始边的坐标方位角值相等，否则应重新检查计算。

（4）计算坐标增量闭合差并调整。

1）计算坐标增量。计算出导线各边的两端点间的纵、横坐标增量 $Δx$ 及 $Δy$，并填入表 6-4 的第 7、8 两栏中。如：$Δx_{12} = D_{12}\cos α_{12} = -16.752\text{m}$，$Δy_{12} = D_{12}\sin α_{12} = +26.027\text{m}$。

2）计算坐标增量闭合差并调整。从图 6-17 可以看出，闭合导线纵、横坐标增量代数和的理论值为零，即：

$$\sum Δx_理 = 0 \tag{6-10}$$

$$\sum Δy_理 = 0 \tag{6-11}$$

实际上由于测边的误差和角度闭合差调整后的残余误差，往往使 $\sum Δx_测$、$\sum Δy_测$ 不等于零（见图 6-18），故而产生纵、横坐标增量闭合差 f_x、f_y，即：

$$f_x = \sum Δx_测 - \sum Δx_理 = \sum Δx_测 \tag{6-12}$$

$$f_y = \sum Δy_测 - \sum Δy_理 = \sum Δy_测 \tag{6-13}$$

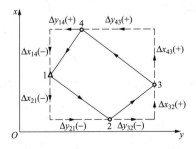

图 6-17 闭合导线坐标增量理论闭合差

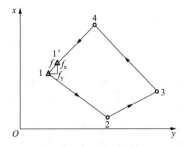

图 6-18 闭合导线坐标增量实测闭合差

从图 6-18 中明显看出，由于 f_x、f_y 的存在，使导线不能闭合，1～1′ 之长度 f_D 称为导线全长闭合差，并用式（6-14）计算：

$$f_D = \sqrt{f_x^2 + f_y^2} \qquad (6-14)$$

但仅从 f_D 值的大小还不能真正反映出导线测量的精度，应当将 f_D 与导线全长 $\sum D$ 相比，用导线全长相对闭合差 K 来表示导线测量的精度水平，即：

$$K = \frac{f_D}{\sum D} = \frac{1}{\sum D \big/ f_D} \qquad (6-15)$$

其中，K 的分母越大，精度越高。若 $K \leqslant K_容$，则可将纵、横坐标闭合差 f_x、f_y 按"反号按边长成正比"的原则，计算导线各边的纵、横坐标增量改正数，即：

$$v_{xi} = -\frac{f_x}{\sum D} \cdot D_i \qquad (6-16)$$

$$v_{yi} = -\frac{f_y}{\sum D} \cdot D_i \qquad (6-17)$$

式中　v_{xi}、v_{yi}——分别表示第 i 边的纵、横坐标增量改正数。

计算出的结果填入表 6-4 中的 7、8 两栏增量计算值的上方（如 +1、-1 等）。

不同等级的导线全长相对闭合差的容许值 $k_容$ 已列入表 6-2、表 6-3 中。对光电测距导线，其 $K_容 = 1/4000$；对钢尺量距导线，其 $K_容 = 1/2000$。若 $K > K_容$，则说明测量不合格，先检查内业计算过程有无错误，再检查外业观测成果资料，必要时应返工重测。

然后将导线各边的纵、横坐标增量改正数 v_{xi}、v_{yi} 相应加到导线各边的纵、横坐标增量中去，求得各边改正后的纵、横坐标增量，并填入表 6-4 中的 9、10 两栏。即 $\Delta \hat{x}_{12} = \Delta x_{12} + v_{x12} = -16.751\text{m}$，$\Delta \hat{y}_{12} = \Delta y_{12} + v_{y12} = +26.026\text{m}$ 等。

为做计算校核，改正后的导线纵、横坐标增量之代数和应分别为零且纵、横坐标增量改正数之和应满足：

$$\sum v_{xi} = -f_x \qquad (6-18)$$

$$\sum v_{yi} = -f_y \qquad (6-19)$$

（5）计算导线各点的坐标。根据起算点 1 的坐标（483.562m，269.432m）及改正后的纵、横坐标增量，用式（6-20）、式（6-21）依次推算 2、3、4 各点的坐标：

$$\hat{x}_{n+1} = \hat{x}_n + \Delta \hat{x}_改 \qquad (6-20)$$

$$\hat{y}_{n+1} = \hat{y}_n + \Delta \hat{y}_改 \qquad (6-21)$$

算得的坐标值填入表 6-4 中的 11、12 两栏。最后还应推算起点 1 的坐标，其值应与原有的数值相等，以做校核。

2. 附合导线内业计算

附合导线的内业计算步骤与闭合导线基本相同。两者的差异主要在于：由于导线布设形式的不同，使角度闭合差 f_β 与纵、横坐标增量闭合差 f_x、f_y 的计算有所区别。下面仅介绍二者的不同点。

（1）计算角度闭合差。附合导线的角度闭合差是指坐标方位角的闭合差。如图 6-19 为某附合导线略图，α_{BA} 和 α_{CD} 是已知的。计算时，可根据起始边 BA 的已知坐标方位角 α_{BA} 及所观测的左转折角 β_A、β_1、β_2、β_3、β_4 和 β_C，依次推算出导线各边直至终边 CD 的坐标方位角 α'_{CD}。由于测量误差不可避免，使得 $\alpha_{CD} \neq \alpha'_{CD}$，二者之差即为附合导线角度闭合差 f_{β}。

$$f_{\beta} = \alpha'_{CD} - \alpha_{CD} = \sum \beta_i - n \times 180° - (\alpha_{CD} - \alpha_{BA}) \tag{6-22}$$

图 6-19　附合导线略图

关于角度闭合差 f_{β} 的调整计算与闭合导线内业计算处理方法一致，即将角度闭合差 f_{β} 按 "反号平均分配" 的原则，计算出各观测角的改正数 v_{β}，然后将其加到各观测角 β_i 上，最终计算出改正后的角值 $\hat{\beta}_i$，结果填写在附合导线内业计算表相应的栏内，本例计算见表 6-5。

表 6-5　　　　　　　　　附合导线坐标计算表（使用计算器计算）

点名	观测角值（左角）（° ′ ″）	改正数（″）	改正角（° ′ ″）	坐标方位角（° ′ ″）	距离（m）	坐标增量		改正后的坐标增量		导线点坐标		点名
						Δx（m）	Δy（m）	$\Delta \hat{x}$（m）	$\Delta \hat{y}$（m）	$\hat{x}$（m）	$\hat{y}$（m）	
1	2	3	4	5	6	7	8	9	10	11	12	13
B												B
				237 59 30								
A	99 01 00	+6	99 01 06							**1128.745**	**600.024**	A
				157 00 36	225.850	+8 −207.911	−4 88.210	−207.903	+88.206			
1	167 45 36	+6	167 45 42							920.842	688.230	1
				144 46 18	139.030	+5 −113.568	−3 80.198	−113.563	+80.195			
2	123 11 24	+6	123 11 30							807.279	768.425	2
				87 57 48	172.570	+6 +6.133	−3 172.461	+6.139	+172.458			
3	189 20 36	+6	189 20 42							813.418	940.883	3
				97 18 30	100.070	+3 −12.730	−2 99.257	−12.727	+99.255			
4	179 59 18	+6	179 59 24							800.691	1040.138	4
				97 17 54	102.480	+3 −13.019	−2 101.650	−13.016	+101.648			
C	129 27 24	+6	129 27 30							**787.675**	**1141.786**	C
				46 45 24								
D												D
Σ	888 45 18	+36	888 45 54		740.000	−341.095	541.776	−341.070	541.762			

续表

辅助计算	$\alpha'_{CD} = 46°44'48''$	$f_x = \sum \Delta x_{测} - (x_C - x_A) = -0.025\,(\text{m})$	$f_y = \sum \Delta y_{测} - (y_C - y_A) = +0.014\,(\text{m})$
	$\alpha_{CD} = 46°45'24''$	导线全长闭合差 $f = \sqrt{f_x^2 + f_y^2} = 0.029\,(\text{m})$	
	$f_\beta = \alpha'_{CD} - \alpha_{CD} = -36''$	导线全长相对闭合差 $K = \dfrac{f}{\sum D} = \dfrac{1}{25\,517}$	
	$f_{\beta允} = \pm 60'' \sqrt{n} = \pm 147''$		

（2）计算坐标增量闭合差。根据附合导线的定义，各导线边的纵、横平面坐标增量的代数和理论值应分别等于终、始两点的纵、横已知平面坐标值之差，即：

$$\sum \Delta x_{理} = x_C - x_A \qquad (6-23)$$

$$\sum \Delta y_{理} = y_C - y_A \qquad (6-24)$$

而按实测边长计算出的导线各边纵、横坐标增量之和分别为 $\Delta x_{测}$ 和 $\Delta y_{测}$，则纵、横坐标增量闭合差 f_x、f_y 按式（6-25）、式（6-26）计算：

$$f_x = \sum \Delta x_{测} - \sum \Delta x_{理} = \sum \Delta x_{测} - (x_C - x_A) \qquad (6-25)$$

$$f_y = \sum \Delta y_{测} - \sum \Delta y_{理} = \sum \Delta y_{测} - (y_C - y_A) \qquad (6-26)$$

附合导线的导线全长闭合差 f_D、导线全长相对闭合差 K 和容许相对闭合差 $K_容$ 的计算，以及纵、横坐标增量闭合差 f_x、f_y 的调整，与闭合导线内业计算方法相同。

3. 支导线的内业计算

支导线的内业计算与闭合导线的计算方法基本相同，但由于支导线没有闭合差产生，因此无须对转折角和坐标增量进行改正。故计算中，一般直接用角度和边长的观测值去推算各导线边的坐标方位角和坐标增量，依次求出待定点的平面坐标。其具体计算步骤如下：

（1）根据观测的转折角推算各导线边的坐标方位角。

（2）由各边的坐标方位角和边长，计算各相邻导线点的纵、横坐标增量。

（3）依据已知点的平面坐标，利用各边的纵、横坐标增量依次推算各导线点的坐标。

4. 无定向附合导线的计算

无定向附合导线是指两端有已知点但没有定向方向。如图 6-20 所示，A、B 为已知控制点，1、2、3 为待定导线点，该导线观测时两端无连接角，仅观测了各待定点的水平角及各点间的水平距离。

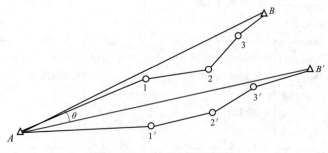

图 6-20　无定向附合导线

计算时，假定起点 A 到 1 点的坐标方位角为 α'_{A1}，则可由各点的转折角推算出各边假定的坐标方位角，按支导线计算出各点的假定坐标及 B 点的假定位置 B'。由 A、B 及 B' 三点坐标，根据坐标反算可求出方位角 α_{AB}、$\alpha_{AB'}$ 和距离 D_{AB}、$D_{AB'}$。

由图可知，有 $\theta = \alpha_{AB'} - \alpha_{AB}$，故将 θ 分别加上每个边的假定方位角，便可计算出实际的各边坐标方位角。同样，设 $\lambda = D_{AB}/D_{AB'}$，将各观测边长乘以距离缩放系数 λ，即可计算出各边的实际边长。最后根据各边的实际边长和实际坐标方位角，由起点 A 坐标便可计算出导线点 1、2、3 的坐标。

6.3　交会定点测量

交会定点测量是加密控制点的常用方法，通过在已知控制点或待定点上设站，观测方向或距离后计算得到待定点的坐标。常用的交会测量方法有前方交会、后方交会和测边交会等。

6.3.1　前方交会

前方交会是在已知控制点上设站，通过观测水平角计算待定点坐标的一种控制测量方法。如图 6-21 所示，在已知点 A（x_A，y_A）、B（x_B，y_B）上安置经纬仪（或全站仪）分别向待定点 P 观测水平角 α 和 β，通过计算求出 P 点的坐标。为保证交会定点的精度，在选定 P 点时，应使交会角 γ 处于 $30° \sim 150°$ 之间，最好接近 $90°$。

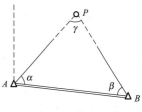

图 6-21　前方交会

通过坐标反算，可求已知边 AB 的坐标方位角 α_{AB} 和边长 D_{AB}，然后根据观测角 α 可推算出 AP 边的坐标方位角 α_{AP}，有 $\alpha_{AP} = \alpha_{AB} - \alpha$。

由正弦定理有 AP 边的边长 $D_{AP} = \dfrac{D_{AB}\sin\beta}{\sin(\alpha+\beta)}$。

由坐标正算公式，可求得待定点 P 的坐标，即：

$$\begin{cases} x_P = x_A + D_{AP} \times \cos\alpha_{AP} \\ y_P = y_A + D_{AP} \times \sin\alpha_{AP} \end{cases} \tag{6-27}$$

考虑 $D_{AB}\cos\alpha_{AB} = x_B - x_A$，$D_{AB}\sin\alpha_{AB} = y_B - y_A$ 代入式（6-27），有：

$$x_P = x_A + D_{AB}\frac{\sin\beta}{\sin(\alpha+\beta)}\cos(\alpha_{AB}-\alpha)$$

$$= x_A + D_{AB}\frac{\sin\beta}{\sin(\alpha+\beta)}(\cos\alpha_{AB}\cos\alpha + \sin\alpha_{AB}\sin\alpha)$$

$$= x_A + \frac{(x_B-x_A)\sin\beta\cos\alpha + (y_B-y_A)\sin\beta\sin\alpha}{\sin\alpha\cos\beta + \cos\alpha\sin\beta}$$

化简可得：

$$x_P = \frac{x_A\cot\beta + x_B\cot\alpha + (y_B - y_A)}{\cot\alpha + \cot\beta} \tag{6-28}$$

同理可得：

$$y_P = \frac{y_A \cot\beta + y_B \cot\alpha + (x_A - x_B)}{\cot\alpha + \cot\beta} \qquad (6-29)$$

当 $\triangle ABP$ 的点号按逆时针编号时，可直接利用上式余切公式计算待定点 P 的坐标。在实际工作中，为了检核交会点的精度，通常从三个已知点 A、B、C 上分别向待定点 P 进行角度观测，即利用两组前方交会求出交会点 P 的坐标。若两组计算出的坐标较差 e 在允许限差之内，则取两组坐标的平均值为待定点 P 的最后坐标。对于图根控制测量，坐标较差的限差规定为不大于两倍测图比例尺精度，即：

$$e = \sqrt{(x_P' - x_P'')^2 + (y_P' - y_P'')^2} \leqslant 2 \times 0.1 \times M \text{ (mm)} \qquad (6-30)$$

式中　M——测图比例尺分母。

6.3.2　后方交会

后方交会是在待定点上安置经纬仪（或全站仪），通过向三个已知控制点观测两个水平角 α 和 β 从而计算待定点坐标的方法。

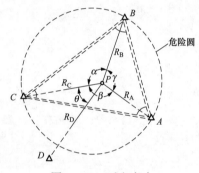

图 6-22　后方交会

后方交会如图 6-22 所示，A、B、C 为已知控制点，P 为待定点，通过在 P 点安置仪器，观测水平角 α、β、γ 和检查角 θ，便可唯一确定出 P 点的坐标。但若 P 点处在危险圆的圆周上，则 P 点将不能唯一确定（所谓危险圆指的是由不在同一条直线上的三个已知点 A、B、C 所构成的外接圆）。所以，野外交会布设点时待定点 P 可以在已知点所构成的 $\triangle ABC$ 内部或外部，但均应避免处于或接近危险圆。

后方交会的计算方法很多，下面仅介绍仿权计算法。设 A、B、C 三个已知点的平面坐标为 (x_A, y_A)、(x_B, y_B)、(x_C, y_C)，$\triangle ABC$ 中三个内角分别表示为 A、B、C，待定点 P 的坐标可按式（6-31）计算。

$$\left. \begin{aligned} x_P &= \frac{P_A x_A + P_B x_B + P_C x_C}{P_A + P_B + P_C} \\ y_P &= \frac{P_A y_A + P_B y_B + P_C y_C}{P_A + P_B + P_C} \end{aligned} \right\} \qquad (6-31)$$

其中：

$$\left. \begin{aligned} P_A &= \frac{1}{\cot A - \cot\alpha} = \frac{\tan\alpha \tan A}{\tan\alpha - \tan A} \\ P_B &= \frac{1}{\cot B - \cot\beta} = \frac{\tan\beta \tan B}{\tan\beta - \tan B} \\ P_C &= \frac{1}{\cot C - \cot\gamma} = \frac{\tan\gamma \tan C}{\tan\gamma - \tan C} \end{aligned} \right\} \qquad (6-32)$$

在实际工作中，为了检核交会点的精度，必须在 P 点对第四个已知点进行观测，从而确保 P 点的最大横向位移满足规范的限差要求。

6.3.3 测边交会

测边交会又称三边交会，是一种测量边长交会定点的控制方法。平面测边交会如图 6-23 所示，A、B、C 三个已知点，P 为待定点，a、b、c 为边长观测值。

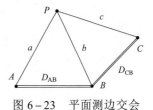

图 6-23 平面测边交会

由已知点坐标可反算出已知边的坐标方位角和边长：α_{AB}、α_{CB} 和 D_{AB}、D_{CB}。

在 ΔABP 中，由余弦定理有：$\cos A = \dfrac{D_{AB}^2 + a^2 - b^2}{2aD_{AB}}$，又因 $\alpha_{AP} = \alpha_{AB} - A$，则：

$$\left.\begin{array}{l} x_P' = x_A + a \times \cos \alpha_{AP} \\ y_P' = y_A + a \times \sin \alpha_{AP} \end{array}\right\} \tag{6-33}$$

同理，在 ΔBCP 中，有：$\cos C = \dfrac{D_{CB}^2 + c^2 - b^2}{2cD_{CB}}$，又因 $\alpha_{CP} = \alpha_{CB} + C$，则：

$$\left.\begin{array}{l} x_P'' = x_C + c \times \cos \alpha_{CP} \\ y_P'' = y_C + c \times \sin \alpha_{CP} \end{array}\right\} \tag{6-34}$$

利用两组测边交会求出交会点 P 的坐标。若两组计算出的坐标较差 e 在允许限差之内，则取两组坐标的平均值为待定点 P 的最后坐标。

6.4 三角高程测量

在高低起伏较大且不便于施测水准测量时，实际工作中常采用三角高程测量的方法来测定地面点的高程。三角高程测量根据使用仪器不同分为电磁波测距三角高程测量和经纬仪三角高程测量，目前多采用光电测距三角高程测量，其主要技术要求见表 6-6。

表 6-6   光电测距三角高程测量的主要技术要求

测量等级	指标较差（″）	竖直角较差（″）	测回内同向观测高差之差（mm）	同向测回间高差之差（mm）	对向观测高差之差（mm）	附合或环线闭合差（mm）
四等	≤7	≤7	$\leq 8\sqrt{D}$	$\leq 10\sqrt{D}$	$\leq 40\sqrt{D}$	$\leq 20\sqrt{\sum D}$
五等	≤10	≤10	$\leq 8\sqrt{D}$	$\leq 15\sqrt{D}$	$\leq 60\sqrt{D}$	$\leq 30\sqrt{\sum D}$

注　D 为测距边长度，以 km 为单位。

1. 三角高程测量原理

三角高程测量是根据两点的水平距离和竖直角来计算两点的高差，从而求出待定点的

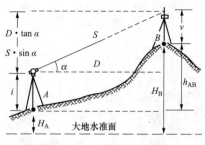

图 6-24　三角高程测量

高程。如图 6-24 所示，已知 A 点高程 H_A，欲测定 B 点高程 H_B，可在 A 点安置经纬仪（或全站仪），在 B 点安置觇牌（或反光棱镜），用望远镜中丝瞄准标杆的顶点，测得竖直角 α，量出标杆高 v 及仪器高 i，再根据 AB 的平距 D，则可算出 AB 的高差 h。

$$h = D \cdot \tan\alpha + i - v \qquad (6-35)$$

若用测距仪测得斜距 S，则式（6-39）可写为：

$$h = S \cdot \sin\alpha + i - v \qquad (6-36)$$

则 B 点的高程为：

$$H_B = H_A + h = H_A + D \cdot \tan\alpha + i - v \qquad (6-37)$$

当两点的距离大于 300m 时，应考虑地球曲率和大气折光对高差的影响，即对高差加上球气差改正数 f，其值为 $f = 0.43\dfrac{D^2}{R}$，其中 D 为两点间水平距离，R 为地球平均曲率半径。即此时高差的计算公式为：

$$h = D \cdot \tan\alpha + i - v + 0.43\frac{D^2}{R} \qquad (6-38)$$

三角高程测量一般进行对向观测或双向观测，即由 A 向 B 观测（称为直觇）；再由 B 向 A 观测（称为反觇），通过这种观测方法可以消除球气差的影响。若三角高程测量对向观测所求得的高差较差在限差允许范围内，则取两次对向观测的高差平均值作为最后的高差测量结果。

2. 三角高程测量的观测和计算

（1）在测站上安置经纬仪或全站仪，量仪器高 i；在目标点上安置觇牌或反光棱镜，量取觇牌高 v。量取高度时一般量取两次，若两次测量较差不超过 1cm 时，取其平均值作为最终高度值（取至厘米位）。

（2）将竖盘水准管气泡居中，用中丝瞄准目标，读取竖盘读数，盘左、盘右观测为一个测回，计算竖直角。

（3）采用对向观测法进行高差及高程的计算。当用三角高程测量方法测定平面控制点的高程时，应组成闭合或附合的三角高程路线。依据对向观测所求得的高差平均值，计算出闭合环线或附合路线的高差闭合差，当符合闭合差限值规定时，应对高差闭合差进行调整计算，最后推算出各点的高程。

6.5　GNSS 在控制测量中的应用

全球导航卫星系统（global navigation satellite system，GNSS）泛指所有的导航卫星系统，又称为定位导航测时（positioning navigation timing，PNT）系统，其全球性、全天候、连续实时性，高精度、高速度、低成本的优点，在世界各国的国民经济建设中得到了广泛的应用。随着现代科学技术的发展，世界各国基于国家安全和经济发展等方面的考虑，也都在积极发展自己的导航卫星系统。GNSS 除了包括美国的全球定位系统（global position system，GPS）、俄罗斯的全球导航卫星系统 GLONASS、欧盟的 Galileo、我国的北斗卫星导航系统（beiDou navigation satellite system，BDS），主要成员还包括日本的准天顶卫星系统（QZSS）和印度区域导航卫星系统（IRNSS）等，以及对卫星导航定位系统的增强型系统，如美国的 WAAS（广域增强系统）、欧洲的 EGNOS（欧洲静地星导航重叠服务）和日本的 MSAS（多功能卫星增强系统）等，还包括在建和计划建设的其他卫星导航系统。未来用户可基于自己所需的精度、可靠性和费用，根据各个导航卫星系统的不同特点和优势，有选择地采用最优方案，综合利用多系统导航卫星信息。

6.5.1 GNSS 的组成

通俗地讲，卫星导航定位系统就是以人造地球卫星作为导航台的星基无线电导航系统，为全球陆海空天的各类载体提供实时、高精度的位置、速度和时间信息，GNSS 可以看作是一个由多个卫星导航定位及其增强系统所组成的大系统，尽管 GPS、GLONASS、Galileo 和 BDS 在系统构成上有着不同的特点和定义，但基本上均可概括为三个独立的部分构成：空间星座部分、地面监控部分和用户接收设备部分。

1. 空间星座部分

空间星座部分的主体是分布在空间轨道中运行的导航卫星，它们通常分布在中地球轨道、静止地球轨道或倾斜地球同步轨道。作为导航定位卫星，GNSS 卫星的主要功能是持续向地球发射导航信号，使地球上任一点在任何时刻都能观察到足够多数目的卫星。卫星所发射的导航信号除了包含信号发射时间信息以外，还向外界传动卫星轨道参数等可用来帮助接收机实现定位的数据信息。GNSS 卫星的主要功能是：接收和储存地面监控站发送来的信息，执行监控站的控制指令；微处理机进行必要的数据处理工作；向用户发送导航和定位信息。

2. 地面监控部分

地面监控部分（也称为地面支撑系统）负责整个系统的平稳运行，它通常至少包括若干个组成卫星跟踪网的观测站、将导航电文和控制命令播发给卫星的注入站和一个协调各方面运作的主控站。

观测站在主控站的直接控制下，对 GNSS 卫星进行连续跟踪观测，确定卫星运行瞬时距离、监测卫星的工作状态，并将计算得的站星距离、卫星状态数据、导航所需数据、气象数据传送到主控站。

主控站根据收集到的数据计算各个卫星的轨道参数、卫星的状态参数、时钟改正、大气传播改正等，并将这些数据按一定格式编制成电文，传输给注入站。

注入站的主要作用是将主控站传输给卫星的资料以既定的方式注入卫星存储器中，供卫星向用户发送。

3. 用户接收设备部分

用户接收设备部分按其功能可分为硬件和软件两部分。硬件部分主要包括 GNSS 接收机及其天线、微处理器和电源等，软件部分则是支持接收机硬件实现其功能、完成导航定位的重要条件。

接收设备（通俗地讲即接收机）的主要功能是接收、跟踪、变换和测量 GNSS 信号，获取必要的信息和需要的观测量，经过数据处理完成导航和定位的任务。根据用户被授予的不同身份，接收机可获准利用民用、商用和军用等多个不同用途与权限的 GNSS 信号。

6.5.2 GNSS 定位原理

GNSS 整个系统的运行原理可简要概括如下：地面主控站收集各监测站的观测资料和气象信息，计算各卫星的星历表及卫星钟改正数，按规定的格式编辑导航电文，通过地面上的注入站向 GNSS 卫星注入这些信息。测量定位时，用户可以利用接收机的储存星历得到各个卫星的粗略位置。根据这些数据和自身位置，由计算机选择卫星与用户联线之间张角较大的四颗卫星作为观测对象。观测时，接收机利用码发生器生成的信息与卫星接收的信号进行相关处理，并根据导航电文的时间标和子帧计数测量用户和卫星之间的伪距。将修正后的伪距及输入的初始数据及四颗卫星的观测值列出 4 个观测方程式，即可解出接收机的位置（X, Y, Z）和接收机钟差四个未知数，并转换所需要的坐标系统，以达到定位目的。在 GNSS 卫星定位中，按测距方式的不同，可分为伪距测量定位、载波相位测量定位和差分 GNSS 定位等。伪距是因接收机到卫星的距离中包含着卫星钟和接收机钟不严格同步的影响、电离层和对流层折射的影响，以伪距作为基本观测量来求定点位的方法称为伪距定位法。载波相位测量则是以卫星信号载波的相位作为观测量以获得高精度的星站距离。差分 GNSS 法是将 GNSS 与数据传输技术相结合，实时处理两个测站载波相位观测量的差分方法，经实时解算进行数据处理，在 1~2s 的时间内得到高精度的位置信息。

按接收机状态的不同，又分为静态定位和动态定位。静态定位是在定位过程中，接收机的天线在跟踪 GNSS 卫星时，位置处于固定不动的静止状态。所谓的静止状态只是相对于周围的点位不动而已。由于接收机位置固定，就有可能进行长时间地跟踪卫星，获得大量的多余观测量，以便高精度地测定卫星信号的传播时间，根据已知的卫星瞬间位置，准确测定接收机所处的三维坐标。所以静态定位可靠性强、定位精度高，是测量工程中精密定位的基本方式；动态定位则是接收机位于运动载体上，在运动中实时地测定接收机的瞬间位置，如车辆、舰船、飞机或航天器的运行中，往往需要实时地知道其瞬间位置。如果不仅仅测得运动载体的实时位置，而且还测得运动载体的时间、速度、方位等状态参数，进而引导运动载体驶向后续目标位置，称为导航。可见，导航是一种广义的动态定位。

此外，GNSS 定位还可分为绝对定位和相对定位。所谓绝对定位，就是独立地确定一个点在某个坐标系统中的绝对位置——三维坐标。绝对定位也叫单点定位。缺点是定位精度较低，不能满足控制测量的精密定位精度要求。如果有位于不同位置的 2 台或 2 台以上接收机，同步跟踪相同的 GNSS 卫星，以便确定多台接收机之间的相对位置——坐标差，这种方式称为相对定位。

6.5.3　GNSS 控制测量的实施

与常规测量相类似，GNSS 测量作业流程包括：技术设计、外业测量实施和数据处理等主要步骤。

1. GNSS 测量的技术设计

GNSS 测量技术设计是进行 GNSS 定位的最基本性工作，它是依据国家有关规范（流程）及 GNSS 网的用途、用户的要求等，对 GNSS 控制网的网形、精度及基准进行具体的设计。GNSS 网的精度设计主要取决于网的用途，而 GNSS 网的图形设计同步观测不要求通视，与常规控制测量相比有较大的灵活性。GNSS 网的图形设计主要取决于用户的要求、经费、时间、人力以及所投入的接收机的类型、数量和后勤保障条件。常用的 GNSS 网图形布设有星形网、环线网、三角形网和附合路线等。选择什么样的组网取决于工程所需要的精度、野外条件及接收机台数等因素。

在实际工作中的测量成果往往需要的是国家坐标系或地方独立坐标系的坐标，因此在 GNSS 网的技术设计时，必须明确 GNSS 成果转换时所采用的坐标系统和起算数据，这项工作称为 GNSS 网的基准设计。GNSS 网的基准设计包括位置基准、方位基准和尺度基准。GNSS 网的位置基准一般都是由给定的起算点坐标确定。方位基准一般以给定的起算方位角值确定，也可由 GNSS 基线向量的方位作为方位基准。尺度基准一般由地面电磁波测距边确定，也可由两个以上起算点间的距离确定，还可由 GNSS 基线向量的距离确定。因此，GNSS 网的基准设计实际上主要是确定网的位置基准。

2. GNSS 外业测量实施

在进行 GNSS 外业测量之前，可依据施工设计图踏勘、调查测区。主要调查交通、水系分布、植被、现有控制点、居民点的分布等情况及当地的风俗民情。踏勘测区的同时还应收集各类图件、控制点成果、城市及乡村的行政区划表、测区有关的地质、气象、通信等方面的资料，为编写技术设计、施工设计、成本预算提供依据。然后筹备设备、器材并组织人员，拟定外业观测计划，开始外业数据采集工作。

（1）选点与埋标。由于 GNSS 测量观测站之间不一定要求相互通视，而且网形结构比较灵活，因此选点工作比常规控制的选点要简便。但点位的选择对保证观测的顺利进行和测量结果的可靠性具有重要意义。选点工作应遵循以下原则：

1）严格执行技术设计书中对选点以及图形结构的要求和规定，在实地按要求选点。

2）点位应选在易于安置接收仪器、视野开阔的较高点上；地面基础稳定易于点的保存。

3）点位目标要显著，其视场周围 15°以上不应有障碍物，以减小对卫星信号的影响。

4）点位应远离（不小于 200m）大功率无线电发射台；远离（50m 以上）高压输电线和微波信号传输通道，以免电磁场对信号的干扰。

5）点位周围不应有大面积水域，不应有强烈干扰信号接收的物体，以减弱多路径效应的影响。

6）点位应选在交通方便，有利于其他观测手段扩展与联测的地方。

7）当利用旧点时，应对其稳定性、完好性以及觇标是否安全、可用进行检查，符合要求方可利用。

8）当所选点位需要进行水准联测时，选点人员应实地踏勘水准路线，提出有关建议。

GNSS 点一般应埋设具有中心标志的标石，以精确标定点位。点的标石和标志必须稳定、坚固，以便长期保存和利用。在基岩露头地区，也可直接在基岩上嵌入金属标志。

点名一般取村名、山名、地名、单位名，应向当地政府部门或群众调查后确定。利用原有旧点时，点名不宜更改。点号的编排（码）应适应计算机计算。

每个点位标石埋设结束后，应按规定填写"点之记"并提交以下资料：① 点之记；② GNSS 网的选点网图；③ 土地占用批文与测量标志委托保管书；④ 选点与埋石工作技术总结。

（2）外业观测。

1）天线安置。在正常点位上，天线应架设在三脚架上，并应严格对中整平；在特殊点位，当天线需安在三角点觇标的观测台或回光台上时，可将标石中心反投影到观测或回光台上，作为天线安置依据。观测前还应先将觇标顶部拆除，以防信号被遮挡。若觇标无法拆除时，可进行偏心观测，偏心点选在离三角点 100m 以内的地方，以解析法精密测定归心元素。此外还应注意：

a. 天线的定向标志应指向正北，兼顾当地磁偏角，以减弱天线相位中心偏差的影响。天线定向误差依精度不同而异，一般不应超过 5°。

b. 天线架设不宜过低，应距地面 1m 以上。正确量取天线高，成 120° 量三次取平均值，记录至毫米。

c. 在高精度 GNSS 测量中，要求测定气象参数，始、中、末各测一次，气压读至 0.1mbar，气温读至 0.1℃。一般城市及工程测量只记录天气状况。

d. 风天注意天线的稳定，雨天防止雷击。

2）开机观测。目前的 GNSS 接收机和天线多为一体，而且也无输入键盘和显示屏，只有极少的几个操作键，故有"傻瓜机"之称。测站观测员应注意以下事项：

a. 首先确认天线安置正确，分体机电缆连接无误后，方可通电开机；正确输入测站信息；注意查看接收机的观测状态；不得远离接收机；一个观测时段中，不得关机或重新启动，不得改变卫星高度角、采样间隔及删除文件。

b. 不要靠近接收机使用对讲机；雨天防雷击；严格按照统一指令，同时开、关机，确保观测同步。

c. 外业观测记录中，所有信息都要认真、及时、准确记录，不得事后补记或追记。对接收机的存储介质（卡）应及时填写粘贴标签，并防水、防静电妥善保管。

d. 及时对外业成果进行检核：是否符合调度命令和规范要求，进行的观测数据质量分析是否符合实际等。经检核超限的数据，应按照规定进行野外返工重测。

（3）技术总结与上交资料。

1）技术总结。外业技术总结内容包括：① 测区位置、地理与气候条件、交通通信及供电情况；② 任务来源、项目名称、本次施测的目的及精度要求、测区已有的测量成果情况；③ 施工单位、起止时间、技术依据、人员和仪器的数量及技术情况；④ 观测成果质量的评价，埋石与重合点情况；⑤ 联测方法，完成各级点数量、补测与重测情况以及作业中存在问题的说明；⑥ 外业观测数据质量分析与野外数据检核情况等。

2）上交资料。外业测量任务完成以后，应上交下列资料：① 测量任务书及技术设计书；② 点之记、环视图、测量标志委托保管书；③ 卫星可见性预报表和观测计划；④ 外业观测记录（原始记录卡）、测量手簿及其他记录（偏心观测等）；⑤ 接收设备、气象及其他仪器的检验资料；⑥ 外业观测数据质量分析及野外检核计算资料等。

3. GNSS 测量数据处理

GNSS 测量数据处理要从原始的观测值开始到最终的测量定位成果，其数据处理过程大致分为：数据传输、数据预处理、基线向量解算、基线向量解算结果分析、无约束平差、约束平差等几个阶段。这些处理工作均可由后处理软件自动完成，我们只需启动程序后，选择相应的菜单命令。目前国内外广泛应用的 GNSS 数据处理软件有美国麻省理工学院和 SCRIPPS 海洋研究生共同开发的 GAMIT/GLOBK 软件、武汉大学自主研发的 PANDA 软件、挪威的 GEOSAT 软件、德国地学研究中心的 EPOS 软件、瑞士伯尔尼大学的 Bernese 软件等。

思考题

1. 平面控制网的布网方法有哪些？

2. 导线的布设方式有哪些？

3. 直线定向的标准方向有哪些？

4. 象限角与方位角有何关系？若某直线的坐标方位角为 225°，则用象限角该如何表示？

5. 已知 A 点的坐标为（200.00m，350.00m），直线 AB 的方位角为 45°00′00″，距离 D_{AB} 为 100.00m，求 B 点的坐标。

6. 支导线坐标计算，已知 $\alpha_{AB} = 125°00′54″$，B 点坐标（500.00m，300.50m），左转折角观测值 $\beta = 125°00′00″$，边长观测值 $D_{BC} = 100m$，求 C 点坐标。

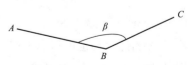

7. 一般来说，GNSS 系统可以由哪几部分组成？

8. 闭合导线计算和附合导线计算有哪些异同点？

9. 三角高程控制测量适用于什么条件？

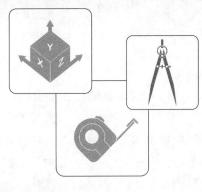

第7章
地形图测绘与应用

地球表面上复杂多样的物体和千姿百态的地表形态，在测量工作中可概括为地物和地貌。地物是指地球表面上自然或人工形成的物体，如河流、湖泊、海洋、道路、桥梁、建（构）筑物和植被等；地貌是指地表高低起伏的形态，如山地、盆地、丘陵、平原、陡壁和悬崖等。地物和地貌总称为地形。按一定的比例尺，经综合取舍，用规定的符号来表示地物、地貌平面位置和高程的正射投影图就称为地形图。地形图可作为各项经济建设和国防建设进行规划设计的基础资料。

7.1 地形图的基本知识

7.1.1 地形图的比例尺

地形图上一段直线的长度与地面上相应线段的实际水平距离之比，称为地形图的比例尺。

1. 比例尺的种类

比例尺有数字比例尺和图示比例尺两类。

（1）数字比例尺。取分子为 1，分母为整数的分数形式表示的比例尺为数字比例尺。设图上某一直线长度为 d，相应的实地水平距离为 D，则图的比例尺为：

$$\frac{d}{D} = \frac{1}{M} \tag{7-1}$$

式中　M——比例尺分母。

图的比例尺也可写成 1:M，M 越小，比例尺越大，地形图表示的内容越详尽。在工程建设中常用 1:500、1:1000、1:2000 和 1:5000 这四种大比例尺地形图；中比例尺地形图是国家的基本图，一般指比例尺为 1:1 万、1:2.5 万、1:5 万、1:10 万的地形图；小比例尺地形图一般由中比例尺地形图缩编而成，指比例尺为 1:20 万、1:50 万、1:100 万的地形图。

（2）图示比例尺。为减小因图纸伸缩变形的误差，一般在图纸下方绘制图示比例尺（直线比例尺），注明地图上 2cm 所代表的实地距离。图示比例尺如图 7-1 所示。

图 7 - 1 图示比例尺（1:1000）

2. 比例尺精度

人眼在图上能分辨的最小距离一般为 0.1mm，因此将图上 0.1mm 所表示的实地水平距离 0.1M（M 为比例尺分母，单位为 mm）称为比例尺精度。

根据比例尺精度，可以确定测绘地形图时量距所需精度，如测绘 1:2000 比例尺地形图，其比例尺精度为 0.2m，故量距的精度只需到 0.2m。反过来，若在进行工程设计时规定了图上要素需表示的最小尺寸，可以确定合理的测图比例尺。如某项工程，要求在图上能反映地面上 0.05m 的精度，则采用的最适合的比例尺应为 1:500。

由表 7 - 1 可看出，比例尺越大，其图纸表达地形要素就越精确，但测绘工作量和所需测绘经费也会增加。具体采用何种测图比例尺，应从工程规划、施工实际需要的精度而定。

表 7 - 1   比 例 尺 精 度

比例尺	1:500	1:1000	1:2000	1:5000
比例尺精度（m）	0.05	0.1	0.2	0.5

7.1.2 地形图图示

在绘制地形图时，必须根据规定的比例尺，按规范和地形图图式的要求，进行综合取舍，将各种地物和地貌信息表达在图纸上。国家测绘总局颁布的《地形图图示》统一了地形图的规格要求，将地形图图示符号分为地物符号、地貌符号和注记符号三类。

1. 地物符号

地形图上表示地物类别、形状、大小和位置的符号称为地物符号，如房屋、道路、河流等。根据地物的大小及描绘方法的不同，地物符号又可分为比例符号、非比例符号、半比例符号。

（1）比例符号。能将地物的形状、大小和位置按测图比例尺缩小描绘在图纸上的符号称为比例符号，如建筑物、湖泊、农田等。一般可用实线或点线表示其轮廓特征，若需指明其地物类别，也可在轮廓内加绘相应符号。

（2）半比例符号。长度可以按比例缩绘，但宽度不能按比例缩绘的一些带状地物延伸的符号称为半比例符号或线性符号，如铁路、电线、管道等。半比例符号只能表示地物的位置和长度，不能表示宽度。

（3）非比例符号。当地物的实际轮廓较小或无法将其形状和大小按测图比例尺直接缩绘到图纸上，又因其重要性必须表示时，可采用非比例符号来表示，如测量控制点、独立树、烟囱等。非比例符号只能表示地物的中心位置和类别，不能表示其形状和大小。

2. 地貌符号

地貌是地球表面上高低起伏的各种形态的总称。在地形图上，一般常用的表示地貌方法为等高线法，对于等高线不能表示或不能单独表示的地貌，可采用特殊的符号来表示。

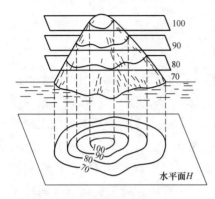

图 7-2　等高线表示地貌（单位：m）

（1）等高线。一定区域范围内的地面上相同高程的相邻各点所连成的封闭曲线称为等高线。实际上，等高线为一组高度不同的空间平面曲线，将这些曲线垂直投影到水平面 H 上，然后按一定比例尺缩绘在地形图上，通常将地形图上的等高线投影简称为等高线，如图 7-2 所示。

（2）等高距与等高线平距。地形图上相邻两条等高线之间的高差称为等高距，用 h 表示。如图 7-2 中，等高距为 10m。同一幅地形图上的等高距是相同的，故地形图的等高距也称基本等高距。图上等高线越稀疏，等高距越大，地貌表达越粗略；反之，等高线越密集，等高距越小，地貌表达越详细。在测绘地形图时，等高距的选择应根据测图比例尺和地形高低起伏程度，参照规范执行，见表 7-2。

表 7-2　　　　　　　　　大比例尺地形图的基本等高距

地形类别与地面倾角	比例尺			
	1:500	1:1000	1:2000	1:5000
平地　　$\alpha<3°$	0.5	0.5	1	2
丘陵地　$3°\leqslant\alpha<10°$	0.5	1	2	5
山地　$10°\leqslant\alpha<25°$	1	1	2	5
高山地　$\alpha\geqslant25°$	1	2	2	5

地形图上相邻等高线间的水平距离，称为等高线平距，用 D 表示。等高距 h 与等高线平距 D 的比值称为地面坡度 i，即 $i=h/D$。如图 7-3 所示，同一地形图中，等高线平距越小，地面坡度越陡；反之，等高线平距越大，地面坡度越缓。

（3）等高线的分类。地形图的等高线分为首曲线、计曲线、间曲线、助曲线四种。

1）首曲线。按规定的基本等高距绘制的等高线称为首曲线，又称基本等高线，用宽度为 0.15mm 的细实线描绘。

2）计曲线。为了便于识图，按 5 倍基本等高

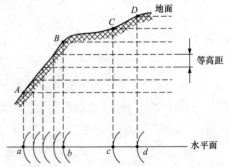

图 7-3　等高线平距与地面坡度的关系

距绘制的等高线称为计曲线，也称加粗等高线，用宽度为 0.3mm 的粗实线表示。

　　3）间曲线。当用首曲线不能表示某些微型地貌时，加绘按 1/2 基本等高距绘制的等高线称为间曲线，用宽度为 0.15mm 的长虚线描绘。间曲线描绘时可不闭合但一般应对称。

　　4）助曲线。当用间曲线还不能表示应该表示的微型地貌时，可在间曲线的基础上描绘助曲线，即加绘按 1/4 基本等高距描绘的等高线，用宽度为 0.15mm 的短虚线描绘。同样，助曲线描绘时也可不闭合但一般应对称。

　　（4）典型地貌的等高线。

　　1）山头和洼地。如图 7-4 所示，区分山头和洼地可用高程注记法和示坡线法。山头的等高线高程注记由内圈往外圈逐渐变小，而洼地的等高线高程注记却正好相反，数值由内圈往外圈逐渐变大；示坡线通常是指在某些等高线的斜坡下降方向绘的短线，以指示坡度下降的方向。

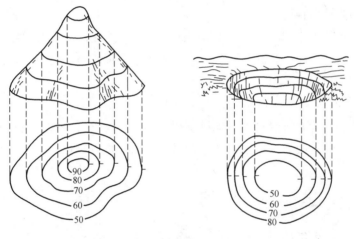

图 7-4　山头和洼地的等高线及示坡线

　　2）山脊和山谷。如图 7-5 所示，当山坡的坡度和走向发生改变时，在转折处就会出现山脊或山谷。山脊线又称分水线，其等高线均向下坡方向凸出，两侧基本对称。而山谷线又称集水线，其等高线均凸向高处，两侧也基本对称。

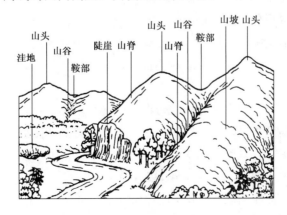

图 7-5　几种典型地貌

3）鞍部。相邻两个山头之间呈马鞍形的低凹部分称为鞍部，其左右两侧的等高线是近似对称的两组山脊线和两组山谷线。鞍部是山区道路选线的重要位置，如图 7-5 所示。

4）陡崖和悬崖。陡崖是坡度在 70°以上的陡峭崖壁，一般用陡崖符号来表示。悬崖是上部突出、下部凹进的陡崖，一般用虚线表示下部凹进的等高线部分。

（5）等高线的特性。

1）等高性。同一条等高线上各点的高程均相等。

2）闭合性。等高线是闭合曲线，不能中断（间曲线除外），如果不在同一幅图内闭合，则必定在相邻的其他图幅内闭合。

3）非交性。等高线只有在陡崖或悬崖处才会重合或相交。

4）正交性。等高线经过山脊或山谷时改变方向，因此山脊线与山谷线应和改变方向处的等高线的切线垂直相交。

5）疏缓密陡性。同一地形图内基本高线距相同。因此，等高线平距越大，表示地面坡度越缓，等高线越稀疏；等高线平距越大，则表示地面坡度越陡，等高线越密集；等高线平距相等则坡度相同。

3. 注记符号

用文字、数字或特有符号对地形加以说明，称为注记符号。如建筑物的结构及层数、河流的流速、农作物种类等，单个的注记符号既不表示位置，也不表示大小，仅起注解说明的作用。

7.1.3　地形图的分幅与编号

当测区较大，因图纸的尺寸有限不可能将测区内所有的地形都绘制在一幅图内，这就需要分幅测绘地形图。地形图的分幅通常分为矩形分幅和梯形分幅两种。其中，梯形分幅是按经纬线分幅的，常用于国家基本地形图的分幅；而矩形分幅是按纵横坐标格网线等间距划分成正方形或矩形，多用于城市或工程建设中大比例尺地形图的分幅。

按国家《1:500 1:1000 1:2000 地形图图式》的规定：1:500～1:2000 比例尺地形图一般采用 50cm×50cm 正方形分幅或 40cm×50cm 矩形分幅；根据需要也可以采用其他规格的分幅。地形图分幅时的坐标格网线称为内图廓，在内图廓外四角处注有坐标值，在内图廓线内每隔 10cm 绘有坐标格网交叉点。距内图廓以外一定距离绘制的加粗平行线，仅起装饰作用，称为外图廓。

根据测区情况和比例尺的大小完成地形图的分幅后，还应对每一图幅进行编号。地形图编号一般采用图廓西南角坐标公里数编号法，顺序编号法和行列编号法等。

采用图廓西南角坐标公里数编号法时，x 坐标在前，y 坐标在后。如某幅地形图的西南角坐标为 $x=200$km，$y=75$km，则其编号为 200.0-75.0。

对于带状测区或小面积测区，可采用顺序编号法，即从左到右，从上到下用数字 1、2、3、4、…对测区按统一顺序进行编定，如图 7-6 所示。

开发区-1	开发区-2	开发区-3	开发区-4	开发区-5
	开发区-6	开发区-7	开发区-8	开发区-9
	开发区-10	开发区-11	开发区-12	开发区-13

图 7-6　顺序编号法

行列编号法一般以代号（如 A、B、C、D、…）为横行，由上到下排列，以数字 1、2、3、…为代号的纵列，从左到右排列来编定，先行后列，如图 7-7 中的第三横行、第二列的图幅编号可表示为 C-2。

A-1	A-2	A-3	A-4	A-5
B-1	B-2	B-3		
C-1	C-2	C-3	C-4	

图 7-7　行列编号法

7.1.4　地形图的图廓外注记

为了表达地形图特性和便于识图用图，地形图图廓外注记还应包括图号、图名、接图表、坐标系、测图比例尺、测绘单位、测量人员等，如图 7-8 所示。

图名一般用本图幅内最著名的地名、最大的村庄或突出的地物、地貌等的名称来命名的，表示这幅图的名称。图号是根据统一的分幅进行编号的，通过编号确定本幅图所在的位置。图号、图名注记在北图廓上方的中央。

为便于图纸拼接和查找相邻图幅，一般在北图廓左上方注有接图表。接图表是用中间一格画有斜线的代表本图幅，四邻分别注记相应的各图号（或图名）。有时根据需要还要确定图纸的保密等级，一般在北图廓右上方注记。

对于大比例尺地形图，通常采用国家统一的高斯平面坐标系，如 1954 北京坐标系、1980 西安坐标系或 2000 国家大地坐标系。高程系统一般使用 1985 国家高程基准。也可以根据测区大小和实际情况，建立城市独立平面坐标系、假定平面直角坐标系等。一般连同本幅图的投影方式、成图方法、采用的地形图图示等均注记在南图廓左下方。

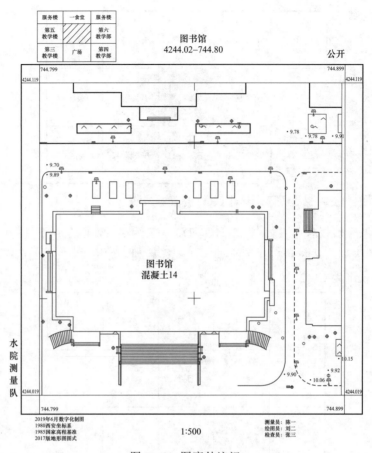

图 7-8 图廓外注记

在南图廓线下方的中央一般注有本幅图的成图比例尺，测量人员标注在南图廓线的右下方。有时也需标注测绘单位等信息。

7.2 大比例尺地形图的测绘

地形图的测绘方法有传统白纸测图方法、地面数字测图方法、遥感与航测成图方法等。白纸测图方法主要是用大平板仪、经纬仪等进行测绘，它是过去相当长一段时期城市测量和工程测量大比例尺测图的主要方法；地面数字测图方法主要是利用 GNSS-RTK、全站仪等电子速测仪进行工作，其将野外数据采集和室内成图一体化，最终完成地形图的测绘工作。遥感与航测成图是借助航空影像或遥感影像在室内进行数据处理从而生成地形图。

本节根据地面数字测图的特点，简要介绍大比例尺地面数字测图的基本概念和作业过程。地面数字测图是指采用地面测量仪器（如光学经纬仪、光学水准仪、电子测距仪、电子经纬仪、电子水准仪、全站仪、GNSS-RTK 等仪器和配套设备）和自动化成图软件所进行的以数字形式表示地图信息的测图工作。它是以传统的白纸测图原理为基础，采用数据库技术和图形及数字处理方法，实现地图信息的获取、变换、传输、识别、存储、处理、显示、编辑修改和绘图。

传统的白纸测图是在地面控制点上设置测站，将地面上的地物、地貌测绘在图纸上，经手工着墨整饰后，得到地形图底图，在此基础上经过蓝晒处理后得到工作用图。而数字测图则是将地面上的地物和地貌用数字形式表示，经过计算机处理后得到数字地形图。需要时，可借助绘图仪输出所需的地形图。

1. 数字测图的优点

（1）点位精度高。传统的经纬仪（平板仪）白纸测图，地物点的平面位置误差主要受解析图根点的展点误差、测定地物点的视距误差、方向误差、地物点的刺点误差等，其综合影响图上平面位置约为 0.6mm，其中展点误差与刺点误差约占 0.4mm。而数字测图则不存在这两项主要误差，因此数字测图的精度明显高于白纸测图。

（2）便于成果更新。数字测图的成果是以点的坐标形式存入计算机的，当实地发生变化时，只需修测变化的部分，并输入变化后的信息，经过编辑处理，很快便可得到更新地形图，从而保证了地形图的现势性和可靠性。

（3）易于成果保存和传输。数字测图的成果是数字，因而可以用存储介质对其进行长期保存，且不会产生像白纸图那样因时间的推移而发生图纸变形或损坏的情况。随着 Internet 的普及，异地间数字图的传输已变得十分简单。例如一张 600M 的光碟可以存放约一千幅 1:1000 地形图且可以长期保存。

（4）能以各种形式输出成果。计算机与显示器、打印机相连时，可以显示或打印各种需要的资料信息；与绘图仪连接时，可以绘出各种比例尺的地形图、专题图，以满足不同用户的需要。

（5）方便成果的深加工利用。数字测图分层管理，可使地面信息无限存放，不受图面负载量的限制，从而便于成果的深加工利用，拓宽测绘工作的服务面，开拓市场。

（6）可作为 GIS 的重要信息源。地理信息系统是当前测绘应用领域里最活跃的一个综合学科，以其方便的信息查询检索功能、空间分析功能以及辅助决策功能，在国民经济、办公自动化及人们的日常生活中有着广泛的应用。数字测图能提供现势性强的空间地理基础信息，经过一定格式的转换，其成果直接进入 GIS 的数据库，并更新 GIS 数据库。

2. 数字测图的作业过程

数字测图的作业过程，一般可分为数据采集、数据处理和图形输出三个阶段。数字测图的作业过程与作业模式、数据采集方法及使用的软硬件有关。在众多的数字测图模式中，以全站仪自动记录作业模式应用最为普遍。下面仅对该模式介绍野外数字测图的基本作业过程。

（1）资料准备。收集高级控制点成果资料，将其按照全站仪格式输入到全站仪中。

（2）控制测量。数字测图一般不必按照常规测量方法逐级发展控制点，对于大测区（15km^2 以上），通常先用 GNSS 或导线网进行三等或四等控制测量，然后直接布设等级导线网。对于小测区（15km^2 以内），先布设一级导线网作为首级控制，然后直接布设三级导线网。等级控制点的密度，根据地形复杂、植被稀疏程度可有很大的差别。等级控制点应尽量选取在制高点或主要街道上，最后进行整体平差。对于图根点和局部地段用单一导线测量和极坐标法布设，其密度通常比白纸测图小得多。

（3）测图准备。目前绝大多数测图系统在野外进行数据采集时，要求绘制较详细的草图。绘制草图一般在准备的工作底图上进行，也可在其他白纸上绘制。草图不要求很准确，但点号应严格对应且图形清晰，以便于内业作图人员作业。另外，为了便于野外观测，在野外采集数据之前，通常要在设计图上对测区进行"分区"。与传统的分幅不同的是，数字测图一般以沟渠、道路、河流等明显自然地物将测区划分为若干个作业区。

（4）野外碎部点的采集。碎部点的采集方法随仪器配置、编码方式的不同而有所区别。对于全站仪，将测量模式设置为坐标方式，点的编码用手工输入或自动递增，采集数据时要在现场即时绘制观测地形草图。对于 GNSS-RTK 则先安置基准站，在完成相应设置后，进入点位测量模式。

（5）数据传输。用专用的电缆将全站仪与计算机连接起来，通过通信软件将野外采集的数据传输到计算机中。一般情况下，每天野外作业后都要及时进行数据传输，以免因不正当操作或意外事故造成数据丢失。

（6）数据处理。首先进行数据预处理，即对外业采集数据的各种可能的错误检查修改，并将野外采集的数据格式转换成测图系统要求的格式。然后对外业数据进行分幅处理、生成平面图形建立图形文件等操作，再进行等高线数据处理，即生成三角网数字高程模型、自动勾绘等高线等。

（7）图形编辑。根据数据处理后的图形，采用人机交互图形编辑技术，对照外业草图，对漏测或错测的部分进行补测或重测，消除一些地物、地形不合理的矛盾，进行文字注记说明及地形符号的填充，进行图廓整饰等。

（8）内业绘图。将绘图仪与计算机相连接，把经过编辑好的图形按不同的要求绘制出来。为了获得较好的绘图效果，应采用分辨率优于 600DPI 的喷墨绘图仪。

（9）检查验收。按照数字测图规范的要求，对数字地图及由绘图仪输出的模拟图，进行检查验收。考虑数字测图的优点，其明显地物点的精度很高，外业检查主要检查隐蔽点的精度和有无漏测、错测等；内业验收主要看采集的信息是否丰富与满足要求等。

7.2.1　数字测图的外业工作

和传统的白纸测图一样，数字测图的外业工作包括控制测量和碎部测量。测区控制测量分为平面控制测量和高程控制测量，具体布设方法可参考第 6 章及有关控制测量书籍。碎部测量是利用测量仪器和记录装置在野外直接测定地形特征点的三维坐标，并记录地物的连接关系及其属性，为内业提供必要的信息以及便于数字地图深加工利用。

1. 外业碎部点数据采集

外业碎部数据的质量在数字测图中至关重要，直接决定成图的质量。在野外观测碎部点时，要绘制工作草图，在工作草图上记录地形要素名称、碎部点连接关系。然后，在室内将碎部点显示在计算机屏幕上，根据工作草图，采用人机交互方式连接碎部点，输入图形信息码和生成图形。

（1）全站仪数据采集。具体操作及相关要求如下：

1）进入测区后，立镜（尺）员首先对测站周围的地形、地物分布情况大概看一遍、认清方向，制作含主要地物、地貌的工作草图（若在原有的旧图上标明会更准确），便于观测时在草图上标明所测碎部点的位置及点号。

2）观测员指挥立镜员到事先选定好的某已知点上立镜定向，观测员快速架好仪器量取仪器高，启动全站仪，进入数据采集状态。选择保存数据的文件，按照全站仪的操作设置测站点、定向点，记录完成后，照准定向点完成定向工作。为确保设站无误，可选择检核点并测量该点坐标，若坐标差值在规定的范围内，即可开始采集数据；否则应重新设站及定向。

3）上述两个工作完成后，通知立镜员开始跑点。每观测一个点，观测员都要核对观测点的点号、属性、镜高并存入全站仪的内存中。

野外数据采集，测站与测点两处作业人员必须时时联络。每观测完一点，观测员要告知绘草图者被测点的点号，以便及时对照全站仪内存中记录的点号和绘草图者标注的点号，保证两者一致。若两者不一致，应查找原因，是漏标点了，还是多标点了，或一个位置测重复了等，必须及时更正。

4）全站仪数据采集通常区分为有码作业和无码作业，有码作业需要现场输入野外操作码。无码作业现场不输入数据编码，而用草图记录绘图信息，绘草图人员在镜站把所测点的属性及连接关系在草图上反映出来，以供内业处理、图形编辑使用。另外，在野外采集时，能测到的点要尽量测，实在测不到的点可利用皮尺或钢尺量距，将丈量结果记录在草图上，室内用交会编辑方法成图。

5）在进行地貌采点时，可以用一站多镜的方法进行。一般在地性线上要有足够密度的点，特征点也要尽量测到。例如，在山沟底测一排点，也应该在山坡边再测一排点，这样生成的等高线才真实。测量陡坎时，最好在坎上坎下同时测点，这样生成的等高线才没有问题。在其他地形变化不大的地方，可以适当放宽采点密度。

6）在一个测站上当所有的碎部点测完后，要找一个已知点重测进行检核，以检查施测过程中是否存在误操作、仪器碰动或出故障等原因造成的错误。检查完，确定无误后，关机、装箱搬站。到下一测站，重新按上述采集方法、步骤进行施测。

（2）GNSS-RTK 数据采集。以南方 GPS-RTK（S86T）系统为例，对 RTK 测图的操作进行简要的介绍：

1）安置 GPS 基准站（见图 7-9），并对基准站进行设置。基站控制面板如图 7-10 所示，此型号基站控制面板共有四个指示灯、四个控制按钮，其功能如下：

TX 为信号发射灯，每 1s 闪烁一下；RX 为信号接收灯，每 1s 闪烁一下；BT 为蓝牙灯，常亮；DATA 为数据指示灯，每 1s 闪烁一下；F1、F2 为选择功能键；RESET 为强制主机关机键。

工程测量

图 7-9　基准站架立　　　　图 7-10　基站控制面板

2）将主机模式设置好之后就可以用手簿进行蓝牙连接了。首先将手簿设置如下：

"开始"→"设置"→"控制面板"，在控制面板窗口中双击"Bluetooth 设备属性"。在蓝牙设备管理器窗口选择"设置"，选择"启用蓝牙"，点击"OK"关闭窗口。在蓝牙设备管理器窗口，点击扫描设备，如果在附近（小于12m 的范围内）有上述主机，在"蓝牙管理器"对话框将显示搜索结果。搜索完毕后选择你要连接的主机号，点击确定关闭窗口即可。

注：整个搜索过程可能持续10s 至1min 左右，请耐心等待（周围设备蓝牙设备越多所需时间越长）。

3）仪器初始化。打开电子手簿中的"工程之星"软件，通过配置选项中的端口设置来读取主机信息，启动基准站。

4）求转换参数校正。在新建工程中设置当地所采用的坐标系统，选择工程之星中输入选项，进行求解转换参数对坐标进行校正。

5）点位测量。RTK 测图工作即通过"工程之星"测量选项（见图7-11）进行点位测量，当软件中显示为固定解时即可进行采点工作，同时数据自动保存在手簿中。

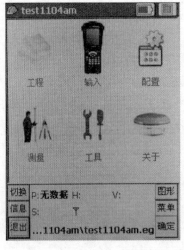
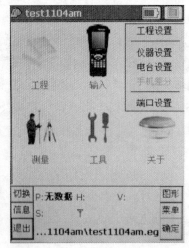

图 7-11　手簿配置

2. 外业数据采集过程中的注意事项

大比例尺数字测图碎部点的确定，除基本要求和平板仪测图碎部点的确定一致外，还应当考虑以下数字测图的特点。

（1）对于有方位的独立地物，应测定两个点的坐标，取两点的中点即为独立地物的中心位置，并以两点的连线确定符号的方位。

（2）任何依比例的矩形形状物，只要测出三个角点，或两相邻点和对面边上任一点，或两点和量取一邻边边长，第四个坐标可由程序计算。

（3）坎状地物需测量坎上和坎下各位置的坐标，以便于正确绘制等高线。

（4）坡顶和坡脚是坡状地物等高线变化最大的地方，应选取好坡状地物特征点的位置。

（5）依比例双线地物，如道路、沟渠和河流等，测定两边线特征点的坐标。平行线状地物，如铁路、平行公路等可测定一边线上特征点的坐标，另一边可依宽度平行绘出。

（6）圆状地物应在圆周上测定均匀分布的三点坐标，较小的圆可测定对径方向的两个点的坐标。

（7）对于需拟合的线状地物、在其变化处至少应测量三个点的坐标，以免拟合后线状地物失真。

（8）对于围墙地物，应注意测量的边线与所绘的边线相符。

7.2.2　数字测图的内业工作

当数据采集过程完成之后，即进入到数据处理与图形处理阶段，也称内业处理阶段。内业处理工作主要是在计算机上进行的，但要完成数据处理与图形的处理，单有计算机的硬件设备是远远不够的，还必须有相应的软件支持才行。国内已经开发出了许多测图软件，目前国内市场上比较有影响的数字测图软件主要有以下几种：基于 AUTOCAD 支撑平台的有南方 CASS 以及拓普康的 EDMS，独立平台的清华山维 EPSW、武汉瑞得 RDMS、武汉中地 MAPSURV 等成图系统。

1. 内业准备

首先要选择一种数字成图软件，并根据说明书中的操作步骤将其安装到计算机中，安装成功后即可启动该软件进行数字测图工作。如果所安装的软件是基于 AUTOCAD 支撑平台的，在正确安装测图软件之前应先安装 AUTOCAD。应注意的是，成图软件的版本应与AUTOCAD 的版本相一致并正确安装好外设（如扫描仪、绘图仪等）和相应的驱动程序。

2. 内业工作的主要内容

内业处理阶段的工作主要包括数据传输、数据处理、图形处理等内容。

（1）数据传输。数据传输主要是指将采集到的数据按一定的格式传输到做内业处理的计算机中，生成坐标数据文件，供内业处理使用。

（2）数据处理。数据处理主要是指将全站仪传输过来的数据，以及用其他方法得到的测量原始数据转换成测图软件所接受的坐标数据文件和带简编码的绘图数据文件。数据处理还包括建立 DTM 模型、等高线的生成等内容。

（3）图形处理。图形处理主要包括图形编辑、图面注记、图幅整饰和图形输出等。

7.3 地形图的基本应用

地形图是工程建设中必不可少的基础性资料。在每一项新建工程开始之前，都要先进行地形测量工作，以获得规定比例尺的现状地形图。识图、用图是工程技术人员必须具备的基本技能。在工程建设规划设计时，往往要用解析法或图解法在地形图上求出任意点的坐标和高程，确定两点之间的距离、方向和坡度，利用地形图绘制断面图等，这就是地形图的基本应用内容。

7.3.1 确定图上点的坐标

如图 7-12 所示，是比例尺为 1:1000 的地形图坐标格网的示意图。图上有一点 A，现在来说明 A 点坐标的求解方法。首先根据 A 的位置找出它所在的坐标方格网 $abcd$，由内、外图廓间的坐标标注知 A 点的坐标：$x_a = 30.1\text{km}$，$y_a = 15.1\text{km}$。过 A 点作坐标格网的平行线 ef 和 gh。然后用直尺在图上量得 $ag = 62.3\text{mm}$，$ae = 55.4\text{mm}$；量取 ag 和 ae 的同时还应量取 gb 和 ed，所量长度应满足式（7-2）。

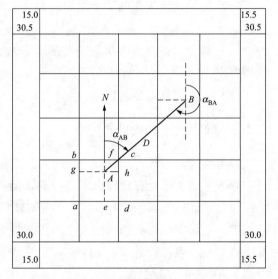

图 7-12　地形图的应用

$$\left.\begin{array}{l} ag + gb = l \\ ae + ed = l \end{array}\right\} \qquad (7-2)$$

式中　l——方格边长。

则 A 点坐标为：

$$x_A = x_a + ag \cdot M = 30\ 100\text{m} + 62.3\text{mm} \times 1000 = 30\ 162.3\text{m}$$

$$y_A = y_a + ae \cdot M = 15\ 100\text{m} + 55.4\text{mm} \times 1000 = 15\ 155.4\text{m} \qquad (7-3)$$

式中　M——比例尺分母。

若式（7-2）不能满足时，则说明图纸有伸缩变形，为了提高精度，可按式（7-4）计算 A 点坐标：

$$\left.\begin{array}{l} x_A = x_a + \dfrac{ag}{ag+gb} \times l \times M \\[3mm] y_A = y_a + \dfrac{ae}{ae+ed} \times l \times M \end{array}\right\} \qquad (7-4)$$

用相同方法，可以求出图上 B 点坐标 (x_B, y_B) 和图上任一点的平面直角坐标。

7.3.2　确定两点间的水平距离

如图 7－12 所示，欲确定 AB 间的水平距离，可用如下两种方法求得：

1. 直接量测（图解法）

用卡规在图上直接卡出线段长度，再与图示比例尺比量，即可得其水平距离。也可以用刻有毫米的直尺量取图上长度 d_{AB} 并按比例尺（M 为比例尺分母）换算为实地水平距离，即：

$$D_{AB} = d_{AB} \cdot M \tag{7－5}$$

或用比例尺直接量取直线长度。

2. 解析法

按式（7－3）或式（7－4），先求出 A、B 两点的坐标，再确定 AB 两点间的距离。

$$D_{AB} = \sqrt{(x_B - x_A)^2 + (y_B - y_A)^2} \tag{7－6}$$

7.3.3　确定两点间直线的坐标方位角

求图 7－12 上直线 AB 的坐标方位角，可有下述两种方法：

1. 解析法

按式（7－3）或式（7－4），先确定 A、B 两点的坐标，再确定直线 AB 的坐标方位角。

$$\alpha_{AB} = \arctan \frac{y_B - y_A}{x_B - x_A} = \arctan \frac{\Delta y_{AB}}{\Delta x_{AB}} \tag{7－7}$$

象限由 Δx、Δy 的正负号或图上确定。

2. 图解法

在图上先过 A、B 点分别做出平行于纵坐标轴的直线，然后用量角器分别度量出直线 AB 的正、反坐标方位角 α'_{AB} 和 α'_{BA}，取这两个量测值的平均值作为直线 AB 的坐标方位角，即：

$$\alpha_{AB} = \frac{1}{2}(\alpha'_{AB} + \alpha'_{BA} \pm 180°) \tag{7－8}$$

式中，若 $\alpha'_{BA} > 180°$，取"$-$"；若 $\alpha'_{BA} < 180°$，取"$+$"。

7.3.4　确定点的高程

利用等高线，可以确定点的高程。其分两种情况：

1. 点在等高线上

点的高程等于等高线的高程。如图 7－13 中，A 点在 27m 等高线上，则它的高程为 27m。

2. 点不在等高线上

不在等高线上的任意点，用内插法。

如图 7－13 中，N 点在 27m 和 28m 等高线之间，过 N 点作直线基本垂直这两条等高线，得交点 P、Q，则 N 点高程为：

$$H_N = H_P + \frac{d_{PN}}{d_{PQ}} \cdot h \qquad (7-9)$$

式中　　H_P —— P 点高程；

　　　　h —— 等高距；

d_{PN}、d_{PQ} —— 分别为图上 PN、PQ 线段的长度。

7.3.5　确定两点间直线的坡度

如图 7－14 所示，A、B 两点间的高差 h_{AB} 与水平距离 D_{AB} 之比，就是 A、B 间的平均坡度 i_{AB}，即：

$$i_{AB} = \frac{h_{AB}}{D_{AB}} \qquad (7-10)$$

坡度一般用百分数或千分数表示。$i_{AB} > 0$ 表示上坡；$i_{AB} < 0$，表示下坡。若以坡度角表示，则：

$$\alpha = \arctan \frac{h_{AB}}{D_{AB}} \qquad (7-11)$$

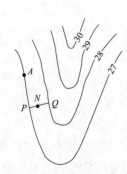

图 7－13　确定点的高程

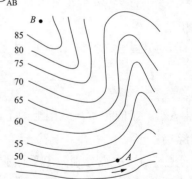

图 7－14　确定两点间直线的坡度

应该注意到，虽然 A、B 是地面点，但 A、B 连线坡度不一定是地面坡度。

7.3.6　地形图上面积的量算

在规划设计中，往往需要测定某一地区或某一图形的面积。例如，林场面积、农田水利灌溉面积调查，土地面积规划，工业厂区面积计算等。

设图上面积为 $P_图$，则 $P_实 = P_图 \times M^2$，式中 $P_实$ 为实地面积，M 为比例尺分母。设图上面积为 $10mm^2$，比例尺为 1:1000，则实地面积 $P_实 = 10 \times 1000^2 \div 10^6 = 10m^2$。求算图上某区域的面积 $P_图$，常用到的方法有图解几何法、坐标解析法和求积仪法。

1. 用图解法量测面积

（1）几何图形计算法。如图 7－15 所示是一个不规则的图形，可将平面图上描绘的区域分成三角形、梯形或平行四边形等最简单规则的图形，用直尺量出面积计算的元素，根据三角形、梯形等图形面积计算公式计算其面积，则各图形面积之和就是所要求的面积。

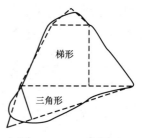

图 7 – 15　几何图形

计算面积的一切数据，都是用图解法取自图上，因受图解精度的限制，此法测定面积的相对误差大约为 1/100。

（2）透明方格纸法。将透明方格纸覆盖在图形上，然后数出该图形包含的整方格数和不完整的方格数。先计算出每一个小方格的面积，这样就可以很快算出整个图形的面积。

如图 7 – 16 所示，先数整格数 n_1，再数不完整的方格数 n_2，则总方格数约为 $n = n_1 + \dfrac{1}{2} n_2$，然后计算其总面积 $A(\text{m}^2)$，则：

$$A = \left(\frac{d \times M}{1000} \right)^2 n \qquad (7-12)$$

式中　d——网点间距，mm；

　　　M——测图比例尺分母值；

　　　n——总网点数。

为了提高量测面积的精度，应任意移动网点板，对同一图形需测 2～3 次，并取各次点数的平均值作为最后结果。

（3）平行线法。先在透明纸上，画出间隔相等的平行线，如图 7 – 17 所示。为了计算方便，间隔距离取整数为好。将绘有平行线的透明纸覆盖在图形上，旋转平行线，使两条平行线与图形边缘相切，则相邻两平行线间截割的图形面积可全部看成是梯形，梯形的高为平行线间距 h，图形截割各平行线的长度为 l_1、l_2、…、l_n，则各梯形面积分别为：

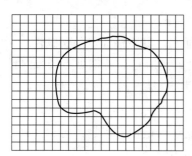

图 7 – 16　透明方格纸法

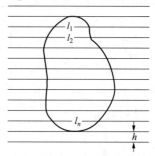

图 7 – 17　平行线法

$$A_1 = \frac{1}{2} \times h \times (0 + l_1)$$
$$A_2 = \frac{1}{2} \times h \times (l_1 + l_2)$$
$$\cdots$$
$$A_n = \frac{1}{2} \times h \times (l_{n-1} + l_n)$$
$$A_{n+1} = \frac{1}{2} \times h \times (l_n + 0)$$

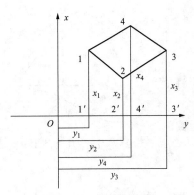

图 7 - 18 坐标解析法

则总面积 A 为：

$$A = A_1 + A_2 + \cdots + A_n + A_{n+1} = h \cdot \sum_{n=1}^{n} l_n \qquad (7-13)$$

2. 用坐标解析法计算面积

若待测图形为多边形，可根据多边形顶点的坐标计算面积。由图 7 - 18 可知：多边形 1234 的面积等于梯形 144′1′ 面积 $A_{144'1'}$ 加梯形 433′4′ 面积 $A_{433'4'}$ 减梯形 233′2′ 面积 $A_{233'2'}$ 减梯形 122′1′ 面积 $A_{122'1'}$，即：

$$A = A_{144'1'} + A_{433'4'} - A_{233'2'} - A_{122'1'}$$

设多边形顶点 1、2、3、4 的坐标分别为 (x_1, y_1) (x_2, y_2) (x_3, y_3) (x_4, y_4)。将上式中各梯形面积用坐标值表示，即：

$$A = \frac{1}{2}(x_4 + x_1)(y_4 - y_1) + \frac{1}{2}(x_3 + x_4)(y_3 - y_4) - \frac{1}{2}(x_3 + x_2)(y_3 - y_2) - \frac{1}{2}(x_2 + x_1)(y_2 - y_1)$$

$$= \frac{1}{2}x_1(y_4 - y_2) + \frac{1}{2}x_2(y_1 - y_3) + \frac{1}{2}x_3(y_2 - y_4) + \frac{1}{2}x_4(y_3 - y_1)$$

即：

$$A = \frac{1}{2}\sum_{i=1}^{4} x_i(y_{i-1} - y_{i+1})$$

同理，可推导出 n 边形面积的坐标解析法计算公式为：

$$P = \frac{1}{2}\sum_{i=1}^{n} x_i(y_{i-1} - y_{i+1}) \qquad (7-14)$$

或

$$P = \frac{1}{2}\sum_{i=1}^{n} y_i(x_{i+1} - x_{i-1}) \qquad (7-15)$$

注意：式中当 $i=1$ 时，令 $i-1=n$；当 $i=n$ 时，令 $i+1=1$。

利用式 (7-14)、式 (7-15) 计算同一图形面积，可检核计算的正确性。采用以上两式计算多边形面积时，顶点 1、2、…、n 是按逆时针方向编号。若把顶点依顺时针编号，按式 (7-14)、式 (7-15) 计算，其结果都与原结果绝对值相等，符号相反。

3. 求积仪法量测面积

求积仪是一种专门供图上量算面积的仪器，其优点是性能优越，可靠性好，量测速度快，操作简便。求积仪法适用于任意形状的图形面积的测定。

7.3.7 地形图在工程建设中的应用

1. 按规定的坡度选定最短路线

如图 7 - 19 所示，要从 A 向山顶 B 选一条公路的路线。已知等高线的基本等高距为 $h=5\text{m}$，比例尺 1:10 000，规定坡度 $i=5\%$，则路线通过相邻等高线的最短路线平距应该是 $D = h/i = 5/5\% = 100\text{m}$。在 1:10 000 图上平距应为 1cm，用圆规以 A 为圆心，1cm 为半径，作圆弧交 55m 等高线于 1 或 1′。再以 1 或 1′ 为圆心，按同样的半径交 60m 等高线于

2 或 2′。同法可得一系列交点，直到 B。把相邻点连接，即得两条符合于设计要求的路线的大致方向。然后通过实地踏勘，综合考虑选出施工方便，经济合理的一条较理想的公路路线。

由图中可以看出，$A-1'-2'-3'\cdots$线路的线形，不如 $A-1-2-3\cdots$线路线形好。

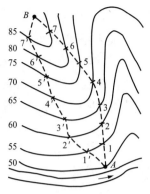

图 7-19　按规定坡度选最短路线

2. 确定汇水面积的边界线

当在山谷或河流修建大坝、架设桥梁或敷设涵洞时，都要知道有多大面积的雨水汇集在这里，这个面积称为汇水面积。

汇水面积的边界是根据等高线的分水线（山脊线）来确定的，其特点是边界线是通过一系列山脊线以及各山头、鞍部的曲线，并与河道指定断面形成的闭合环线。如图 7-20 所示，通过山谷，在 AM 处要修建水库的水坝，就须确定该处的汇水面积，即由图中分水线 AB、BC、CD、DE、EF、FG、GH、HM 与 MA 线段所围成的面积；再根据该地区的降雨量就可确定流经 AM 处的水流量。这是设计桥梁、涵洞或水坝容量的重要数据。

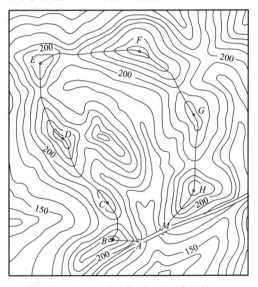

图 7-20　确定汇水面积边界线

7.3.8　地形图在平整土地中的应用

在各种工程建设中，除对建筑物要作合理的平面布置外，往往还要对原地貌作必要的改造，以便适于布置各类建筑物，排除地面水以及满足交通运输和敷设地下管道等。这种地貌改造称之为平整土地。

在平整土地工作中，常需预算土、石方的工程量，即利用地形图进行填挖土（石）方量的概算。其方法有多种，其中方格法（或设计等高线法）是应用最广泛的一种。下面分两种情况介绍该方法。

1. 要求平整成水平面

假设要求将原地貌按挖填土方量平衡的原则改造成水平面，其步骤如下：

（1）在地形图上绘方格网。在地形图上拟建场地内绘制方格网。方格网的大小取决于地形复杂程度、地形图比例尺大小以及土方概算的精度要求。例如在设计阶段采用 1:500 的地形图时，根据地形复杂情况，一般边长为 10m 或 20m。方格网绘制完后，根据地形图上的等高线，用内插法求出每一方格顶点的地面高程，并注记在相应方格顶点的右上方，如图 7-21 所示。

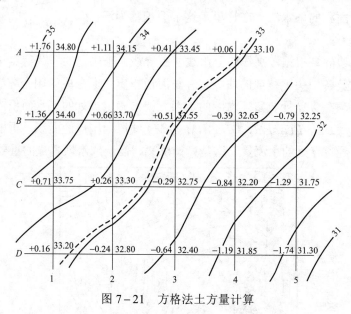

图 7-21　方格法土方量计算

（2）计算设计高程。先将每一方格顶点的高程加起来除以 4，得到各方格的平均高程，再把每个方格的平均高程相加除以方格总数，就得到设计高程 H_0。

$$H_0 = (H_1 + H_2 + \cdots + H_n)/n \qquad (7-16)$$

式中　H_i——每一方格的平均高程；

　　　n——方格总数。

从设计高程 H_0 的计算方法和图 7-21 可以看出：方格网的角点 $A1$、$A4$、$B5$、$D1$、$D5$ 的高程只用了一次，边点 $A2$、$A3$、$B1$、$C1$、$D2$、$D3$、…的高程用了两次，拐点 $B4$ 的高程用了三次，而中间点 $B2$、$B3$、$C2$、$C3$、…的高程都用了四次，因此设计高程的计算公式也可写为：

$$H_0 = (\Sigma H_角 + 2\Sigma H_边 + 3\Sigma H_拐 + 4 H_中)/4n \qquad (7-17)$$

将方格顶点的高程（见图 7-21）代入式（7-17），即可计算出设计高程为 33.04m。在图上内插出 33.04m 等高线（图中虚线），称为填挖边界线（或称零线）。

（3）计算挖、填高度。根据设计高程和方格顶点的高程，可以计算出每一方格顶点的挖、填高度，即：

$$填、挖高度＝地面高程－设计高程 \qquad (7-18)$$

将图中各方格顶点的挖、填高度写于相应方格顶点的左上方。正号为挖深，负号为填高。

（4）计算挖、填土方量。挖、填土方量可按角点、边点、拐点和中点分别按式（7-19）计算。

$$\left.\begin{array}{l}
角点：挖（填）高×1/4方格面积\\
边点：挖（填）高×1/2方格面积\\
拐点：挖（填）高×3/4方格面积\\
中点：挖（填）高×1方格面积
\end{array}\right\} \qquad (7-19)$$

2. 要求按设计等高线整理成倾斜面

将原地形改造成某一坡度的倾斜面，一般可根据填、挖平衡的原则，绘出设计倾斜面的等高线。但是有时要求所设计的倾斜面必须包含不能改动的某些高程点（称为设计斜面的控制高程点），例如已有道路的中线高程点；永久性或大型建筑物的外墙地坪高程等。如图 7-22 所示，设 A、B、C 三点为控制高程点，其地面高程分别为 54.6、51.3m 和 53.7m。要求将原地形改造成通过 A、B、C 三点的斜面，其步骤如下：

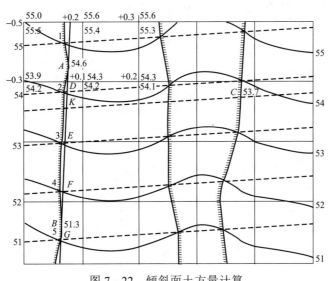

图 7-22　倾斜面土方量计算

（1）确定设计等高线的平距。过 A、B 两点作直线，用比例内插法在 AB 曲线上求出高程为 54、53、52、…各点的位置，也就是设计等高线应经过 AB 线上的相应位置，如 D、E、F、G 等点。

（2）确定设计等高线的方向。在 AB 直线上求出一点 K，使其高程等于 C 点的高程（53.7m）。过 KC 连一线，则 KC 方向就是设计等高线的方向。

（3）插绘设计倾斜面的等高线。过 D、E、F、G 等各点作 KC 的平行线（图中的虚线），即为设计倾斜面的等高线。过设计等高线和原同高程的等高线交点的连线，如图中连接1、2、3、4、5等点，就可得到挖、填边界线。图中绘有短线的一侧为填土区，另一侧为挖土区。

（4）计算挖、填土方量。与前一方法相同，首先在图上绘方格网，并确定各方格顶点的挖深和填高量。不同之处是各方格顶点的设计高程是根据设计等高线内插求得的，并注记在方格顶点的右下方。其填高和挖深量仍记在各顶点的左上方。挖方量和填方量的计算和前一方法相同。

思考题

1. 在 1:5000 地形图上，图上距离为 11.12cm，则实地长度为多少米？

2. 等高线有哪几种类型？等高线有哪些特性？

3. 地形图比例尺精度是什么？有什么作用？

4. 地物符号分为哪几类？

5. 数字测图的特点有哪些？

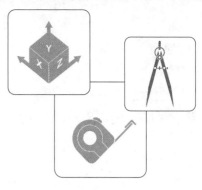

第8章
测设的基本工作

8.1 水平角度测设

水平角度测设是根据地面上已有的一个方向和设计角度，利用经纬仪或全站仪在地面上标定出另一个方向。

水平角度测设如图 8−1 所示。

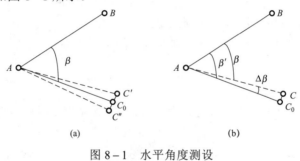

图 8−1 水平角度测设

（a）一般方法；（b）精密方法

8.1.1 一般方法

一般方法又称正倒镜分中法，如图 8−1（a）所示，设 AB 为地面上已知方向线，要在 A 点，AB 方向右侧测设出设计水平角 β。其测设步骤如下：

（1）将经纬仪（或全站仪）安置在 A 点，盘左瞄准 B 点，读取水平度盘读数为 L（一般置零）。

（2）顺时针转动照准部，当水平度盘读数为 $L+\beta$ 时，在视线方向上定出 C' 点。

（3）倒转望远镜成盘右位置，瞄准 B 点，按与（2）相同的操作方法定出 C'' 点。

（4）取 C'、C'' 的中点 C_0，则 $\angle BAC_0$ 即为所测设的 β 角。

8.1.2 精密方法

精密方法又称垂线改正法，如图 8−1（b）所示，测设步骤如下：

（1）先用一般方法测设角度 β，定出 C_0。

（2）然后用多测回测量$\angle BAC_0$（测回数由测设精度需要确定），设其平均值为β'，根据β'与设计角值β的差$\Delta\beta = \beta' - \beta$和$AC_0$的水平距离，计算出垂直距离$CC_0$为：

$$CC_0 = AC_0 \times \frac{\Delta\beta''}{\rho''} \qquad (8-1)$$

（3）根据$\Delta\beta$的正负，测设时可用小尺从C_0点起沿垂直于AC_0方向的垂线向内或向外量CC_0长定出C点，则$\angle BAC$为最终测设的β角。

8.2 水平距离测设

水平距离测设是在要求的方向上，利用仪器或者工具定出另一个点，使其与已知点之间的距离为设计长度。

8.2.1 一般方法

一般方法如图8-2（a）所示，测设过程如下：

（1）在地面上，由已知点A开始，沿给定方向，用钢尺量出设计水平距离D定出B'点。

（2）在点A处改变钢尺读数，按同法定出B''点。

（3）其相对误差在允许范围内时，则取两点的中点作为B_0点的位置。

8.2.2 精密方法

精密方法如图8-2（b）所示，当水平距离的测设精度要求较高时，精密方法测设距离的过程如下：

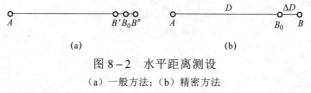

图8-2 水平距离测设
（a）一般方法；（b）精密方法

（1）按照一般方法测设出B_0点。

（2）加上尺长ΔD_d、温度改正ΔD_t和倾斜改正ΔD_h，计算实际所测设的水平距离D'。

（3）在B_0点处根据$\Delta D = D' - D$的正负向后或向前再测设ΔD，确定最终的点位B，AB就是要测设的距离。

现在测设距离的方法多用全站仪距离测量功能或点位坐标放样功能直接来实现。

8.3 高程及坡度线测设

8.3.1 高程测设

工程中的高程测设主要采用几何水准测量的方法，有时也采用钢尺直接丈量竖直距离或三角高程测量的方法。

应用几何水准测量方法测设高程时，首先应在工作区域内引测高程控制点，所引测的高程控制点要相对稳定，并利于保存和便于测设，其密度应保证只架设一次仪器就可以测设出所需要的高程。

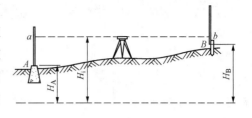

图 8－3　高程测设

几何水准测量方法测设已知高程如图 8－3 所示，已知水准点 A 的高程 $H_A = 212.780\text{m}$，欲在 B 点测设出某建筑物的室内地坪高程 $H_B = 213.056\text{m}$（建筑物的 ±0.000 标高）。

测设过程如下：

（1）首先在 A 点竖立水准尺，将水准仪在 A、B 两点的中间位置安置好，后视 A 点水准尺，读取中丝读数 $a = 1.368\text{m}$。

（2）在 B 点木桩侧面立水准尺，并计算 B 点的水准尺中丝读数 b。

$$b = H_A + a - H_B = 212.780 + 1.368 - 213.056 = 1.092 \quad (\text{m})$$

（3）将水准仪瞄准 B 点水准尺，观测者指挥立尺者，上下移动水准尺，当中丝读数刚好为 1.092m 时，沿尺底在木桩侧面画一横线，此时高程就是需测设的高程，即建筑物的 ±0.000 标高。

在高程测设中如遇到 $H_B > H_A + a$ 时，计算所得 B 点尺子读数为 $-b$，这时可以将水准尺倒立并上下移动，当读数为 b 时，尺子的零点即为所放样的高程。

当待测设点的高程与已知高程点高差过大，如放样建筑物地基的壕沟或从地面上放样高层建筑物时，可采用悬挂钢尺与水准仪联合作业的方法，也称为高程传递，测设过程如图 8-4 所示，A 点为已知点，B 点为待测设的高程点，可得测设数据

$$b_2 = H_A + a_1 + a_2 - b_1 - H_B \tag{8-2}$$

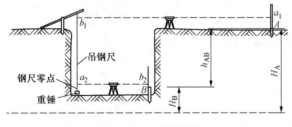

图 8－4　高程传递

8.3.2　坡度线的测设

在很多工程的施工中，需要在地面上测设出设计的坡度线，以指导工程施工。坡度线的测设所用的仪器为水准仪或经纬仪。

如图 8-5 所示，设地面上 A 点的高程为 H_A，现欲从 A 点沿 AB 方向测设出一条坡度

为 i 的直线，AB 间的水平距离为 D。使用水准仪的测设方法如下：

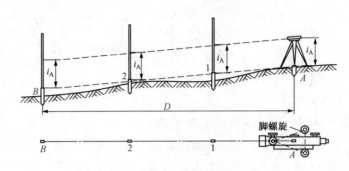

图 8-5　坡度线测设

（1）首先计算出 B 点的设计高程为 $H_B = H_A + i \times D$。

（2）在 A 点安置水准仪，使一脚螺旋在 AB 方向线上，另两脚螺旋的连线垂直于 AB 方向线，并量取水准仪的高度 i_A。

（3）用望远镜瞄准 B 点上的水准尺，旋转 AB 方向上的脚螺旋，使视线倾斜至水准尺读数为仪器高 i_A 为止，此时，仪器视线坡度即为 i。

（4）在中间点 1、2 处打木桩，然后在桩顶上立水准尺使其读数均等于仪器高 i_A，这样各桩顶的连线就是测设在地面上的设计坡度线。

当设计坡度 i 较大时，应利用经纬仪使用同样的方法进行坡度线的测设。

8.4　平面点位的测设

点的平面位置测设是根据已布设好的施工控制点将待测设点的坐标位置利用仪器和一定的方法标定到实地中。

点的平面位置测设常用的方法有极坐标法、直角坐标法、角度交会法、距离交会法、全站仪坐标放样法和 GNSS 坐标放样法等。根据所用的仪器设备、控制点的分布、测设场地条件及测设点精度要求等情况选用适当的方法。

8.4.1　极坐标法

极坐标法是根据控制点、水平角和水平距离测设点平面位置的方法。此法较为适宜在控制点与测设点间距离较短且便于钢尺量距的情况，而利用测距仪或全站仪测设水平距离时，则没有此项限制。

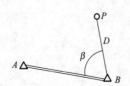

图 8-6　极坐标法测设点位

如图 8-6 所示，点 A（x_A，y_A）和点 B（x_B，y_B）为已知控制点，点 P（x_1，y_1）为待测设点。测设 P 点的过程如下：

（1）根据 A、B 点坐标，用坐标反算方法计算出测设数据 D 和 β。

（2）在 B 点安置经纬仪（或全站仪），后视 A 点，测设水平

角 β，定出 BP 方向。

（3）沿 BP 方向测设水平距离 D，在地面上标定出点 P。

如果待测设点的精度要求较高，可以利用前述的精确方法测设水平角和水平距离。

8.4.2　直角坐标法

通常在场地已建立有互相垂直的主轴线或建筑方格网时，一般采用直角坐标法来完成施工场地上的测设工作。

如图 8-7 所示，A、B、C、D 为建筑方格网（或建筑基线）控制点，1、2、3、4 点为待测设建筑物轴线的交点，建筑方格网（或建筑基线）分别平行或垂直于待测设建筑物的轴线。根据控制点的坐标和待测设点的坐标可以计算出两者之间的坐标增量。

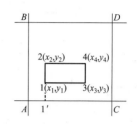

图 8-7　直角坐标法测设点位

测设 1 点位置时，步骤如下：

（1）在 A 点安置经纬仪（或全站仪），照准 C 点，沿此视线方向从 A 向 C 测设水平距离 Δy_{A1} 定出 $1'$ 点。

（2）安置经纬仪（或全站仪）于 $1'$ 点，盘左照准 C 点（或 A 点）测设 $90°$，并沿此方向测设出水平距离 Δx_{A1} 定出 1 点。

（3）盘右再测设一次 1 点，取平均位置作为所需放样点的位置。

采用同样的方法可以测设其他点。检核时，在测设好的点上，检测各个角度是否符合设计要求，并丈量各条边长是否满足相对误差要求。

8.4.3　角度交会法

角度交会法是在两个控制点上分别安置经纬仪（或全站仪），根据相应的水平角测设出相应的方向，并根据两个方向交会定出点位的一种方法。此法适用于待测设点位离控制点较远或量距有困难的情况。

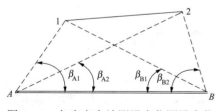

图 8-8　角度交会法测设点位测设点位

角度交会法如图 8-8 所示，测设过程如下：

（1）根据控制点 A、B 和待测设点 1、2 的坐标，反算出测设数据 β_{A1}、β_{A2}、β_{B1} 和 β_{B2} 角度值。

（2）将经纬仪（或全站仪）安置在 A 点，瞄准 B 点，利用 β_{A1}、β_{A2} 角值按照盘左盘右分中法，定出 $A1$、$A2$ 方向线，并在其方向线上的 1、2 两点附近分别打上两个木桩（俗称骑马桩），桩上钉上小钉，并用细线拉紧。

（3）在 B 点安置经纬仪（或全站仪），同法定出 $B1$、$B2$ 方向线。

（4）根据 $A1$ 和 $B1$、$A2$ 和 $B2$ 方向线分别交出 1、2 两点，进行标定。

也可以利用两台经纬仪（或全站仪）分别在 A、B 两个控制点同时设站，测设出方向线后标定出 1、2 两点。

检核可以采用实测 1、2 两点水平距离与 1、2 两点坐标反算的水平距离进行对比，应满足相对误差要求。

8.4.4 距离交会法

距离交会法是利用两个控制点与待测设点的距离进行交会定点的方法，适用于场地平坦、距离较短且方便量取时的情况。

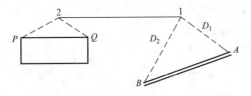

图 8-9 距离交会法测设点位

距离交会法如图 8-9 所示，A、B 为控制点，1 点为待测设点。测设步骤如下：

（1）根据 A、B 点和 1 点的坐标反算出测设数据 D_1 和 D_2。

（2）用钢尺从 A、B 两点分别测设 D_1 和 D_2，其交点即为所求 1 点的平面位置。

（3）同样的方法交会出 2 点。

检核时利用实地丈量的 1、2 两点的水平距离与 1、2 两点设计坐标反算出的水平距离进行比较，应满足相对误差要求。

8.4.5 全站仪坐标放样

全站仪具有精度高、速度快、功能多的特点，在施工放样中应用也非常方便。其坐标放样功能就是根据控制点和待测设点的坐标定出点位。其基本步骤如下：

（1）首先将全站仪安置在控制点上，使菜单置于坐标放样模式下，然后输入控制点的坐标，建立测站。

（2）输入后视点的坐标或后视方向坐标方位角，以完成后视方向的设置。

（3）指挥立镜人，持反光棱镜立在估计的待测设点附近，用望远镜照准棱镜，按坐标测设功能键，全站仪显示出棱镜位置与测设点的角度方向差与距离差。根据差值，移动棱镜位置，直到差值等于零时，棱镜位置即为待测设点位置。具体操作方法详见相应全站仪的使用说明书。

检核时，可以测定已测设点的坐标，并与其设计坐标进行比较检核。

8.4.6 GNSS 坐标放样

GNSS 具有定位精度高、观测时间短，测站间无须通视等特点，也逐渐应用在施工放样中。将基准站安置在已知控制点上，并设置基准站。选取 2~3 个已知控制点进行数据采集以求解坐标系统转换参数。将待放样的设计平面坐标输入到流动站的电子手簿，按照手簿上的图形指示即可完成点位的测设。

检核时，为提高准确性，每个测站应至少进行两次观测，将实时坐标与设计坐标进行比较检核。

思考题

1. 测设与测绘有何不同？

2. 平面点位测设的方法有哪些？

3. 建筑场地上水准点 A 的高程为 128.460m，欲在待建房屋的近旁的电线杆上测设出 ±0.000 的标高，其设计高程为 130.000m。设水准仪在水准点 A 所立水准尺上的读数为 1.624m，试绘图说明如何测设。

4. 极坐标法的测设步骤具体是什么？

第二篇

工程应用篇

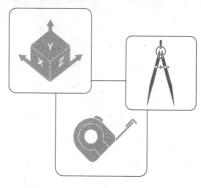

第 9 章
水 利 工 程 测 量

　　水利工程测量是指水利工程规划设计阶段、施工测量阶段和竣工运行管理阶段中所进行的各种测量工作。本章仅对水利工程中的土石坝施工测量、混凝土坝施工测量、水闸施工测量、渠道测量、河道测量等内容进行介绍。

9.1　大坝施工测量

　　大坝施工测量是修建大坝工程的基础性工作，与其他测量工作一样，大坝施工测量也是由整体到局部，即先布设平面和高程施工控制网，然后进行主轴线、辅助轴线及建筑物的细部放样等。

9.1.1　土石坝施工测量

　　土石坝是一种较为普遍的坝体，由当地土料、石料或混合料，经过抛填、碾压等方法堆筑成的挡水坝。根据土料在坝体的分布及其结构不同，又可分为土坝、堆石坝、土石混合坝等多种，如图 9-1 所示为黏土心墙土坝。

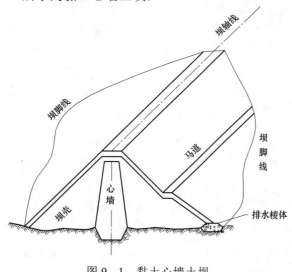

图 9-1　黏土心墙土坝

1. 土石坝控制测量

（1）平面控制网。为保证施工测量的准确性和可靠性，应建立满足放样精度的施工控制网，水利水电施工测量规范中规定主要水利工程建筑物轮廓点放样中误差 $m_{测}$ 为±20mm。为便于放样，控制点应尽量靠近建筑物，但又易受到因施工造成的破坏。因此，施工平面控制网一般分两级布网，即基本网和定线网。基本网的作用是控制主轴线，其点位应尽量选在地质条件好、受施工干扰小的地方，以便长期保存和稳定不动。定线网控制辅助轴线及细部位置，其点位靠近建筑物，是在基本网的基础上采用插入点、插入网和交会点的方法进一步加密得到。

平面控制网的布设还应该考虑随大坝蓄水或坝体升高后上下游的通视条件，因此布设平面控制点时应以坝轴线下游为重点同时兼顾上游为原则，埋设稳定的具有强制归心装置的混凝土观测墩作为永久性标志，采用 GNSS 网、三角网、导线网等形式布网。

（2）高程控制网。高程控制网也分为两级布网，即基本网和临时水准点。基本网与施工区附近的国家水准点联测，布设成闭合（或附合）形式，作为整个施工区高程测量的依据。其水准点的布设一般在施工影响范围之外，由若干永久性水准点组成，用二等水准或三等水准测量按环形路线施测高程。由基本水准点引测的临时性作业水准点直接用于坝体的高程放样，直接布置在施工范围内靠近建筑物的不同高度的地方，以便安置一两次仪器就能放样高程，用四等水准附合路线要求施测。

高程基本控制网的布设宜均匀布设在大坝轴线上下游的左右岸，不受洪水或施工的影响，还应在施工过程中经常检查复核，尤其是临时性水准点，以防其由于施工影响发生变动。

2. 确定坝轴线

坝轴线指的是坝顶中心线，是大坝施工放样的主要依据。通常情况下，坝轴线由工程设计人员经过严格的现场踏勘、图上规划等多方研究比较并结合建坝位置和枢纽的整体布置，最终在坝址地形图上将坝轴线进行标定。

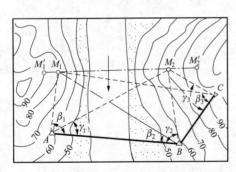

图 9-2　确定坝轴线示意图

在实地放样前，利用图解法先在图纸上量算出坝轴线两端点的坐标，利用坐标反算计算出两端点与附近基本控制点之间的放样数据，然后采用交会法或极坐标法等将坝轴线放样到实地。坝轴线的两端点（如图 9-2 中的 M_1、M_2）在现场标定后，应用永久性标志标明。一般为防止施工时端点被破坏，还需将坝轴线的端点延长到两岸山坡上各埋设 1～2 个永久性标志（轴线控制桩），如图 9-2 中的 M_1'、M_2'，以便检查两端点的位置变化。

3. 坝身控制测量

在进行土石坝的细部放样时，因受施工干扰较大往往仅有一条轴线是不能满足施工要求的，故还需测设若干条平行或垂直于坝轴线的坝身控制线。

（1）测设平行于坝轴线的坝身控制线。平行于坝轴线的坝身控制线应布设在坝顶上下游线、上下游坡面变化处、下游马道中线，也可以按一定的间隔布设（如 10、20、30m 等）。

如图 9-3 所示，在坝轴线的两端点分别安置经纬仪（或全站仪），用测设 90° 的方法各测设一条垂直于坝轴线的横向基准线，并按坝轴距沿基准线向上下游分别丈量定点、编号，将两条基准线上编号相同的点号连接起来即为平行于坝轴线的控制线。具体操作如下：先在 M' 点安置经纬仪（或全站仪），后视照准 N' 点，用测 90° 的方法测设出一条垂直于坝轴线的横向基准线，然后沿该基准线量取各平行控制线距坝轴线的距离进行定点并用木桩在实地标定，编号 a、b 等；同样的方法，在 N' 安置经纬仪（或全站仪），后视照准 M' 点测设后定点编号有 a'、b' 等。将两条横向基准线上编号相同的点进行连线即可，如 aa'、bb' 等。

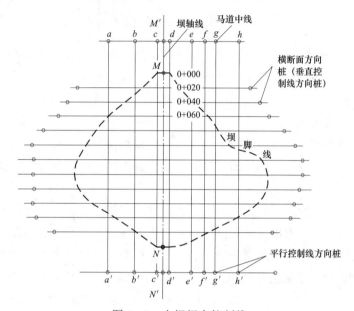

图 9-3 土坝坝身控制线

（2）测设垂直于坝轴线的坝身控制线。垂直于坝轴线的坝身控制线一般按 50、30m 或 20m 的间距以里程来测设，即先沿坝轴线测设里程桩，然后在各里程桩上测设垂直于坝轴线的坝身控制线。

以一端坝顶与地面的交会点作为零号桩并且设桩号为 0+000，然后沿坝轴线方向按选定的间距（如图 9-4 中为 20m）丈量距离，并顺序钉下 0+020，0+040 等里程桩，直至另一端坝顶与地面的交点为止。在便于量距的地方作直线 AB 垂直于坝轴线 MN 并精确丈量 AB 的长度。以测设里程桩 0+020 为例，在 B 点和 M 点处分别架设经纬仪（或全站仪），其中 M 点的经纬仪以坝轴线 MN 来定向，用架设在 B 点的经纬仪（或全站仪）测设 β_1 角（可按公式 $\beta_1 = \arctan \dfrac{MA-20}{AB}$ 和 $MA = AB \cdot \tan\beta$ 计算），两仪器视线的交点即为 0+020 桩的位置。或者利用平距计算公式计算出 B 点到 0+020 桩的距离和夹角 β_1，然后用全站仪极坐标法进行测设。也可以通过计算 B、A 和 0+020 桩三点的坐标值，利用全站仪的坐标放样功能进行测设。同理，可选择任一种方法标定出其余各里程桩的位置。

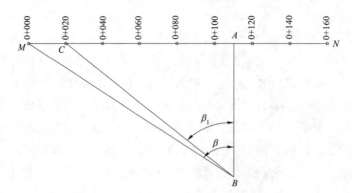

图 9-4 测设坝轴线的控制线里程桩

然后将经纬仪（或全站仪）安置在各里程桩上，瞄准坝轴线端点 M 或 N 进行后视定向，用测设 90° 的方法测设出垂直于坝轴线的一系列平行线，并在上下游施工范围外定位横断面方向桩。

4. 清基开挖线的放样

清基开挖线指坝体与自然地面的交线，在坝体填筑前需对基础进行清理以便使坝体与基岩较好结合。一般对清基开挖线的放样精度要求并不高，可采用套绘断面法求得放样数据在现场放样。

套绘断面法与渠道断面放样相似，先沿坝轴线测量纵断面，即先测定轴线上各里程桩的高程，绘出纵断面图，求出各里程桩的中心填土高度，再沿垂直线方向测绘横断面图。根据里程桩的高程、中心填土高度与坝面高度，在横断面上套绘大坝设计断面。如图 9-5 中，R_1、R_2 为坝脚点上下游清基开挖点，n_1、n_2 为心墙上下游清基开挖点，它们与坝体中心的距离 d_1、d_2、d_3、d_4 均可从图上直接量取。利用这些数据在实地进行放样，其中 d_1、d_2 结合地质情况可适当加宽一定距离进行放样。用石灰连接各断面的清基开挖点，即为大坝清基开挖线。

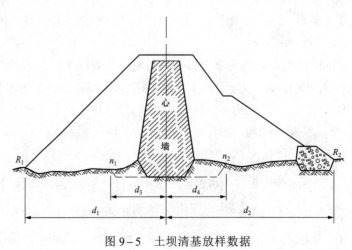

图 9-5 土坝清基放样数据

5. 坡脚线的放样

坝底与清基后地面的交线即为坡脚线。清基后应放出坡脚线，以便填筑坝体。坡脚线的放样方法主要有套绘断面法和平行线法。

（1）套绘断面法。用图解法获得放样数据，通过恢复轴线上的所有里程桩进行横断面测量，将绘出清基后的横断面图套绘在土坝设计断面，计算该断面上下游坡脚点的放样数据，即图9-5中的 R_1、R_2、d_1、d_2 等，在实地将这些点标定出来，然后分别连接上下游坡脚点即为上下游坡脚线（图9-5中虚线所示）。

（2）平行线法。这种方法是以不同高程坝坡面与地面的交点获得坡脚线，即根据已知的平行控制线与坝轴线的间距计算坝坡面的高程 [可按式（9-1）计算]，然后在平行控制方向上用高程放样的方法，定出坡脚点并用白灰连接各坡脚点即得坡脚线。

$$H_i = H_{顶} + i\left(d_i - \frac{b}{2}\right) \tag{9-1}$$

式中　H_i ——第 i 条平行线与坝坡面相交处的高程，m；

　　　$H_{顶}$ ——坝顶设计高程，m；

　　　i ——坝坡面的设计坡度；

　　　d_i ——第 i 条平行线与轴线之间的距离（简称轴距），m；

　　　b ——坝顶的设计宽度，m。

6. 边坡的放样

填土筑坝的过程中，需要标明上料填土的界线，即每当坝体升高 1m 左右，就要用桩（称为上料桩）将边坡的位置标定出来，这项工作称为边坡放样。

放样前要根据坝体的设计数据计算出坡面上不同高程的坝轴距，因为坝面是有一定坡度的，坝轴距会随着坝体的升高逐渐减小，另外为了使经过压实和修理后的坝坡面恰好是设计的坡面，一般应加宽 1～2m 填筑。上料桩标定在加宽的边线上（图9-6中的虚线处）各上料桩的轴距比按设计所算值大 1～2m。按高程每隔 1m 计算一值，将其编成数据表。放样时，预先埋设轴距杆，设轴距杆距坝轴线的距离为 D，在用水准仪测出坡面边沿处的

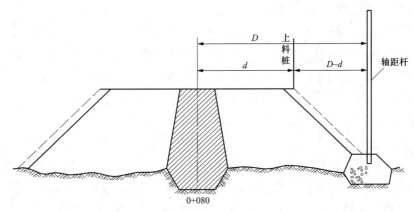

图9-6　土坝边坡放样

125

高程后可由放样数据表中查取轴距 d，从轴距杆向里量取 $D-d$，即为上料桩的位置。当坝体逐渐升高时，为方便放样可将轴距杆的位置向里移动。

7. 坡面的修整

大坝修筑到一定高度且坡面压实后，还要对坡面进行修整，一般沿斜坡观测 3～4 个点，用水准仪或经纬仪按测设坡度线的方法求得修坡量，使其符合设计要求。

9.1.2 混凝土坝施工测量

就结构和建筑材料来看混凝土坝相对于土石坝较为复杂，因此其放样精度比土石坝要求较高。

1. 混凝土坝控制测量

（1）平面控制网。混凝土坝施工平面控制网一般按两级布设，其中基本网作为首级平面控制，一般布设成三角网并尽量将坝轴线的两端点作为网的一条边。根据建筑物的重要程度，按三等以上三角测量的要求施测，三角点采用混凝土观测墩并在墩顶埋设强制对中设备，以减少安置仪器的对中误差。

二级布设的定线网分为矩形网和三角网两种，三角网是在基本网的基础上进一步加密三角网建网；矩形网则以坝轴线为基准，按施工分段分块尺寸建网。混凝土坝采用分层施工，每一层中需要分段分块进行浇筑，一般用方向线交会法和前方交会法放样坝体细部。

（2）高程控制网。高程控制网也是两级布设，基本网按二等或三等水准测量施测，作为整个水利枢纽的高程控制；作业水准点多布设在施工区内，尽可能布设成闭合或附合水准路线，并由基本水准点定期检测其高程，以便及时改正。

2. 混凝土坝清基开挖线的放样

清基开挖线是确定对大坝基础进行清除基岩表层松散物的范围，它的位置根据坝两侧坡脚线、开挖深度和坡度决定。同土石坝一样，可用图解法标定开挖线，即先沿坝轴线进行纵横断面测量绘出纵横断面图，由图上定出坡脚点及开挖线。同土石坝开挖放样方法相同，在各横断面上由坝轴线向两侧量距得开挖点。在开挖过程中，还应控制开挖深度。

3. 坝体的立模放样

基础清理完毕后即可开始坝体的立模浇筑，立模前首先找出上、下游坝坡面与岩基的接触点，即分跨线上下游坡脚点，然后测设出坡脚线。在坝体分块立模时，应将立模线投影到基础上或已浇好的坝块面上，模板架立在立模线上。但立模后立模线会被覆盖，因此还要在立模线内侧弹出平行线（即放样线）。立模放样的方法有方向线交会法和前方交会法。模板立好后，还要在模板上标出浇筑高度。

9.1.3 水闸施工测量

在水利水电工程中，常在大坝上设置水闸，水闸是一种以闸门挡水为主的低水头水工建筑物，既能挡水又能泄水，一般由闸室段和上游、下游连接段三部分组成，如图 9-7 所示。闸室是水闸的主体，包括闸门、闸底板、闸墩、岸墙、工作桥、交通桥等几部分；上下游连接段包括上下游翼墙、防冲槽、护坡、防渗设备等。

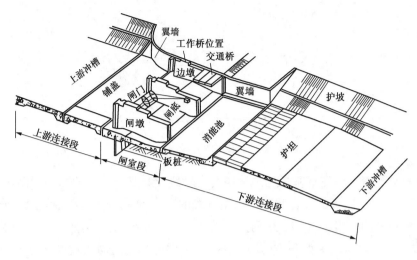

图 9-7　水闸组成

　　水闸施工测量与大坝施工测量工作一样，也是要遵循从整体到局部的原则，即先布设施工控制网，进行高程控制和水闸主轴线的放样，再进行水闸其他细部位置的放样。因水闸的重要性，高程控制采用三等或四等水准测量方法测定。水准基点布设在河流两岸不受施工干扰的地方，临时水准点尽量靠近水闸位置，可布设在河滩上。

1. 确定水闸主轴线

　　水闸的施工放样应先确定其中心轴线（即水闸主轴线），它是由闸室中心线（横轴）和河道中心线（纵轴）两条相互垂直的直线组成的。先从设计图上直接量出各端点坐标，从而计算出纵横轴两端点的放样数据，再根据河流的流向等情况适当调整，在实地初步定出轴线两端点的位置。在两轴线的交点上架立经纬仪（或全站仪），测量并调整以保证两条轴线能满足垂直的条件，用木桩标定主轴线的两个端点。同时为了防止端点位置在施工过程中发生移动，应将主轴线两端延长至施工范围以外再分别由各端点引设一到两个木桩以示方向。

2. 基础开挖线的放样

　　水闸基础开挖线的放样可采用套绘断面法。从图上计算放样数据，在实地沿纵向主轴线标出这些点的位置，并测定其高程和测绘相应的河床横断面图。然后根据设计的底板数据在河床横断面图上套绘相应的水闸断面（见图 9-8），量取两断面线交点到纵轴的距离，即可在实地标出这些交点，连成开挖线。

　　为了控制开挖高程，可将斜高 h 注在开挖边桩上。预留 0.3m 左右的保护层，待底板浇筑时再挖去并用水准测量地面高程，测定误差不能大于 10mm。

3. 闸底板的放样

　　闸孔较多的大中型水闸底板是分块浇筑的。闸底板放样的目的是放出每块底板立模线的位置，以便于装置模板进行浇筑。底板是闸室和上下游翼墙的基础，其放样包括闸底板的放样、闸墩和翼墙的放样。

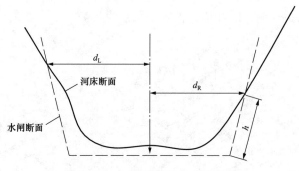

图 9-8　水闸基坑开挖点的确定

　　为了定出立模线，先在清基后的地面恢复主轴线及其交点的位置后进行闸底板放样，如图 9-9 所示。根据底板的设计尺寸，由主轴线的交点 O 起，在 CD 轴线上，分别向上、下游各测底板长度的一半，得 G、H 两点，然后在 G、H 两点上分别安置经纬仪（或全站仪），测设与 CD 轴相垂直的两条方向线。两条方向线分别与边墩中线的交点 E、F、I、K，即为闸底板的四个角点。也可假定 A 点坐标，推算出 B 点和四个角点 E、F、I、K 的坐标，通过坐标反算计算出放样数据，在 A、B 两点架立经纬仪（或全站仪）用前方交会法放样出四个角点。

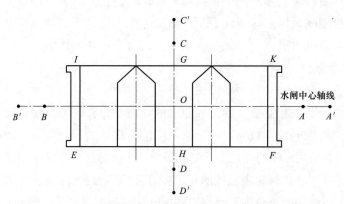

图 9-9　水闸底板放样的主要点线

　　根据底板的设计高程和临时水准点的高程，利用水准测量方法进行闸底板高程的放样，并在闸墩上标出底板浇筑高程的位置。在底板浇筑结束后，应在底板上定出主轴线、各闸孔中心线、门槽控制线等，并以这些轴线为基础标出闸墩和翼墙的立模线，以便安装模板。闸墩放样时要先放出闸墩中线，再以中心为依据放样闸墩平面位置的轮廓线。随着墩体的增高，闸墩各部位的高程可在模板内侧标出。当闸墩浇筑结束后，再根据主轴线定出工作桥和交通桥的中心线等。一般在水闸的土建施工后，还要进行闸门的安装测量工作。

9.2　渠道测量

　　渠道是具有自由水面的人工水道。渠道按用途可分为灌溉渠道、动力渠道（用于引水发电)、供水渠道、通航渠道和排水渠道（用于排除农田涝水、废水和城市污水）等。在实际工程中，常是一渠多用，如灌溉与通航、供水结合，灌溉与发电结合等。渠道测量的内容主要包括：为选线进行的地形图测量，中线测量，纵、横断面测量，土方计算及施工断面放样内容。

9.2.1　渠道选线测量

1. 踏勘选线

根据水利工程规划所定的渠线方向、引水高程和设计坡度，在实地确定一条经济、合理的渠道中线位置。选线工作直接影响到工程的质量、进度、经济等方面，一般按照先图上、后实地的顺序。在拟建渠道地区已有大比例尺地形图上，依据渠道所需要的坡降，路线方向和周围地形、地物等情况进行比较，在图上做初步选线。若没有地形图，对渠道较长、规模较大的工程，可先沿规划渠道方向测绘一幅带状地形图，再在图上初步选线；然后对照图上的线路，沿线做调查研究，收集有关资料（如地质、水文、材料来源、施工条件等），根据现场实地情况，最后确定路线的起点、转折点、终点，并用大木桩标定其位置，绘制点位略图，以便日后施工时寻找点位（通常情况下从设计到施工会间隔一段时间）；如果渠道较短，规模较小，可直接在实地选线，标定点位。

2. 踏勘选线原则

踏勘选线原则如下：

（1）渠道要尽量短而直，力求避开障碍物，以减小工程量和水流损失。

（2）把渠道选择在地势较高的地带，以利达到扩大灌溉面积和自流灌溉的目的。

（3）渠道经过的地带土质要好，坡度要适宜，以防渠道运行出现严重的渗漏、冲刷和坍塌现象。

（4）填挖土石方量和渠道建筑物要少，以达到省工、省料和少占用耕地的目的。

3. 高程控制测量

在选定路线后，为满足日后渠道及构筑物的施工需要，沿渠道方向每隔 1～2km 布设水准点，水准点应设置在渠道开挖线和堆土线以外不易破坏的地点，结构按永久水准点设置，以便能够长期保存，并作点之记。布设的高程控制点与国家四等水准点组成附合水准路线，用四等水准测量技术要求施测出每一个水准点的高程并记录保存，以备施工高程测设所用。

9.2.2　渠道中线测量

渠道中线测量是在地面选定路线的基础上，从渠道起点开始一直到终点，测定渠线长度，标定里程桩。渠道转折处需要测定转折角、敷设圆曲线，如图 9-10 所示。

1. 测设里程桩和加桩

用花杆和皮尺从渠道起始点开始朝终点和转折点方向，按照规定间距如每隔 100m 或 50m 在地面上打一个木桩（里程桩），标定中线位置，如有全站仪则更方便，沿中线方向作距离放样，可得到各里程桩和加桩位置。在下列情况需增设加桩：

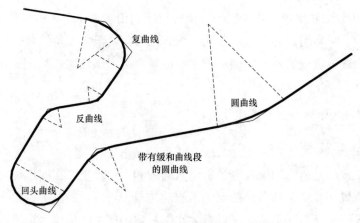

图 9-10　渠道中线

（1）中心线上地形有显著起伏的地点。

（2）转弯圆曲线的起点、终点和必要的曲线桩。

（3）拟建或已建建筑物的位置。

（4）与其他河道、沟渠、闸、坝、桥、涵的交点。

（5）穿过铁路、公路和乡村干道的交点。

（6）中心线上及其两侧的居民地、工矿企业建筑物处。

（7）由平地进入山地或峡谷处。

（8）设计断面变化的过渡段两端。

里程桩必须进行编号，渠道起点桩号为 0+000，后面的里程桩依次为 0+100，…，0+900，距起点 1km 处为 1+000，然后是 1+100，…，1+900，依此类推。加桩编号亦同，例如距起点桩 6245m 处的桩号可写成 6+245，里程桩桩号一律朝向渠道。沿中线量距的同时，要在现场绘出路线草图，作为设计渠道的参考，可以用一条直线表示，遇到渠道转弯处，用箭头指出转角方向，并写出转角度数（来水方向的延长线转至去水方向的角值）。转折处，要测设圆曲线，里程桩和加桩要设置在曲线上，并且按照曲线长度计算里程，并打桩标上里程。

2. 测定桩位高程

在山区或丘陵地区，在沿山坡等高线向前量距测定渠道中线，按规定标定里程桩和加桩的同时，每量 50m 或 100m 用水准测量测定桩位高程，检查渠线位置是否偏低或偏高，目的是保障工程运行安全，尽量减少填方情况出现。具体方法是：假设渠道进水底板设计高程为 $H_{进}$，设计渠深为 h，渠底设计坡度为 i，现在测设到 A 点，离渠道距离为 D，据此可以算出 A 点应有的渠岸地面高程为：

$$H_A = (H_{进} + h) + iD \qquad （9-2）$$

根据选线阶段布设的附近水准点，测设高程 H_A 并在山坡上的位置标定 A 点。一般应根据山坡坡度将桩位适当提高，将木桩定在略高于所定 A 点位置上。

9.2.3 渠道纵横断面测绘

渠道纵、横断面测量是设计渠底高程线、堤顶高程线、计算填挖土石方量和拟定施工计划的主要资料。

1. 渠道纵断面测量与绘制

（1）渠道纵断面测量。渠道纵断面测量是测定中线各里程桩和加桩处地面的高程，如图 9–11 所示。一般将渠线分成若干段，每段分别与邻近两端的水准点组成附合水准路线。利用渠道沿线已有的水准点，用水准测量的方法施测，附合路线长度不应超过 2km，高差闭合差不大于 $\pm40\sqrt{L}$ mm（L 为路线以 km 计的长度），测站视距不超过 150m。相邻各桩距离不远、高差不大时，可一站测定多个桩点的高程（地面高），中间各个不用作传递高程的桩点称中视点。施测时，每一测站上先读取后视、前视水准点或转点的尺上读数，读数读到毫米，然后在读取两转点间所有中间点的读数，读数读到厘米。转点尺应立在尺垫、桩顶或坚石上。施测过程中随时计算出各中桩地面高程、转点高程，每完成一测段，立即计算该段的高程闭合差，若高差闭合差超限，必须返工重测该测段。若不超限，则闭合差不必调整，中桩高程仍采用原计算的中桩地面高程。

每一测站各项计算按下列公式进行：

$$视线高程＝后视点高程＋后视读数$$
$$中桩高程＝视线高程－中视读数$$
$$转点高程＝视线高程－中视读数$$

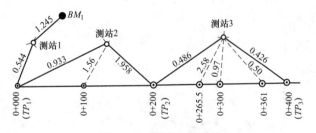

图 9–11 纵断面测量

（2）绘制渠道纵断面图。以里程桩和加桩高程作为纵坐标，用里程桩和加桩的里程作为横坐标，按比例绘制。由于里程桩上的高程变化相对于里程桩的水平距离变化较小，为了使纵断面图更直观，纵坐标比例尺比横坐标比例尺大 10～20 倍，一般纵坐标比例尺采用 1:100、1:200、1:500 等，横坐标比例尺可采用 1:1000、1:2000、1:5000、1:10 000 等。因为里程桩高程的数值比较大，但地面起伏变化较小，所以在图纸上编辑高程数值时，可以选择某一高程作为起始线，而不必从零开始。可根据水准测量记录中最低高程或设计最低高程定为起始高程。具体绘制步骤与其他线路的纵断面图基本一致。除了地面线和设计线外，图标部分自上而下依次为设计坡度、地面高程、设计高程、挖深、填高、里程等栏目。图与相应数据相互对照，既清楚明了，又便于施工时查用，如图 9–12 所示。

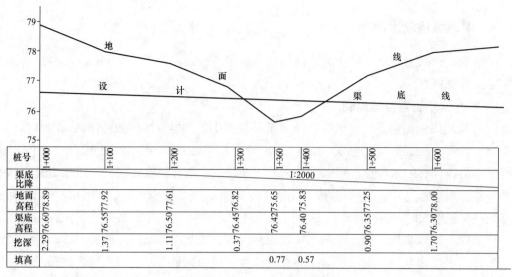

图 9-12　渠道纵断面图

2. 渠道横断面测量与绘制

（1）渠道横断面测量。渠道横断面测量是在里程桩和加桩位置上，测定垂直于渠线方向的各坡度变化点对桩位地面的平距和高差。一般横断面测量的宽度依渠道宽度大小而定，多为 10～50m。首先用目估法或十字架标定与渠道垂直的断面方向，然后测出坡度变化点间的距离和高差，即从里程桩或加桩起，左右两侧分别采用平置法、水准仪法或经纬仪法测量相邻地面点的平距和高差。

规定面向渠道里程桩增加的方向其左边称为左方，其右边称为右方，如图 9-13 所示。并把所有横断面所测的结果按桩号列表记录，见表 9-1。

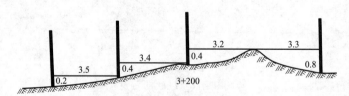

图 9-13　横断面测量

表 9-1　　　　　　　　　　　　　各桩号横断面测量数据

左侧	高差/距离		桩号/高程	右侧	高差/距离	
$\frac{-2.3}{16.1}$	$\frac{-0.9}{7.6}$	$\frac{-0.3}{2.5}$	$\frac{0+00}{80.56}$	$\frac{+0.5}{4.5}$	$\frac{+0.9}{5.8}$	$\frac{+11}{15.9}$
$\frac{1.4}{16}$	$\frac{+1.8}{10.5}$	$\frac{+0.3}{4.5}$	$\frac{0+10}{79.35}$	$\frac{+0.1}{3.3}$	$\frac{+1.4}{8.5}$	$\frac{+1.6}{16.2}$

（2）绘制渠道横断面图。以平距各坡度变化点与中桩之间的平距作为横坐标，与中桩地面点之间的高差作为纵坐标。为计算面积方便，图上平距和高程通常采用同一比例尺，

一般为 1:100、1:200。如图 9-14 所示是由表 9-1 中的横断面测量数据绘制的两个横断面图。绘制横断面图时先在适当位置标定桩点，并注上桩号和高程，然后以桩点为中心，横向代表平距，纵向代表高差，根据所测成果标出各断面点位置，直线连接各点即可。

9.2.4　土方计算

纵、横断面图绘制完毕后就可进行土方计算。土方计算是经济核算与合理分配劳动力的重要依据。

在计算土方时，先根据在纵断面图上已算出的各里程桩和加桩的挖深或填高数字，分别在其横断面图上从中线桩开始按比例量取相应的填挖高度，画出渠底中心位置，然后画出渠道设计横断面。如图 9-15 所示为渠道设计横断面和原地面横断面的示意图。

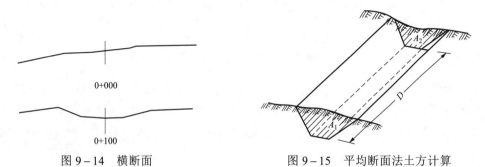

图 9-14　横断面　　　　　　　　图 9-15　平均断面法土方计算

计算土方最简单的办法是平均断面法，其计算公式为：

$$V_{挖} = \frac{1}{2}(A_1 + A_2) \times D$$

$$V_{填} = \frac{1}{2}(A_1' + A_2') \times D$$

（9-3）

式中　A_1、A_2——相邻二横断面的挖方面积；

　　　A_1'、A_2'——相邻二横断面的填方面积；

　　　D——相邻二横断面间的距离。

横断面面积 A_1、A_2、A_1'、A_2' 一般用透明方格纸法量出，也可用几何图形计算求得，若是用 CAD 作图，则可以直接用查询面积功能求面积。

9.2.5　渠道施工放样

渠道施工放样的主要任务是在每个里程桩和加桩上将渠道设计横断面按尺寸在实地标定出来以便施工。其具体工作如下：

1. 标定中心桩的挖深或填高

施工前首先应检查中心桩有无丢失，位置有无变动。如发现有疑问的中心桩，应根据附近的中心桩进行检测，以校核其位置的正确性。如有丢失应进行恢复，然后根据纵断面图上所计算各中心桩的挖深或填高数，分别用红油漆写在各中心桩上。

2. 边坡桩的放样

渠道施工前要标定渠道设计断面边坡与地面的交点，为施工提供依据。根据设计横断面与原地面线的相交情况，渠道的横断面形式一般有三种：挖方断面、填方断面、挖填方断面，如图 9-16 所示。在挖方断面上需标出开挖线，填方断面上需标出填方的坡脚线，挖填方断面上既有开挖线也有填土线，这些挖、填线在每个断面处是用边坡桩标定的。所谓边坡桩，就是设计横断面线与原地面线交点的桩，在实地用木桩标定这些交点桩的工作称为边坡桩放样。

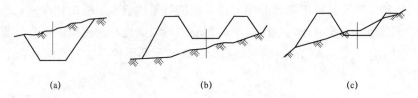

图 9-16　渠道的横断面形式

（a）挖方断面；（b）填方断面；（c）挖填方断面

在每一个整桩和加桩横断面图法上按设计尺寸套绘渠道横断面，然后直接从横断面图上量取边坡桩与中心桩的水平距离。为便于放样和施工检查，现场放样前先在室内根据纵、横断面图将有关数据制成表格，见表 9-2。根据放样数据在现场放出每一个断面的开口桩、坡脚桩。

表 9-2　　　　　　　　　　　　　渠道断面放样数据表　　　　　　　　　　　　　（m）

桩号	地面高程	设计高程		中心桩		中心桩至边坡桩的距离			
		渠底	渠堤	填高	挖深	左外坡脚	左内边坡	右内边坡	右外坡脚
0+000	77.31	74.81	77.31		2.50	7.38	2.78	4.40	—
0+100	76.68	74.76	77.26		1.92	6.84	2.80	3.65	6.00
0+200	76.28	74.71	77.21		1.57	5.62	1.80	2.36	4.15
⋮	⋮	⋮	⋮	⋮	⋮	⋮	⋮	⋮	⋮

3. 架设施工架

如图 9-17 所示是一个半挖半填断面，根据计算的放样数据在实地上标定出渠道左右两边的开口桩、堤内肩桩、堤外肩桩和外坡脚桩。在内、外堤肩桩位上按填方高度竖立竹竿，竹竿顶部分别系绳，绳的另一端分别扎紧在相应的外坡脚桩和开口桩上，形成一个渠道边坡断面，称为施工坡架。

施工坡架每隔一定距离设置一个，其他里程只需放出开口桩和外坡脚桩，并用灰线分别将各开口桩和坡脚桩连接起来，表明整个渠道的填挖范围。

4. 验收测量

为了保证渠道的修建质量，对于较大的渠道，在其修建过程中对已完工的渠段应及时进行检测和验收测量。渠道的验收测量一般是用水准测量的方法检测渠底高程，有时还需检测渠堤的堤顶高程、边坡坡度等，以保证渠道按设计要求完工。

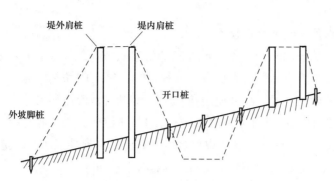

图 9-17　渠道断面边坡放样

9.3　河道测量

9.3.1　水位测量

1. 工作水位测量

如果作业时间短，河流水位比较稳定，可以直接测定水边线的高程作为计算水下地形点高程的起算依据。如果作业时间较长，河流水位变化不定时，则应设置水尺随时进行观测，以保证提供测深时的准确水面高程。

2. 同时水位测定

为了了解河段上的水面坡降，必须测定同时水位。对于较短河段，为了测定其上、中、下游各处的同时水位，可由几个人约定同一时间分别在这些地方打下与水面齐平的木桩，再用四等水准测量从临近的已知水准点引测确定各桩顶的高程，即得各处的同时水位。

在较长河段上，各处的同时水位通常由水文站或水位站提供。如果各站没有同一时刻的直接观测资料，可根据水位过程线和水位观测记录，按内差法求得同一时刻的水位。

3. 洪水调查测量

洪水位一般通过测定洪水痕迹高程来确定。洪水调查测量应选择适当河段进行，在选择河段时应注意以下几点：

（1）调查河段应当稍长，两岸最好有古老村落和若干易受洪水浸淹的建筑物。

（2）当为了满足某一工程设计需要进行洪水调查时，所调查河段尽量靠近工程地点。

（3）为了确保洪水流量推算的正确性，所调查河道应比较顺直，各处断面形状相近，有一定落差。同时应考虑无大的支流汇入，无分流和严重跑滩现象，不受建筑物大量引水、排水、阻水和变动回水的影响。

（4）在弯道处，由于水流受离心力的影响，凹岸水位往往高于凸岸水位而出现横比降。在调查时应在两岸多调查一些洪水痕迹，取两岸洪水位的平均值作为标准洪水位。

9.3.2　水深测量

水深测量的目的是利用水位与水深的差值求得水下地形点的高程。水深测量的常用工具有测深杆、测深锤和回声测声仪等。

测深杆一般用长 6～8m，直径 5cm 左右的竹竿制成。从杆底端起，以不同颜色相间标出每分米分划，整米处也标记。底部有一直径 10～15cm 的铁制底盘，用来防止测深时测杆下陷影响测深精度。一般测深杆使用在水深 5m 以内，流速和船速不大的情况下。测深锤也称水坨，由重 4～8kg 的铅锤和 10m 左右的测绳组成。铅球底部有一凹槽，测深时槽内涂上牛油，可以验证测锤是否到底也可黏取水底泥沙并判明其性质。测绳以分米为间隔，整米处扎以皮条。测深锤适用于水深 10m 以内，流速 1m/s 的河道测深。

回声测深仪是利用声波反射的信息测量水深的仪器。测深仪可根据声波在水中的传播速度和声波传播时间自动转换为水深并以数字或图像形式表示。假设声速 v，往返时间 t 和水深 h 的关系为：

$$h = vt/2 \qquad\qquad (9-4)$$

回声测深仪种类很多，按照使用要求不同，可分为便携式和固定式。按照显示方式可分为直读式和记录式。在使用时要注意两个主要问题：

（1）水温影响改正。考虑声速随温度变化，在测深时应进行水温改正。一般采取调整电机转速，使测深时的转速 n 适应于现场水温下的声速 v，达到自动改正以求得正确水深的目的。

（2）换能器的安置。由于水中气泡能阻止和吸收超声波，为避免气泡干扰，换能器应固定在离开船头为船长 1/3～1/2 处，浸入水面 0.5m 左右。此时在所测水深中应加入换能器的吃水深度。

9.3.3 河道纵横断面及水下地形图测绘

1. 河道横断面图测绘

（1）断面基点的测定。断面基点是指代表河道横断面位置并用作测定断面点平距和高程的测站点。在进行河道横断面测量之前，首先沿河布设一些断面基点，并测定它们的平面位置和高程。

通常利用已有地形图上的明显地物点作为断面基点，对照实地按序号打桩标定，不在另行测定其平面位置。对于无明显地物可作断面基点的横断面可利用支导线测量这些基点的平面位置，并将它们展在地形图上。

在无地形图利用的河道上，可沿河的一岸每隔 50～100m 布设一个断面基点，所有基点尽量与河道主流方向平行并编号如图 9-18 所示，相邻基点间测距。为便于测绘水下地形图，在转折点上观测水

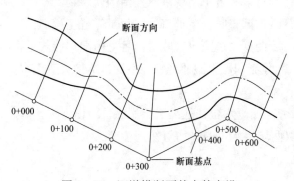

图 9-18　河道横断面基点的布设

平角按导线计算各断面点的坐标。

按照等外水准测量从邻近的水准点引测断面基点和水边点的高程。如果沿河没有已知水准点，可先沿河按四等水准要求每隔 1～2km 设置一个水准点。

（2）横断面方向的确定。在断面基点上安置经纬仪（或全站仪），照准与河岸主流垂直的方向，倒转望远镜在本岸标定一点作为横断面后视点，如图 9–19 所示。在实地测量中可测定相邻断面点连线和河道主流方向的夹角，便于在平面图上标出横断面方向。

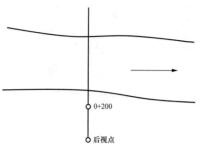

图 9–19 横断面方向的标定

（3）陆地部分横断面测量。在断面基点上安置经纬仪（或全站仪），照准断面方向，用视距法依次测定水边点、地形变换点和地物点至测站点的平距和高差，计算出高程。在平缓的均坡断面上，应保证图上 1～3cm 有一个断面点。对于不可到达处的断面点可利用前方交会等方法确定。

（4）水下部分横断面测量。水下断面点的高程可根据水深和水面高程计算，其密度依河面宽度和设计要求而定，通常应保证图上 0.5～1.5cm 有一个断面点，并且不要漏测深泓线点。测定点位平面位置方法有极坐标法、角度交会法、断面索法和动态 GNSS 法。

1）极坐标法。当测船到达测点时，竖立标尺或棱镜，向断面基点发出信号并双方各自同时进行有关测量和记录，确保观测成果与点号相符。断面基点可用经纬仪测视距、竖直角和中丝读数，利用全站仪直接测定距离、高程，测船位置测定水深并将所测水深按点号转抄到测站记录手簿中。

2）角度交会法。由于河面较宽或其他原因不便进行距离测量时，可以采用角度交会法测定水深点至基点的距离，如图 9–20 所示。由断面基点量出一条基线 b，测定基线与断面方向的夹角 α。将经纬仪（或全站仪）安置在 B 点，照准断面基点并置水平度盘为 0°00′00″。当测船到达测点发出信号后，读取水平角 β，然后按式（9–5）解算测点到断面基点的距离。

$$D = \frac{b \cdot \sin \beta}{\sin(\alpha + \beta)} \tag{9–5}$$

3）断面索法。如图 9–21 所示，先在断面方向靠两岸水边打下定位桩，在两桩间水平拉一条断面索，以一个定位桩作为断面索零点，从零点起每隔一定间距系一布条，在布条上写明其至零点的距离。沿断面索测深，根据索上的距离加上定位桩至断面基点的距离即地水深点至基点的距离。

4）动态 GNSS 法。随着 GNSS 技术的不断发展，特别是 RTK 技术的出现，使得水上测量可以采用 GNSS 无验潮方式进行工作（RTK 方式）成为可能。RTK 是能够在野外实时得到厘米级定位精度的测量方法，它采用了载波相位动态实时差分方法。水深测量的作业系统主要由 GNSS 接收机、数字化测深仪、数据通信链和便携式计算机及相关软件等组成。测量作业分三步来进行，即测前的准备、外业的数据采集测量作业和数据的后处理。实践

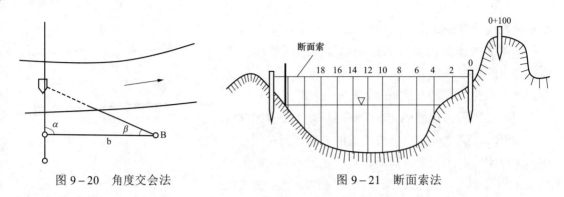

图 9-20　角度交会法　　　　　　　　　图 9-21　断面索法

证明 RTK 高程是可靠的,在作业之前可以把使用 RTK 测量的水位与人工观测的水位进行比较,判断其可靠性。为了确保作业无误,可从采集的数据中提取高程信息绘制水位曲线(由专用软件自动完成)。根据曲线的圆滑程度来分析 RTK 高程有没有产生个别跳点,然后使用圆滑修正的方法来改善个别错误的点。

利用 RTK 技术进行水深测量,使得水深测量这项工程变得简单、方便、快捷、轻松、高效、经济。

(5)河道横断面图的绘制。河道横断面图横向表示平距,比例尺一般为 1:1000 或 1:2000;纵向表示高程,比例尺一般为 1:200 或 1:100。绘制时应当注意左岸必须绘在左边,右岸必须绘在右边。在横断面图上绘出工作水位线,调查了洪水位的地方应绘出洪水位线,如图 9-22 所示。

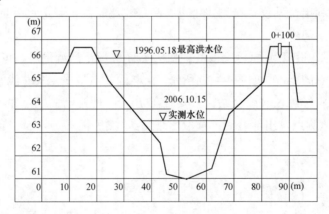

图 9-22　河道横断面图

2. 河道纵断面图测绘

河道纵断面图是利用已收集到的河流水下地形图、横断面图和水文、水位资料进行编制的。根据各个横断面的里程桩号及河道深泓点、岸边点、堤顶点等的高程绘制而成。横向表示河长,比例尺为 1:1000~1:10 000;纵向表示高程,比例尺为 1:100~1:1000。

河道纵断面的内容可根据设计工作的需要具体确定。一般包括河流中线自河流上游或下游算的累计里程、河流沿深泓点的断面上的左右岸边点、左右堤顶的高程、同时水位和最高洪水位;沿河流两岸的居民地、工矿企业;公路、桥梁、铁路的位置及顶部高程,其他水利设施和建筑物关键部位的高程；沿河两岸的水文站、水位站、支流和入口，两岸堤坝；河流中的险滩、瀑布和跌水等。在图中还应注明河道各部分所在的图幅编号等，如图 9-23 所示。

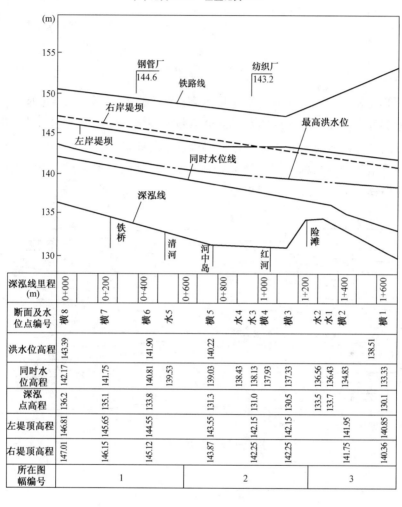

图 9-23　河道纵断面图

3. 水下地形图测绘

（1）水下地形点的布设。地形点布设的方法主要包括断面法和散点法，如图 9-24 所示。采用断面法时，一般测深断面的方向与河流或河岸线垂直；在河道转弯处，必然形成扇形。在流速大、险滩多的河流中，要求测船始终沿着测深断面方向较困难，可采用散点法布点。

（2）水下地形点的密度要求。水下地形点的密度应以能显示出水下地形特征为原则，点距保证图上 1~3cm。沿河道纵向可以稍稀，横向应当较密；中间可以稍稀，近岸应当稍密，但必须探测到河床最深点。

139

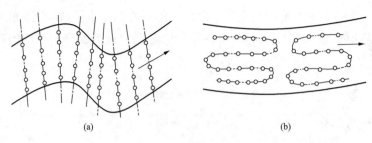

图 9-24　水下地形点的布设方式

（a）断面法；（b）散点法

（3）水下地形图的测绘。水下地形采用等高线或等深线表示。水下地形点点位比较自由，测量的方法可采用前边所介绍的水下部分横断面测量中任一种方法。数据记录必须保证正确。在绘制之前，应对所有外业观测资料进行汇总和检查。检查完成后，根据工作水位和所测水深算出各测点高程；依据测点与河岸控制点间的几何关系定出测点位置，再用比例内插法线勾绘水下等高线，如图 9-25 所示。

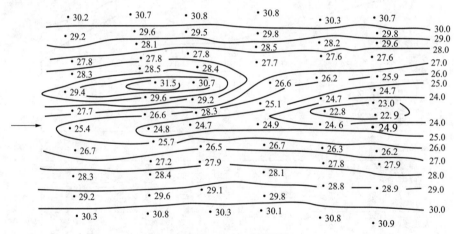

图 9-25　水下地形图

 思考题

1. 垂直于坝轴线的控制线测设步骤？

2. 什么是渠道中线测量？

3. 渠道测量中勘查选线的原则有哪些？

4. 渠道纵断面测量的具体步骤是什么？

5. 如何测绘河道横断面图？

6. 什么是水下地形测量？

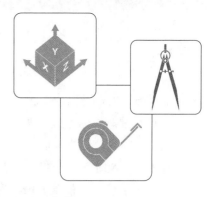

第 10 章
工业与民用建筑工程测量

10.1　建筑场地上的施工控制测量

10.1.1　建筑施工测量概述

施工测量指的是在各种工程建设的施工阶段和运营初期阶段进行的测量工作，其目的就是根据设计图纸上的建筑物、构筑物的平面位置和高程，按要求以一定的精度在地面上或不同的施工部位进行测设，设置明显标志作为施工依据，并在施工过程中进行一系列的测量工作。

1. 建筑施工测量的主要内容

施工测量贯穿于整个施工过程，其主要内容如下：

（1）施工前建立施工控制网。

（2）场地平整、建（构）筑物的测设、基础施工、建筑构件安装定位等测量工作。

（3）检查、验收工作。如：每道施工工序完成后，都要通过测量检查工程各部分的实际位置和高程是否符合要求。根据实测验收的记录编绘竣工图，作为验收时鉴定工程质量和工程运营管理的依据。

（4）变形观测工作。对于大中型建筑物，随着工程进展，测定建筑物在水平位置和高程方面的位移，收集整理各种变形资料，确保工程安全施工和正常运行。

2. 建筑施工测量的特点

由于建筑施工测量工作特殊性，其有以下特点：

（1）施工控制网的精度要求应以工程建筑物建成后的允许偏差，即建筑限差来确定。一般来说，施工控制网的精度高于测图控制网的精度。

（2）测设精度的要求取决于建（构）筑物的大小、材料、用途和施工方法等因素。一般高层建筑物的测设精度高于低层建筑物，钢结构厂房的测设精度高于钢筋混凝土结构厂房，装配式建筑物的测设精度高于非装配式建筑物。

（3）施工测量工作应满足工程质量和工程进度要求。测量人员必须熟悉图纸，了解定位依据和定位条件，掌握建筑物各部件的尺寸关系与高程数据，了解工程全过程，及时掌握施工现场变动，确保施工测量的正确性和即时性。

（4）各种测量标志必须埋设在能长久保存，便于施工的位置，妥善保护，经常检查。施工现场工种多，交叉作业频繁，并有土、石方填挖和机械振动，尽量避免测量标志破坏。如有破坏，应及时恢复，并向施工人员交底。

（5）为了保证各种建筑物、管线等的相对位置能满足设计要求，便于分期分批进行测设和施工，施工测量必须遵守：布局上从整体到局部，精度上从高级到低级，工作程序上先控制后碎部。

10.1.2 建筑场地上施工平面控制测量

与勘测阶段的测图控制网相比，建筑场地上施工控制网有如下特点：

（1）控制点的密度大，精度要求较高，使用频繁，且受施工干扰多。这就要求控制点的位置应分布合理、稳定、使用方便，并能在施工期间保持桩点不被破坏。因此，控制点的选择、测定及桩点的保护等各项工作，应由施工方案、现场布置等因素统一考虑确定。

（2）在施工控制测量中，局部控制网的精度要求往往比整体控制网的精度高。如有些重要厂房的矩形控制网，精度常高于整个工业场地的建筑方格网或其他形式的控制网。在一些重要设备安装时，也经常要求建立高精度的专门的施工控制网。因此，大范围的控制网只是给局部控制网传递一个起始点的坐标和起始方位角，而局部控制网可以布设成自由网形式。

1. 建筑场地上施工平面控制网的形式

施工平面控制网经常采用的形式有三角网、导线网、建筑基线或建筑方格网。平面施工控制网的布设应综合考虑建筑总平面图和施工地区的地形条件、已有测量控制点情况及施工方案等，并以此确定布网形式。对于地形起伏较大的山区和丘陵地区，宜采用三角网或边角网形式布设控制网；对于地形平坦，通视条件困难的地区，如改、扩建的施工场地，或建筑物分布很不规则时，可采用导线网；对于地形平坦而简单的小型建筑场地，常布置一条或几条建筑基线，组成简单的图形作为施工放样的依据；对于地势平坦、建筑物分布比较规则和密集的大、中型建筑施工场地，一般布设建筑方格网。

采用三角网作为施工控制网时，常布设两级。一级为基本网，以控制整个场地为主，可按城市测量规范的一级或二级小三角测量技术要求建立；另一级为测设三角网，它在基本网上加密，直接控制建筑物的轴线及细部位置。当场区面积较小时，可采用二级小三角网一次布设。

采用导线网作为施工控制网时，也常布设成两级。一级为基本网，多布设成环形，可按城市测量规范的一级或二级导线测量的技术要求建立；另一级为测设导线网，以用来测设局部建筑物，可按城市二级或三级导线的技术要求建立。

2. 建筑基线

（1）施工坐标系统。在设计和施工部门，为了工作方便，建筑物的平面位置常采用一种独立坐标系统，称为施工坐标系（也称建筑坐标系）。施工坐标系通常与建筑物的主轴线方向或主要道路、管线方向一致，坐标原点设在设计总平面图的西南角上，纵轴记 A 轴，横轴记 B 轴。

如果建筑基线或建筑方格网的施工坐标系与测图坐标系不一致，则在测设前应将建筑基线或建筑方格网主点的施工坐标换算成测图坐标，然后再进行测设。如图 10-1 所示，$A-o-B$ 为施工坐标系，$X-O-Y$ 为测图坐标系，设 P 点是建筑基线的主点，它在施工坐标系中坐标是 A_p、B_p，x_o、y_o 是施工坐标原点在测图坐标系中的坐标，α 为 X 轴和 A 轴的夹角。P 点的施工坐标化为测图坐标，公式如下：

$$\left.\begin{array}{l} x_p = x_o + A_p \cos\alpha - B_p \sin\alpha \\ y_p = y_o + A_p \sin\alpha + B_p \cos\alpha \end{array}\right\} \quad (10-1)$$

（2）建筑基线的布设要求。建筑基线是建筑场地施工控制的基准线。一般是由纵向的长轴线和横向的短轴线组成，适用于总平面图布置比较简单的小型建筑物。根据建（构）筑物的分布、场地情况，建筑基线通常布设形式有"一"字形、"L"形、"丁"字形和"十"字形，如图 10-2 所示。

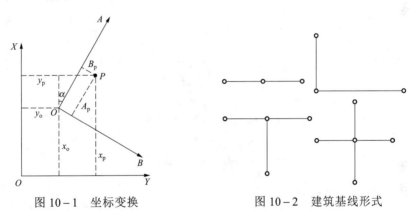

图 10-1 坐标变换　　　　　图 10-2 建筑基线形式

建筑基线布设的要求如下：

1）主轴线应尽量位于建筑区中心、中央通道的边沿上，其方向应与主要建筑物的轴线平行。为检查建筑基线的点位有无变动，主轴线上的主轴点（定位主轴线的点）数不应少于 3 个，边长 100～400m。

2）基线点位应选在通视良好、不易破坏、易于保存的地方，并埋设永久性混凝土桩。

（3）建筑基线的测设。根据建筑场地的情况不同，建筑场地的测设方法主要有以下两种：

1）根据建筑红线确定基线。在老建筑区，城市规划部门测设的建筑用地边界线（建筑红线）可作为测设建筑基线的依据。如图 10-3 所示，M、O、N 是建筑红线桩，A、B、C 是选定的建筑基线点。如果建筑基线和建筑红线平行，$\angle N = 90°$，可在现场利用经纬仪（或全站仪）和钢尺推出平行线，得到建筑基线。标定点位后，在 A 点安置经纬仪（或全站仪），精确观测 $\angle BAC$，若角值与 $90°$ 之差超过 $\pm 20''$，则应对 A、B、C 点按水平角精确测设的方法进行调整。

2）根据测图控制点测设。测设前，利用式（10-1）将施工坐标化为测图坐标，求得图 10-4 中 A、B、C 三个建筑基线点的测图坐标，计算测设基线点数据，通常采用极坐标放样方法，在实地定出基线点点位。由于测量误差的存在，三个基线点往往不在同一条直线上，如图 10-5 中的 A'、B'、C' 点。尚需在 B' 点安置经纬仪（或全站仪），精确测定出 $\angle A'B'C'$。若此角与 $180°$ 之差超过 $\pm20''$，则应对点位进行调整。调整时，将 A'、B'、C' 点沿与基线垂直的方向移动相等的调整值 δ，其值按式（10-2）计算。

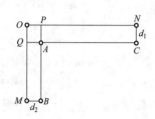
图 10-3 根据建筑红线测设建筑基线

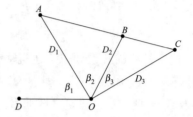
图 10-4 根据控制点测设建筑基线

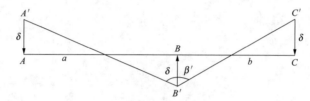
图 10-5 基线点的调整

$$\delta = \frac{ab}{a+b}\left(90° - \frac{1}{2}\angle A'B'C'\right)\frac{1}{\rho''} \tag{10-2}$$

式中　ρ''——常数，$206\,265''$；

　　　δ——各点的调整值，m；

　a、b——AB、BC 的长度，m。

当 $\angle A'B'C' < 180°$ 时，δ 为正值，B' 点向下移动，A'、C' 点向上移动；若 $\angle A'B'C' > 180°$ 时，δ 为负值，B' 点向上移动，A'、C' 点向下移动；此项调整反复进行，直至误差在允许范围之内。并且利用钢尺检查 AB、BC 的距离，若丈量长度与设计长度的相对误差大于 $1/10\,000$，则以 B 点为准，按设计长度调整到 A、B 两点的距离。

3. 建筑方格网

（1）建筑方格网的布设要求。建筑场地的施工平面控制网布设成与建筑物主要轴线平行或垂直的矩形、正方形格网形式，称为建筑方格网，如图 10-6 所示。建筑方格网中的两组互相垂直的轴线组成建筑坐标系，便于用直角坐标法对各建筑物定位且精度高。

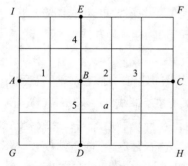
图 10-6 建筑方格网

布设建筑方格网时，应根据建筑物、道路、管线的分布，结合场地的地形等因素，先选定主轴线点，再全面布设方格网。

布设要求与建筑基线基本相同，还应考虑以下几个方面：

1）主轴线点应接近精度要求较高的建筑物。

2）方格网的轴线应严格垂直，方格网点之间应能长期保持通视。

3）在满足使用的情况下，方格网点数应尽量少。

4）当场区面积较大时，方格网常分两级。首级可采用"十"字形、"口"字形或"田"字形，然后再加密方格网。

（2）建筑方格网的测设

1）主轴线点的测设。首先根据原有控制点坐标和主轴线点坐标计算出测设数据，然后测设主轴线点。如图 10-7所示，按建筑基线点测设的方法先测设长主轴线 *ABC*，然后测设与 *ABC* 垂直的另一主轴线 *DBE*。测设主轴线 *DBE* 的步骤如下：在 *B* 点安置经纬仪（或全站仪），瞄准 *C* 点，顺时针依次测设 90°、270°，并根据主轴点间的距离，在地面上定出 *E'*、*D'* 两点。精确测出 ∠*CBD'* 和 ∠*CBE'* 与90°之差。若较差超过 ±10″，按式（10-3）计算方向调整值 *D'D* 和 *E'E*。

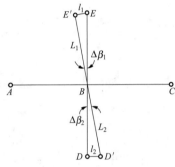

图 10-7　主轴线的调整

$$l_i = L_i \times \Delta \beta_i'' / \rho''$$ （10-3）

将 *D'* 点沿垂直于 *BD* 方向移动 $D'D = l_2$ 距离，*E'* 点沿垂直于 *BE* 方向移动 $E'E = l_1$ 距离。$\Delta \beta_i$ 为正时，逆时针改正点位；反之，顺时针改正点位。改正点位后，应检测两主轴线交角与90°的较差是否超限。另外需校核主轴线点间的距离，一般精度应达到 1/10 000。

2）方格网点的测设。如图 10-6所示，沿纵横主轴线精密丈量各方格网边长，定出1、2、3、4等点，并按设计长度检核，精度应达到 1/10 000。然后将经纬仪（或全站仪）分别安置在2、5点处，精确测出 90°，用交会法定出方格网点 *a*，标定点位。同法可测设其余方格网点，校核后埋设永久性标志。

10.1.3　建筑场地上施工高程控制测量

对施工场地高程控制网要求：一是水准点的密度应尽可能使在施工场地放样时，安置一次仪器即可测设所有高程点。二是在施工期间，高程点的位置应保持稳定。当场地面积较大时，高程控制网可分为首级网和加密网两级，相应的水准点称为基本水准点和施工水准点。

1. 基本水准点

作为首级高程控制点，基本水准点用来检核其他水准点高程是否有变动，其位置应设在不受施工影响、无震动、便于施工、能永久保存的地方，并埋设永久性标志。在一般建筑场地，通常埋设三个基本水准点，布设成闭合水准路线，按城市四等水准测量要求进行施测。对于为连续性生产车间、地下管道测设而设立的基本水准点，需要采用三等水准测量要求进行施测。

2. 施工水准点

施工水准点直接用来测设建筑物的高程。为了使用方便和减少误差，施工水准点应尽量靠近建筑物。对于中、小型建筑场地，施工水准点应布设成闭合路线或附合路线，并根据基本水准点按城市四等水准或图根水准要求进行测量。

为便于施工放样，在每栋较大的建筑物附近，还要测设幢号或±0.000水平线，其位置多选在较稳定的建筑物外墙立面或柱的侧面，用红漆绘成上边为水平线的"▼"形。

10.2 一般民用建筑施工测量

10.2.1 建筑物测设前的准备工作

在施工测量之前，应先检校所使用的测量仪器设备。根据施工测量需要，做好以下准备工作：

1. 熟悉、校对图纸

设计图纸是施工测量的依据，测量人员应了解工程全貌和对测量的要求，熟悉与放样有关的建筑总平面图、建筑施工图和结构施工图，并检查总尺寸是否与各部分尺寸之和相符，总平面图和大样详图尺寸是否一致。

2. 校核定位平面控制点和水准点

对建筑场地上的平面控制点，使用前必须检查、校核点位是否正确，实地检测水准点高程。

3. 制定测设方案

考虑设计要求、控制点分布、现场和施工方案等因素，选择测设方法，制定测设方案。

4. 准备测设数据

（1）从建筑总平面图上，查出或计算出设计建筑物与原有建筑物、测量控制点之间的平面尺寸和高差，并以此作为测设建筑物总体位置的依据。

（2）在建筑物平面图上，查取建筑物的总尺寸和内部各定位轴线之间的尺寸。它是施工测量的基础资料。

（3）从基础平面图上，查出基础边线与定位轴线的平面尺寸，以及基础布置与基础剖面的位置关系。

（4）从基础详图（基础大样图）上，查取基础立面尺寸、设计标高，以及基础边线与定位轴线的尺寸关系。它是基础高程测设的依据。

（5）从建筑物的立面图和剖面图上，查取基础、地坪、楼板等设计高程。它是高程测设的主要依据。

5. 绘制测设略图

根据设计总平面图和基础平面图绘制的测设略图。如图 10-8 所示，图上要标定拟建建筑物的定位轴线间的尺寸和定位轴线控制桩。

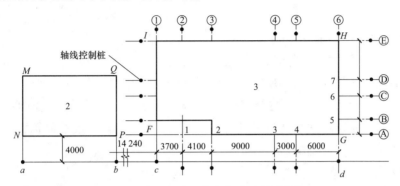

图 10-8　建筑物的定位和放线略图

10.2.2　场地平整测量

施工场地确定后，为了保证生产运输有良好的联系及合理地组织排水，一般要对场地的自然地形加以平整改造。平整场地通常采用"方格网法"，具体步骤可参考第 7 章。

10.2.3　建筑物主轴线定位测量

一般建筑物的轴线是指墙基础或柱基础沿纵轴方向布置的中心线。这里将控制建筑物整体形状的纵横轴线或起定位作用的轴线称为建筑物的主轴线，多指建筑物外墙轴线，外墙轴线的交点称为角桩。所谓定位就是把建筑物的主轴线交点标定在地面上，并以此作为建筑物放线的依据。由于设计条件不同，定位方法也不同，一般包括下面几种。

1. 根据与现有建筑物的关系位置放样主轴线

如图 10-8 所示，欲将 3 号拟建房屋外墙轴线交点测设于地面上，其步骤如下：

（1）用钢尺紧贴已建的 2 号房屋的 MN 和 PQ 边，各量出 4m（距离大小根据实地地形而定），得 a、b 两点，打入木桩，桩顶钉上铁钉标志。

（2）把经纬仪安置在 a 点，瞄准 b 点，沿 ab 方向量取 14.240m，得 c 点，再继续量取 25.800m，得 d 点。

（3）将经纬仪分别安置在 c、d 两点上，再瞄准 a 点，按顺时针方向精确测设 90°，并沿此方向用钢尺量取已知距离，得 F、G 两点，再继续量取一段已知距离，得 I、H 两点。F、G、H、I 四点即为拟建房屋外墙轴线的交点。用钢尺检测各角桩之间的距离，其值与设计长度的相对误差不应超过 1/2000。如房屋规模较大，则不应超过 1/5000。在四个交点上架设经纬仪检测各个直角，与 90° 之差不应超过 ±40″，否则应进行调整。

2. 根据"建筑红线"放样主轴线

在城镇建造房屋时，要按统一规划进行，建设用地边界或建筑物轴线位置由规划部门的拨地单位于现场直接测定。拨地单位直接测设的建筑用地边界点，称"建筑红线"桩。若建筑线与建筑物的主轴线平行或垂直，可利用直角坐标法放样主轴线，并检核各纵横轴线间的关系及垂直性。然后，还要在轴线的延长线上加打引桩，以便开挖基槽后作为恢复轴线的依据。

3. 根据建筑方格网放样主轴线

通过施工控制测量建立了建筑方格网或建筑基线后，根据方格网和建筑物坐标，利用直角坐标法就可以定出建筑物的主轴线，最后检核各顶点边、角关系及对角线长。一般角度误差不超过±20″，边长误差根据放样精度要求来决定，一般不低于1/5000。此方法测设的各轴线点均设在基础中间，在挖基础时，大多数要被挖掉。因此在建筑物定位时，要在建筑物边线外侧定一排控制桩。

4. 根据控制点放样主轴线

在山区或建筑场地障碍物较多的地方，一般采用布设导线点或三角点作为放样的控制点。可根据现场情况，利用极坐标法或角度交会法放样建筑物轴线。

10.2.4 建筑物放线

建筑物放线是指根据已定位的建筑物主轴线交点桩详细测设出建筑物各轴线的交点桩（或称中心桩），然后根据交点桩用白灰撒出开挖边界线。其方法如下：

1. 在外墙轴线周边上测设中间轴线交点桩

如图10-8所示，将经纬仪安置在F点上，瞄准G点，用钢尺沿FG方向量出相邻两轴线间的距离，定出1、2、…各点。量距精度应达到1/2000～1/5000。丈量各轴线间距离时，为了避免误差积累，钢尺零端应始终在一点上。

由于基槽开挖后，角桩和中心桩将被挖掉，为了便于在施工中恢复各轴线位置，应把各轴线延长到槽外安全地点，并做好标志。其方法有设置轴线控制桩和龙门板两种。

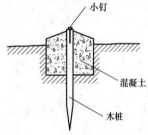

图10-9　轴线控制桩

2. 测设轴线控制桩（引桩）

如图10-8所示，将经纬仪安置在角桩上，瞄准另一个角桩，沿视线方向用钢尺向基槽外量取2～4m，打入木桩，用小钉在木桩顶准确标志出轴线位置，并用混凝土包裹木桩，如图10-9所示。如有条件也可把轴线引测到周围原有的地物上，并做好标志，以此来代替引桩。

3. 设置龙门板

在一般民用建筑中，常在基槽开挖线以外一定距离处设置龙门板，如图10-10所示，其设置步骤和要求如下：

（1）在建筑物四角和中间定位轴线的基槽开挖线外1.5～3m处（根据土质和基槽深度而定）设置龙门桩，桩要钉的竖直、牢固，桩外侧应与基槽平行。

（2）根据场地内水准点，用水准仪将±0.000的标高测设在每一个龙门桩的侧面，用红笔划一横线。

（3）沿龙门桩上测设的±0.000 线钉设龙门板，使板的上缘恰好为±0.000。若现场条件不允许时，也可测设比±0.000 高或低一整数的高程，测设龙门板的高程允许误差为±5.0mm。

（4）如图 10-10 所示，将经纬仪安置在 F 点，瞄准 G 点，沿视线方向在 G 点附近的龙门板上钉出一点，钉上小钉标志（也称轴线钉）。倒转望远镜，沿视线在 F 点附近的龙门板上钉一小钉。同法可将各轴线引测到各自的龙门板上。引测轴线点的误差小于±5.0mm。

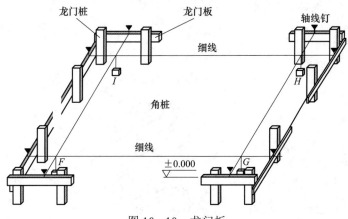

图 10-10　龙门板

（5）用钢尺沿龙门板顶面检查轴线钉之间的距离，其精度应达到 1/2000～1/5000。经检核合格后，以轴线钉为准，将墙边线、基础边线、基槽开挖边线等标定在龙门板上。标定基槽上口开挖宽度时，应按有关规定考虑放坡的尺寸要求。

4. 撒出基槽开挖边界白灰线

在轴线两端，根据龙门板标定的基槽开挖边界标志拉直线绳，并沿此线绳撒出白灰线，施工时按此线进行开挖。

10.2.5　建筑物基础工程施工测量

建筑物基础工程测量主要是控制基坑（槽）宽度、坑（槽）底和垫层的高程等。涉及的主要工作如下：

1. 控制基槽开挖深度

在即将挖到槽底设计标高时，用水准仪在槽壁各拐角和每隔 3～5m 的地方测设一些水平小木桩（又称水平桩，如图 10-11 所示），使木桩的上表面离槽底设计标高为一个固定值，用以控制挖槽深度。为了方便施工，必要时可沿水平桩的上表面拉白线或向槽壁弹墨线，作为基坑内高程控制线。

2. 在垫层上投测基础墙中心线

基础垫层打好后，根据龙门板上的轴线钉或轴线

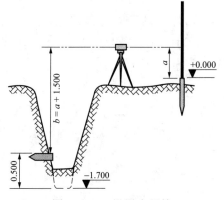

图 10-11　设置水平桩

控制桩，用经纬仪或拉线绳挂垂球的方法，把轴线投测到垫层上（见图 10-12），并用墨线弹出基础墙体中心线和基础墙边线，以便砌筑基础墙。

3. 基础墙体标高控制

房屋的基础墙（±0.000 以下的墙体）的高度是利用基础皮数杆来控制的。基础皮数杆是一根木制的杆子（见图 10-13），事先在杆上按照设计的尺寸，在砖、灰缝的厚度处划出线条，并标明±0.000、防潮层等的标高位置。立皮数杆时，先在立杆处打一木桩，用水准仪在木桩侧面定出一条高于垫层标高某一数值的水平线，然后将皮数杆上标明相同的一条线与木桩的同高水平线对齐，并用大铁钉把皮数杆和木桩钉在一起，作为基础墙砌筑时的依据。

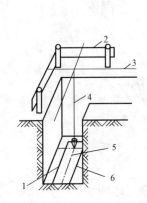

图 10-12　垫层上投测基础中心线

1—垫层；2—龙门板；3—细线；4—线锤；

5—墙中线；6—基础边线

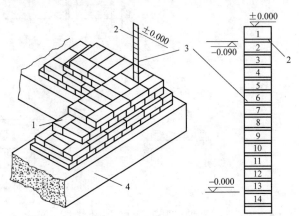

图 10-13　基础皮数杆的使用

1—大放角；2—防潮层；3—皮数杆；4—垫层

4. 基础墙顶标高检查

基础施工结束后，应检查基础墙顶面的标高是否符合设计要求。可用水准仪测出基础顶面若干点高程，并与设计高程比较，允许误差为±10mm。

10.2.6　砌墙身的测量工作

利用轴线引桩或龙门板上的轴线钉和墙边线标志，用经纬仪或拉线吊垂球的方法，将轴线投测到基础顶面或防潮层上，然后用墨线弹出墙中心线和墙边线。检查外墙轴线交角是否为直角。符合要求后，把墙轴线延伸并画在基础墙侧面，作为向上投测轴线的依据。同时把门、窗和其他洞口的边线也画在基础墙里面上。

在墙体施工中，墙身各部件也用皮数杆控制。墙身皮数杆上根据设计尺寸，在砖、灰缝厚度处划有线条，并标明±0.000、门、窗、楼板的标高位置，如图 10-14 所示。一般墙身砌筑 1m 高以后就在室内砖墙上定出 0.50m 的标高，并弹墨线标明，供室内地坪抄平和装修用。当第二层以上墙体施工中，可用水准仪测出楼板面四角的标高，取平均值作为本层地坪标高，并以此作为本层立皮数杆的依据。

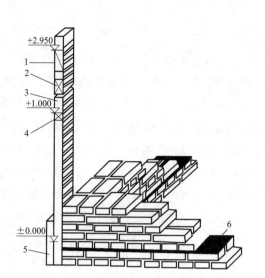

图 10－14　墙身各部件高程控制

1—二层地面楼板；2—窗口过梁；3—窗口；4—窗口出砖；5—木桩；6—防潮层

当精度要求较高时，可用钢尺沿墙身自±0.000 起直接丈量至楼板外侧，确定立杆标志。框架式结构的民用建筑，墙体砌筑是在框架施工结束后，可在柱面上刻线代替皮数杆。

10.3　工业厂房控制网和柱列轴线测设

10.3.1　工业厂房控制网的测设

工业建筑场地的施工控制网建立后，为了对每个厂房或车间进行施工放样，还需对每个厂房或车间建立厂房施工控制网。由于厂房多为排柱式建筑，跨度和间距大，所以厂房施工控制网多数布设成矩形，故也称厂房矩形控制网或简称厂房矩形网。

1. 布网前的准备工作

（1）了解厂房平面布置情况、设备基础的布置情况。

（2）了解厂房柱子中心线和设备基础中心线的有关尺寸、厂房施工坐标和标高等。

（3）熟悉施工场地的实际情况，如地形变化、放样控制点的应用等。

（4）了解施工的方法和程序，熟悉各种图纸资料。

2. 厂房控制网的布网方法

（1）角桩测设法。布置在基坑开挖范围以外的厂房矩形控制网的四个角点，称为厂房控制桩。角桩测设法就是根据工业建筑厂区的方格网，利用直角坐标法直接测设厂房控制网的四个角点（见图 10－15）。用木桩标定后，检查角点间的角度和距离关系，并做必要的误差调整。一般来说，角度误差不应超过±10″，边长误差不得超过 1/10 000。这种形式的厂房矩形控制

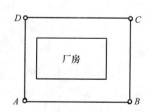

图 10－15　厂房矩形控制网

网适用于精度要求不高的中、小型厂房。

（2）主轴线测设方法。厂房主轴线指厂房长、短两条基本轴线，一般是互相垂直的主要柱列轴线或设备基础轴线。它是厂房建设和设备安装平面控制的依据。主轴线测设方法步骤如下：

1）首先根据厂区控制网定出厂房矩形网的主轴线，如图 10-16 所示。其中 A、O、B 为主轴线点，它们可根据厂区控制网或原有控制网测设，并适当调整使三点在一条直线上。然后在 O 点测设 OC 和 OD 方向，并进行方向改正，使两主轴线严格垂直，主轴线交角误差为 $\pm 3''\sim\pm 5''$。轴线方向调整好后，以 O 点为起点精密量距，确定主轴线端点位置，主轴线边长精度不低于 1/30 000。

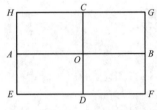

图 10-16　用主轴线测设厂房控制网

2）根据主轴线测设矩形控制网。如图 10-16 所示，分别在 A、B、C、D 处安置经纬仪，后视 O 点，测设直角，交会出 E、F、G、H 各厂区控制桩，然后再精密丈量 AH、AE、GB、BF、CH、CG、DE、DF，其精度要求与主轴线相同。若量距所得交点位置与角度交会所得点位置不一样，则应调整。

10.3.2　柱列轴线的测设和柱基施工测量

1. 柱列轴线的测设

根据厂房平面图上所注的柱间距和跨距尺寸，用钢尺沿矩形控制网各边量出各柱列轴线控制桩的位置，如图 10-17 中的 1′、2′、…，并打入大木桩，桩顶用小钉标出点位，作为柱基测设和施工安装的依据。丈量时应以相邻的两个距离指标桩为起点分别进行，以便检核。

2. 柱基定位和放线

（1）安置两台经纬仪，在两条互相垂直的柱列轴线控制桩上，沿轴线方向交会出各柱基的位置（即柱列轴线的交点），此项工作称为柱基定位。

（2）在柱基的四周轴线上，打入四个定位小木桩 a、b、c、d，如图 10-17 所示，其桩位应在基础开挖边线以外，比基础深度大 1.5 倍的地方，桩顶采用统一标高，并在桩顶用小钉标明中线方向，作为修坑和立模的依据。

（3）按照基础详图所注尺寸和基坑放坡宽度，用特制角尺，放出基坑开挖边界线，并撒出白灰线以便开挖，此项工作称为基础放线。

（4）在进行柱基测设时，应注意柱列轴线不一定都是柱基的中心线，而一般立模、吊装等习惯用中心线，此时，应将柱列轴线平移，定出柱基中心线。

3. 柱基施工测量

（1）基坑开挖深度的控制。当基坑挖到一定深度时，应在基坑四壁，离基坑底设计标高 0.5m 处，测设水平桩，作为检查基坑底标高和控制垫层的依据。此外还应在坑底边沿及中央打入小木桩，使桩顶高程等于垫层设计高程，以便在桩顶拉线打垫层，如图 10-18 所示。

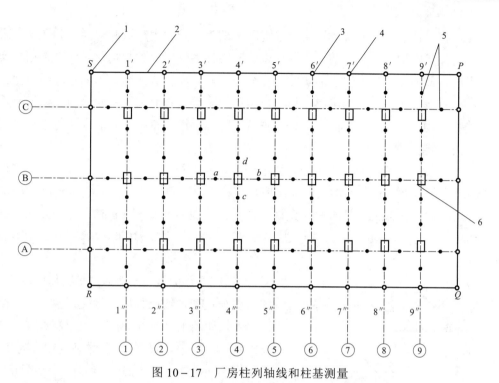

图 10-17　厂房柱列轴线和柱基测量

1—厂房控制桩；2—厂房矩形控制网；3—柱列轴线控制桩；4—距离指标桩；5—定位小木桩；6—柱基础

（2）杯形基础立模测量。杯形基础立模测量有以下三项工作：

1）基础垫层打好后，根据基坑周边定位小木桩，用拉线吊锤球的方法，把柱基定位线投测到垫层上，弹出墨线，用红漆画出标记，作为柱基立模板和布置基础钢筋的依据。

2）立模时，将模板底线对准垫层上的定位线，并用锤球检查模板是否垂直。

3）将柱基顶面设计标高测设在模板内壁，作为浇灌混凝土的高度依据。在支杯底模板时，顾及柱子预制时可能有超长的现象，应使浇灌后的杯底标高比设计标高略低 3～5cm，以便拆模后填高修平杯底，如图 10-19 所示。

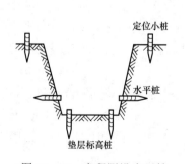

图 10-18　高程测设水平桩

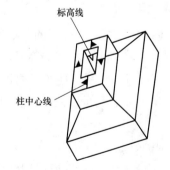

图 10-19　测设杯内标高

10.3.3　工业厂房构件的安装测量

在建筑工程施工中，为了缩短施工工期，确保工程质量，随着建筑工程施工机械化程度的提高，将以往所采用的现场洪涝钢筋混凝土改为工业化生产预制构件，并在施工现场安装主要构件。在构件安装之前，必须仔细研究设计图纸所给预制构件尺寸，查预制实物尺寸，考虑作业方法，使安装后的实际尺寸与设计尺寸相符或在容许的偏差范围以内。单层工业厂房主要是由柱子、吊车梁、吊车轨道、屋架等安装而成。从安装施工过程来看，柱子的安装最为关键，它的平面、标高、垂直度的准确性，将影响其他构件的安装精度。

1. 柱子安装测量

（1）柱子安装应满足的基本要求。柱子中心线应与相应的柱列轴线一致，其允许偏差为±5mm。牛腿顶面和柱顶面的实际标高应与设计标高一致，其允许误差为±（5～8mm），柱高大于 5m 时为±8mm。柱身垂直允许误差为：当柱高不大于 5m 时为±5mm；当柱高为 5～10m 时，为±10mm；当柱高超过 10m 时，则为柱高的 1/1000，但不得大于 20mm。

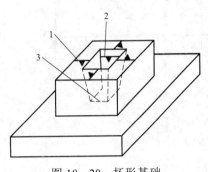

图 10-20　杯形基础

1—柱中心线；2——60cm 标高线；3—杯底

（2）柱子安装前的准备工作。

1）在柱基顶面投测柱列轴线。柱基拆模后，用经纬仪根据柱列轴线控制桩，将柱列轴线投测到杯口顶面上，如图 10-20 所示，并弹出墨线，用红漆画出"▼"标志，作为安装柱子时确定轴线的依据。如果柱列轴线不通过柱子的中心线，应在杯形基础顶面上加弹柱中心线。

用水准仪在杯口内壁，测设一条一般为 -0.600m 的标高线（一般杯口顶面的标高为 -0.500m），并画出"▼"标志，如图 10-20 所示，作为杯底找平的依据。

2）柱身弹线。柱子安装前，应将每根柱子按轴线位置进行编号。如图 10-21（a）所示，在每根柱子的三个侧面弹出柱中心线，并在每条线的上端和下端近杯口处画出"▼"标志。根据牛腿面的设计标高，从牛腿面向下用钢尺量出 -0.600m 的标高线，并画出"▼"标志。

3）杯底找平。先量出柱子的 -0.600m 标高线至柱底面的长度，再在相应的柱基杯口内量出 -0.600m 标高线至杯底的高度，进行比较以确定杯底找平厚度，用水泥砂浆根据找平厚度，在杯底进行找平，使牛腿面符合设计高程。

（3）柱子的安装测量。柱子安装测量的目的是保证柱子平面和高程符合设计要求，柱身铅直。

1）预制的钢筋混凝土柱子插入杯口后，应使柱子三面的中心线与杯口中心线对齐，如图 10-21（a）所示，用木楔或钢楔临时固定。

2）柱子立稳后，立即用水准仪检测柱身上的±0.000m 标高线，其容许误差为±3mm。

3）如图 10-21（a）所示，用两台经纬仪，分别安置在柱基纵、横轴线上，离柱子的距离不小于柱高的 1.5 倍，先用望远镜瞄准柱底的中心线标志，固定照准部后，再缓慢抬高望远镜观察柱子偏离十字丝竖丝的方向，指挥用钢丝绳拉直柱子，直至从两台经纬仪中，观测到的柱子中心线都与十字丝竖丝重合为止。

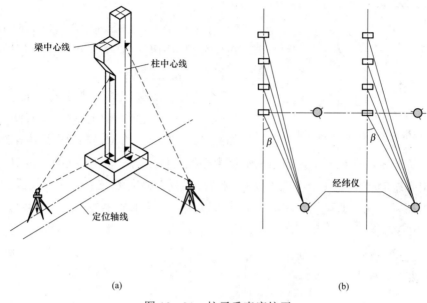

图 10-21　柱子垂直度校正

4）在杯口与柱子的缝隙中浇入混凝土，以固定柱子的位置。

5）在实际安装时，一般是一次把许多柱子都竖起来，然后进行垂直校正。这时，可把两台经纬仪分别安置在纵横轴线的一侧，一次可校正几根柱子，如图 10-21（b）所示，但仪器偏离轴线的角度应在 15° 以内。

（4）柱子安装测量的注意事项。

1）由于安装施工现场场地有限，往往安置经纬仪离目标较近，照准柱身上部目标时仰角较大。为了减小经纬仪横轴不垂直于竖轴所造成的倾斜面投影的影响，仪器必须进行检验校正，尤应注意横轴垂直于竖轴的检验。当发现存在这种误差时，必须校正好后方能使用或换一台满足条件的经纬仪。

2）由于仰角较大，仪器如不严格整平，竖轴可能不铅垂，仪器产生倾斜误差。此时，远处高目标照准投影误差较大，因而仪器安置必须严格整平。

3）在强阳光下安装柱子，要考虑到各侧面受热不均匀产生柱身弯曲变形影响。其规律是柱子向背阴的一面弯曲，使柱身上部中心位置有水平移位。为此，应选择有利的安装时间，一般早晨或阴云天较好。

4）当校正柱子上部偏离中心线位置时，不应使下部柱子有位移，要保证柱脚中心线标记与杯口上的中心线标记一致，只使柱身上部做倾斜移位。

2. 吊车梁安装测量

吊车梁安装测量主要是保证吊车梁中线位置和吊车梁的标高满足设计要求。

（1）吊车梁安装前的准备工作。

1）在柱面上量出吊车梁顶面标高。根据柱子上的 ±0.000m 标高线，用钢尺沿柱面向

图 10-22　在吊车梁上弹出梁的中心线

上量出吊车梁顶面设计标高线，作为调整吊车梁面标高的依据。

2）在吊车梁上弹出梁的中心线。如图 10-22 所示，在吊车梁的顶面和两端面上，用墨线弹出梁的中心线，作为安装定位的依据。

3）在牛腿面上弹出梁的中心线。根据厂房中心线，在牛腿面上投测出吊车梁的中心线，投测方法如下：

如图 10-23（a）所示，利用厂房纵轴线 A_1A_1，根据设计轨道间距，在地面上测设出吊车梁中心线（也是吊车轨道中心线）$A'A'$ 和 $B'B'$。在吊车梁中心线的一个端点 A'（或 B'）上安置经纬仪，瞄准另一个端点 A'（或 B'），固定照准部，抬高望远镜，即可将吊车梁中心线投测到每根柱子的牛腿面上，并墨线弹出梁的中心线。

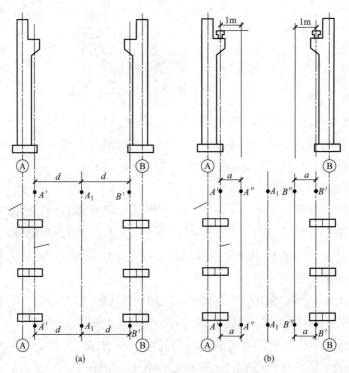

图 10-23　吊车梁的安装测量

（2）吊车梁的安装测量。安装时，首先使吊车梁两端的梁中心线与牛腿面梁中心线重合，误差不超过 5mm，这是吊车梁初步定位。然后采用平行线法，对吊车梁的中心线进行检测，校正方法如下：

1）如图 10-23（b）所示，在地面上，从吊车梁中心线，向厂房中心线方向量出长度 a（1m），得到平行线 $A''A'$ 和 $B''B'$。

2）在平行线一端点 A''（或 B''）上安置经纬仪，瞄准另一端点 A''（或 B''），固定照准部，抬高望远镜进行测量。

3）此时，另外一人在梁上移动横放的木尺，当视线正对准尺上一米刻划线时，尺的零点应与梁面上的中心线重合。如不重合，可用撬杠移动吊车梁，使吊车梁中心线到 $A''A''$ 或（$B''B''$）的间距等于 1m 为止。

吊车梁安装就位后，先按柱面上定出的吊车梁设计标高线对吊车梁面进行调整，然后将水准仪安置在吊车梁上，每隔 3m 测一点高程，并与设计高程比较，误差应在 5mm 以内。

3. 吊车轨道安装测量

吊车安装前，依然采用平行线方法检测梁上吊车轨道中心线。轨道安装完毕后，应进行以下几项检查。

（1）中心线检查。安置经纬仪于轨道中心线上，检查轨道面上的中心线是否都在一条直线上，误差不超过 3mm。

（2）跨距检查。用检定后的钢尺悬空丈量轨道中心线间的距离，并加上尺长、温度及其他改正。它与设计跨距之差不超过 5mm。

（3）轨道标高检查。用水准仪根据吊车梁上的水准点检查，在轨道接头处各测一点，允许误差为 ±1mm，中间每隔 6m 测一点，允许偏差 ±2mm，两根轨道相对标高允许偏差 ±10mm。

10.4　高层建筑施工测量

10.4.1　高层建筑物的轴线投测

高层建筑物施工测量中的主要问题是控制垂直度，就是将建筑物的基础轴线准确地向高层引测，并保证各层相应轴线位于同一竖直面内，控制竖向偏差，使轴线向上投测的偏差值不超限。

轴线向上投测时，要求竖向误差在本层内不超过 5mm，全楼累计误差值不应超过 $2H/10\ 000$（H 为建筑物总高度），且不应大于：30m＜H≤60m 时，10mm 以内；60m＜H≤90m 时，15mm 以内；90m＜H 时，20mm 以内。

高层建筑物轴线的竖向投测，主要有外控法和内控法两种，下面分别介绍这两种方法。

1. 外控法

外控法是在建筑物外部，利用经纬仪根据建筑物轴线控制桩来进行轴线的竖向投测，也称作"经纬仪引桩投测法"。具体操作方法如下：

（1）在建筑物底部投测中心轴线位置。高层建筑的基础工程完工后，可将经纬仪安置在轴线控制桩 A_1、A_1'、B_1 和 B_1' 上，把建筑物主轴线精确地投测到建筑物的底部，并设立标志，如图 10-24 中的 a_1、a_1'、b_1 和 b_1'，以供下一步施工与向上投测之用。

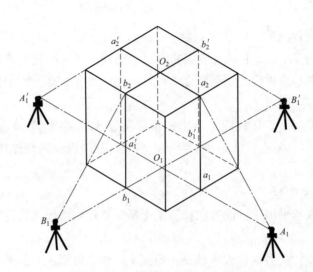

图 10－24　经纬仪投测中心轴线

（2）向上投测中心线。随着建筑物不断升高，要逐层将轴线向上传递（见图 10－25），将经纬仪安置在中心轴线控制桩 A_1、A_1'、B_1 和 B_1' 上，严格整平仪器，用望远镜瞄准建筑物底部已标出的轴线 a_1、a_1'、b_1 和 b_1' 点，用盘左和盘右分别向上投测到每层楼板上，并取其中点作为该层中心轴线的投影点，如图 10－24 中的 a_2、a_2'、b_2 和 b_2'。

（3）增设轴线引桩。当楼房逐渐增高，而轴线控制桩距建筑物又较近时，望远镜的仰角较大，操作不便，投测精度也会降低。为此，要将原中心轴线控制桩引测到更远的安全地方或者附近大楼的屋面。

具体做法是：

将经纬仪安置在已经投测上去的较高层（一般高于十层）楼面轴线 $a_{10}a_{10}'$ 上，如图 10－25 所示，瞄准地面上原有的轴线控制桩 A_1 和 A_1' 点，用盘左、盘右分中投点法，将轴线延长到远处 A_2 和 A_2' 点，并用标志固定其位置，A_2、A_2' 即为新投测的 A_1A_1' 轴控制桩。更高各层的中心轴线，可将经纬仪安置在新的引桩上，按上述方法继续进行投测。

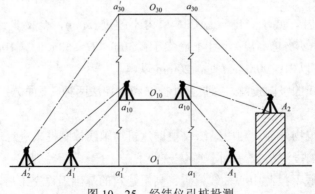

图 10－25　经纬仪引桩投测

2. 内控法

内控法是在建筑物内±0.0 平面设置轴线控制点并预埋标志，以后在各层楼板相应位置上预留 200mm×200mm 的传递孔，在轴线控制点上直接采用吊线坠法或激光铅垂仪法，通过预留孔将其点位垂直投测到任一楼层。

（1）内控法轴线控制点的设置。在基础施工完毕后，在±0 首层平面上，适当位置设置与轴线平行的辅助轴线。辅助轴线距轴线 500～800mm 为宜，并在辅助轴线交点或端点处埋设标志。内控法轴线控制点的设置如图 10-26 所示。

（2）吊线坠法。吊线坠法是利用钢丝悬挂重锤球的方法，进行轴线竖向投测。这种方法一般用于高度在 50～100m 的高层建筑施工中，锤球的质量为 10～20kg，钢丝的直径为 0.5～0.8mm。投测方法如下：

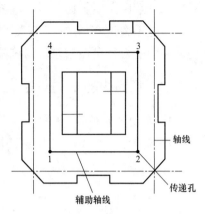

图 10-26　内控法轴线控制点的设置

首先在预留孔上面安置十字架，挂上锤球，对准首层预埋标志。当锤球线静止时，固定十字架，并在预留孔四周作出标记，作为以后恢复轴线及放样的依据。此时，十字架中心即为轴线控制点在该楼面上的投测点。

用吊线坠法实测时，要采取一些必要措施，如用铅直的塑料管套着坠线或将锤球沉浸于油中，以减少摆动。

10.4.2　高层建筑物的高程传递

在多层建筑施工中，要由下层向上层传递高程，以便楼板、门窗口等的标高符合设计要求。高程传递的方法有以下几种：

1. 利用皮数杆传递高程

一般建筑物可用墙体皮数杆传递高程。在皮数杆上自±0 标高线起，门窗口、过梁、楼板等构件的标高都已注明，一层砌好后，接着从一层的皮数杆起一层一层向上接，以此传递高程。

2. 利用钢尺直接丈量

对于高程传递精度要求较高的建筑物，通常用钢尺直接丈量来传递高程。对于两层以上的各层，每砌高一层，就从楼梯间用钢尺从下层的"+0.500m"标高线，向上量出层高，测出上一层的"+0.500m"标高线。这样用钢尺逐层向上引测。

3. 吊钢尺法

用悬挂钢尺代替水准尺，用水准仪读数，从下向上传递高程。

10.5　烟囱、水塔施工测量

烟囱和水塔施工测量相近似，现以烟囱为例加以说明。烟囱多为截圆锥形的高耸构筑物，其特点是基础小，主体高，地基负荷大，这就要求施工测量工作要严格控制其中心位置，保证烟囱主体竖直。砖、混凝土烟囱筒身中心线垂直度允许误差为：烟囱高 100m 以下，偏差不大于 $0.15H$% 且不大于 100mm。筒身高于 100m 时，偏差不大于 $0.1H$%，筒身任何截面的直径允许偏差值为该截面直径的 1% 且不大于 50mm。

10.5.1 烟囱的定位、放线

1. 烟囱的定位

烟囱的定位主要是定出基础中心的位置。定位方法如下：

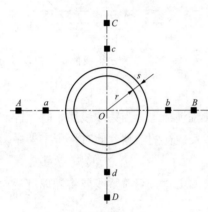

图 10－27 烟囱的定位、放线

（1）按设计要求，利用与施工场地已有控制点或建筑物的尺寸关系，在地面上测设出烟囱的中心位置 O（即中心桩）。

（2）如图 10-27 所示，在 O 点安置经纬仪，任选一点 A 作后视点，并在视线方向上定出 a 点，倒转望远镜，通过盘左、盘右分中投点法定出 b 和 B；然后，顺时针测设 90°，定出 d 和 D，倒转望远镜，定出 c 和 C，得到两条互相垂直的定位轴线 AB 和 CD。

（3）A、B、C、D 四点至 O 点的距离为烟囱高度的 1～1.5 倍。a、b、c、d 是施工定位桩，用于修坡和确定基础中心，应设置在尽量靠近烟囱而不影响桩位稳固的地方。

2. 烟囱的放线

以 O 点为圆心，以烟囱底部半径 r 加上基坑放坡宽度 s 为半径，在地面上用皮尺画圆，并撒出灰线，作为基础开挖的边线。

10.5.2 烟囱基础的施工测量

烟囱基础的施工测量包括以下步骤：

（1）当基坑开挖接近设计标高时，在基坑内壁测设水平桩，作为检查基坑底标高和打垫层的依据。

（2）坑底夯实后，从定位桩拉两根细线，用锤球把烟囱中心投测到坑底，钉上木桩，作为垫层的中心控制点。

（3）浇灌混凝土基础时，应在基础中心埋设钢筋作为标志，根据定位轴线，用经纬仪把烟囱中心投测到标志上，并刻上"＋"字，作为施工过程中，控制筒身中心位置的依据。

10.5.3 烟囱的施工测量

1. 引测烟囱中心线

在烟囱施工中，应随时将中心点引测到施工的作业面上。

（1）在烟囱施工中，一般每砌一步架或每升模板一次，就应引测一次中心线，以检核该施工作业面的中心与基础中心是否在同一铅垂线上。引测方法如下：

在施工作业面上固定一根枋子，在枋子中心处悬挂 8～12kg 的锤球，逐渐移动枋子，直到锤球对准基础中心为止。此时，枋子中心就是该作业面的中心位置。

（2）烟囱每砌筑完 10m，必须用经纬仪引测一次中心线。引测方法如下：

如图 10-27 所示，分别在控制桩 A、B、C、D 上安置经纬仪，瞄准相应的控制点 a、b、c、d，将轴线点投测到作业面上，并作出标记。然后，按标记拉两条细绳，其交点即为烟囱的中心位置，并与锤球引测的中心位置比较，以作校核。烟囱的中心偏差一般不应超过砌筑高度的 1/1000。

（3）对于高大的钢筋混凝土烟囱，烟囱模板每滑升一次，就应采用激光铅垂仪进行一次烟囱的铅直定位，定位方法如下：

在烟囱底部的中心标志上，安置激光铅垂仪，在作业面中央安置接收靶。在接收靶上，显示的激光光斑中心，即为烟囱的中心位置。

（4）在检查中心线的同时，以引测的中心位置为圆心，以施工作业面上烟囱的设计半径为半径，用木尺画圆，如图 10-28 所示，以检查烟囱壁的位置。

2. 烟囱外筒壁收坡控制

烟囱筒壁的收坡是用靠尺板来控制的。靠尺板的形状，如图 10-29 所示，靠尺板两侧的斜边应严格按设计的筒壁斜度制作。使用时，把斜边贴靠在筒体外壁上，若锤球线恰好通过下端缺口，说明筒壁的收坡符合设计要求。

3. 烟囱筒体标高的控制

一般是先用水准仪，在烟囱底部的外壁上，测设出 +0.500m（或任一整分米数）的标高线。以此标高线为准，用钢尺向上直接量取高度。

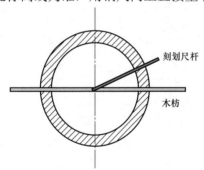

图 10-28　烟囱壁位置检查

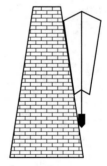

图 10-29　坡度靠尺板

思考题

1. 建筑施工测量的主要内容有哪些？

2. 施工平面控制网经常采用的形式有哪些？

3. 对施工场地高程控制网的布设有哪些要求？

4. 建筑基线的布设有哪些要求？

5. 建筑物主轴线的定位测量方法有哪些？

6. 厂房控制网的布网方法有哪些？

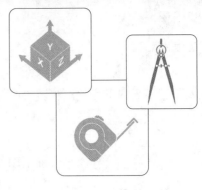

第11章
线路与桥梁工程测量

线路工程是指长宽比很大的工程，包括道路、输电线路、各种管道工程等。线路工程中各阶段所进行的测量工作称为线路工程测量。线路工程测量在勘测设计阶段主要为线路工程提供充分、详细的地形资料；在施工阶段是将线路中线及其构筑物按设计要求的位置和高程准确测设于地面，并进行线路断面图测绘；在运营管理阶段主要是观测线路的运营状态，并为线路上各种构筑物的养护、维修、改扩建提供资料。

线路工程勘测前应收集和了解以下资料，研究工程可行性，拟定路线方案，并进行比较初步选定。

（1）各种比例尺地形图、航测像片，国家及有关部门设置的控制点等资料。

（2）沿线的地理、地质、水文、气象等资料。

（3）沿线的地物覆盖情况及规划设计资料。

桥梁是线路重要的组成部分，桥梁工程测量主要内容包括桥位勘测和桥梁施工测量。桥位勘测是根据勘测资料选出最优的桥址方案，做出经济合理的设计。对中小桥梁其桥址往往服从于路线走向的需要，对于大型或特大型桥梁，路线位置要服从于桥梁位置。施工测量就是要根据设计图纸在现场和施工过程中，为保证施工质量而进行的各部分平面位置和高程的测量工作。

11.1 线路工程初测

线路初测阶段的测量工作有选线、导线测量、水准测量、带状地形图测绘。

11.1.1 选线

选线工作是根据线路方案、已有资料及实地情况进行线路布设，选定点位并打桩插旗。选点插旗工作小组称为大旗组。

选点插旗是一项十分重要的工作，一般应在纸上标出大旗点的位置和标高，标出线路走向和大概位置并记录沿线的特征，为导线测量及各专业调查指出行进方向。当发现有大旗位置不当或某段线路可改善时，就及时改插和补插。

11.1.2　导线测量

导线是测绘线路带状地形图和定线、放线的基础，导线应全线贯通。导线点的布设应符合以下要求：

（1）导线点尽量接近路线的位置，在桥、涵附近、地质不良地段及越岭垭口处，应设置导线点。

（2）导线点应选在视野开阔、地层稳固、便于施测和保存的地方。

（3）导线点间的距离应尽量均匀、相等，范围在 50～400m 为宜。

导线点布设一般是沿着大旗的方向采用附合导线的形式。外业工作有水平角测量、边长测量和线路联测与检查。

水平角测量应使用不低于 DJ_6 型经纬仪或精度相同的全站仪观测一个测回。技术要求按《工程测量规范》（GB 50026—2007）进行。

边长测量按距离测量的方法进行，现在通常采用光电测距，技术要求见《工程测量规范》（GB 50026—2007）。在边长测量过程中，在每整百米处设置百米桩，在地形变化、地物交叉或大型地物所在处设置加桩，标明里程和桩号。

由于导线延伸很长，为了检核导线的精度并统一坐标，导线点必须与国家平面控制点或 GNSS 点进行联测。一般要求不远于 30km 处联测一次。当联测有困难时，应进行真北观测，以限制角度测量误差的累积。

11.1.3　水准测量

线路水准测量的任务有基平测量和中平测量。

1. 基平测量

基平测量是沿线布设水准点，一般 2km 设置一个，遇大型工程或地形复杂的特殊地段加设水准点，水准点应埋设在地质稳定，便于长久保存的地方，构成线路的高程控制网。利用高等级已知水准点与各水准点构成附合路线，测定各水准点高程，附合路线长度不超过 30km。

采用水准测量时，以往返观测或两组并测的方式进行；采用光电测距三角高程测量时，可与平面导线测量合并进行，导线点应作为高程转点，高程转点之间及转点与水准点之间的距离和竖直角必须往返观测。限差不超过表 11-1 中的要求。

2. 中平测量

以导线点或里程桩与基平水准点构成附合水准路线，测定导线点和里程桩的高程，为地形测绘和专业调查使用。中平测量通常采用单程水准测量或光电测距三角高程测量方法进行。初测线路高程测量限差见表 11-1。

表 11-1	初测线路高程测量限差			（mm）
测量项目		往返测高差不符值	附合路线闭合差	检测
水准点	水准测量	$30\sqrt{K}$	$30\sqrt{L}$	$30\sqrt{K}$
	光电测距三角高程测量	$60\sqrt{D}$	$30\sqrt{L}$	$30\sqrt{D}$
导线点或里程桩	水准测量		$50\sqrt{L}$	100
	光电测距三角高程测量		$50\sqrt{L}$	100

注　K 为相邻水准点间长度；L 为附合水准路线长度；D 为光电测距边的长度；K、L、D 均以 km 为单位。

11.1.4　带状地形图测绘

线路的平面和高程控制建立之后，即可进行带状地形图测绘。测图常用比例尺有 1:1000、1:2000、1:5000，应根据实际需要选用。测图宽度应满足设计的需要，一般情况下，平坦地区为导线两侧各 200～300m，丘陵地区为导线两侧各 150～200m。测图方法可采用全站仪数字化测图、GNSS 成图等。

11.2　线路工程定测

线路定测阶段的测量工作有定线测量、中线测量、曲线测设和纵横断面图测绘。

11.2.1　定线测量

定线测量是将初测阶段地形图上设计的线路，在实地中标示出来。常用的方法有穿线放线法、拨角放线法和全站仪法进行线路中线测设。

1. 穿线放线法

穿线放线法也叫支距定线法。其基本原理是根据初测导线和初步设计的线路中的相对位置，图解或解析出放样的数据，然后将纸上的线路中心测设到实地。

（1）定支距。穿线放线法支距如图 11-1 所示，C_{47}、C_{48}、…、C_{52} 为初测导线点，JD_{14}，

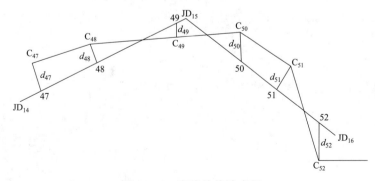

图 11-1　穿线放线法支距

JD_{15}，JD_{16} 为设计线路中心的交点。所谓支距，就是从各导线点作垂直于导线边的直线，交线路中心线于 47、48、⋯、52 点，这一段垂线长度称为支距，如 d_{47}、d_{48}、⋯、d_{52} 等。然后以相应的比例尺在图上量（或利用坐标反算）出各支距长度，便得到放样数据。

（2）放支距。将经纬仪（或全站仪）安置在相应的导线上，例如导线点 C_{47} 上，以导线点 C_{48} 定线，拔直角，在视线方向上量取该点上的支距长度 d_{47}，定出线路中心线上的 47 号点，同法放出 48、49、⋯各点。为了检查放样工作，每一条直线边上至少放样三个点。

（3）穿线。由于原测导线、定支距和放样误差影响，同一条直线段上的各点放样出来以后，一般不在同一条直线上。必须将它们调整到同一直线上，这项工作为穿线。穿线调整如图 11-2 所示，47′、48′、49′为支距法放样出的中心线标点，穿线时可以选择大致位于中间位置的 48′点（或任一较高的点上）设置经纬仪或全站仪，以 47′定向，两次倒镜后，均发现 49′点偏出视线方向，这时可将经纬仪或全站仪向 49′点偏出视线方向移动一段距离，如 48 点，调整视线方向，使三个点分别位于视线的两侧且距视线的距离大致相等。满足要求后将 47′、48′和 49′点移至视线方向上来，如图中的 47、48 和 49 的位置。

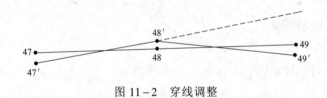

图 11-2　穿线调整

（4）定交点。当相邻两条直线在实地放出后，定出线路中心的交点。交点是线路中线的重要控制点，是放样曲线主点和推算各点里程的依据。

如图 11-3 所示，测设交点时，可先在 49 号点上安置经纬仪或全站仪，以 48 号点定向，用正倒分中的办法，在 48-49 直线上设立两个木桩 a 和 b，使 a、b 分别位于 51-50 延长线的两侧，称为骑马桩，钉上小钉，并在其间拉一细线。然后安置仪器于 50 号点，延长 51-50 直线，在仪器视线与骑马桩间的细线相交处钉交点桩。钉上小钉，表示点位。同时在桩的顶面用红油漆写明交点号数。为了寻找点位及标记里程方便，在曲线外侧，距交点桩的 30cm 处，钉一标志桩，面向交点桩的一面应写明交点及定测的里程。

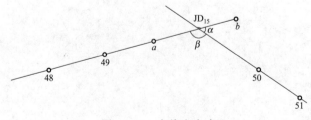

图 11-3　穿线定交点

穿线交点工作完成后，考虑到中线测定和其他工程勘测的需要，还要用正倒镜分中法在定测的线路中心线上，在地势较高处设置线路中心线标桩，习惯上称为"直线转点"。直线转点桩间距约为 400m，在平坦地区可延长至 500m。若采用电磁波测距时，转点间距离视需要而定。在大桥和隧道的两端以及重点构筑物工程地段则必须设置。设置转点时，正倒镜分中法定点较差在 5～20mm。

（5）测交角 β。中桩交点以后，就可测定两直线的交角。观测时通常测右角 $\beta_右$，如图 11-3 所示，转向角 α 按式（11-1）计算。

$$\alpha_右 = 180° - \beta_右 \qquad \beta_右 < 180°$$

$$或 \quad \alpha_左 = \beta_右 - 180° \qquad \beta_右 > 180° \tag{11-1}$$

推算的 α 取至 $10''$，当 $\beta_右 < 180°$，推算的偏角 α 为右转角，反之为左转角。

2. 拔角定线法

当初步设计的图纸比例尺较大，确定交点的坐标精确可靠时，或线路的平面设计为解析设计时，定线测量可采用拔角定线法。使用这种方法时，首先应在线路平面图上根据坐标量出线路交点的坐标，然后根据交点坐标，用坐标反算出相邻两交点的距离 L 和两相交直线段的夹角 β，如图 11-4 所示拔角放线时首先标定分段放线的起点 JD_{13}。这时可将经纬仪（或全站仪）置于 C_{45} 点上，以 C_{46} 定向，拔 β_0 角，量取水平距离 L_0，即可放样 JD_{13}。然后迁仪器于 JD_{13}，以 C_{45} 点定方向，拔 β_1 角，量取 L_1 定交点 JD_{14}。同法放样其余各交点。

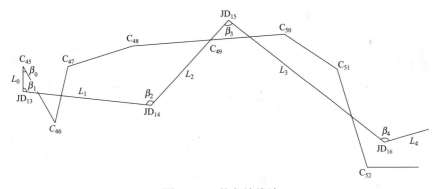

图 11-4　拔角放线法

为了减少拔角放线的误差积累，每隔 5km 应将放样的交点与初测导线点联测，求出交点的实际坐标（或设计坐标）进行比较，求得闭合差。如图 11-5 所示，C_{48}，C_{49} 为初测导线点，JD'_{14} 和 JD'_{15} 为拔角放线法已定出的线路交点，JD_{14}、JD_{15}、JD_{16} 为图上设计的交点位置，将 JD'_{15} 与导线点 C_{49} 联测以后，即可求出方向和坐标闭合差。若坐标闭合差超过 $\pm 1/2000$，则应查明原因，改正放样的点位。若闭合差在允许的范围以内，对前面已经放样的点位常常不加改正，而是按联测所得 JD_{15}' 点的实际坐标与 JD_{16} 的坐标推算后面的放样数据，继续测设。

3. 全站仪法

全站仪进行线路中线测设是利用极坐标法或全站仪的坐标测量或坐标放样功能来实现的。交点桩及中线桩坐标一般是在测设时用计算程序计算的。

测设交点桩和中线桩时将全站仪置于导线点上，按交点桩和中线桩坐标进行测设。在中桩位置定出后，随即测出该桩的高程，这样纵断面测量中的中平测量就可以同时完成，大大简化了测量工作。

计算出交点、直线转点及中桩的测量坐标后，也可使用 RTK 施测。

11.2.2 中线测量

中线测量的任务是为了详细标出线路中线位置及里程，通常沿定测的路线中心线上丈量距离，每隔百米或整十米处钉设中桩，在地形明显变化以及与地物相交处、曲线主点等位置上设置加桩，加桩一般设在整分米处。整桩和加桩均称为中线桩，中线桩均应注明该桩的里程，字面对着线路起点的方向，形式为 DK2+310.3，"DK"表示里程，2 表示该桩至路线起点的距离为 2 公里，310.3 为不足 1km 的米数。

根据线路交点处的转向角 α 和设计半径 R 及曲线元素测设曲线的主点和细部点，曲线测设的具体内容见本章下一节。

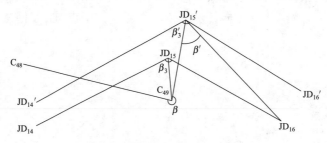

图 11-5 拨角放线法交点联测

11.2.3 曲线测设

在线路工程中，由于地形条件或其他因素影响，线路不可避免的要从一个方向转到另一个方向。为了工程自身和使用安全需要，必须用曲线来连接。连接平面上不同走向线路的曲线称为平面曲线。连接上坡和下坡的曲线称为竖曲线。连接不同平面内线路的曲线称为立交曲线。曲线的形式较多，有圆曲线、复曲线、缓和曲线、回头曲线等，如图 11-6 所示。其中，圆曲线和缓和曲线是最基本的曲线形式。

1. 圆曲线测设

（1）圆曲线要素及计算。圆曲线是具有固定半径的圆弧，它有三个主点：即直圆点（ZY）（曲线起点）、曲线中点（QZ）、圆直点（YZ）（曲线终点）控制着曲线位置和线路走向，如图 11-7 所示，转向角 α 在线路定测阶段测得，曲线半径 R 根据地形条件和工程要求由设计人员选定。圆曲线要素有 T（切线长）、L（曲线长）、E_0（外矢距），可以

根据 α 和 R 计算。

如图 11-7 所示，圆曲线要素计算如下。

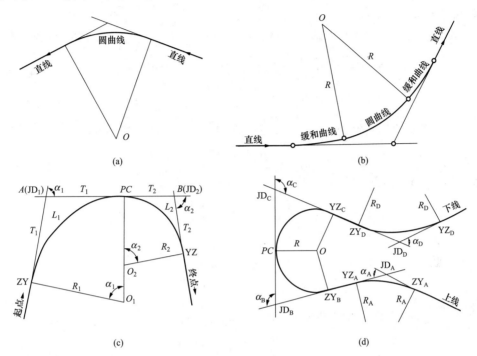

图 11-6　曲线形式

（a）圆曲线；（b）带缓和曲线的圆曲线；（c）复曲线；（d）回头曲线

$$T = R \cdot \tan\frac{\alpha}{2}$$

$$L = R \cdot \alpha \cdot \frac{\pi}{180°}$$

$$E_0 = R\left(\sec\frac{\alpha}{2} - 1\right)$$

$$D = 2T - L$$

（11-2）

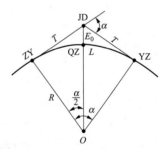

图 11-7　圆曲线主点及要素

式中　α——线路转向角；

R——圆曲线半径；

π——常数，3.14；

T、L、E_0、D——圆曲线要素，其值可由"公路曲线测设用表"查出。

（2）圆曲线主点里程计算。根据交点的里程和圆曲线要素可得：

$$\mathrm{ZY}_{里程} = \mathrm{JD}_{里程} - T$$

$$\mathrm{QZ}_{里程} = \mathrm{ZY}_{里程} + \frac{L}{2} = \mathrm{YZ}_{里程} - \frac{L}{2}$$

$$\mathrm{YZ}_{里程} = \mathrm{QZ}_{里程} + \frac{L}{2} = \mathrm{ZY}_{里程} + L$$

（11-3）

主点里程可用切曲差 D 来计算检核，$D=2T-L$，$\text{YZ}_{里程}=\text{JD}_{里程}+T-D$。

［例 11-1］某线路交点 $\text{JD}_{里程}$ 为 K2+538.50，测得右转角 $\alpha=42°\,25'$，圆曲线半径 $R=240\text{m}$。求圆曲线要素及主点里程。

解：据式（11-2）得：

$$T=R\cdot\tan\frac{\alpha}{2}=240\times\tan(42°\,25'/2)=93.13\text{m}$$

$$L=R\cdot\alpha\cdot\pi/180°=240\times42°\,25'\times\pi/180°=177.67\text{m}$$

$$E_0=R\left(\sec\frac{\alpha}{2}-1\right)=240\times[\sec(42°\,25'/2)-1]=17.44\text{m}$$

$$D=2T-L=8.59\text{m}$$

据式（11-3）得：

JD	K2+538.50
$-T$	93.13
ZY	K2+445.37
$+L$	177.67
YZ	K2+623.04
$-L/2$	88.84
QZ	K2+534.20

检核

JD	K2+538.50
$+(T-D)$	84.54
YZ	K2+623.04

表明计算没有错误。

（3）圆曲线主点测设。圆曲线主点的测设步骤如下：

1）在交点处安置经纬仪或全站仪，分别照准两直线段上的线路控制桩，自 JD 沿视线方向量取切线长 T 得 ZY 点和 YZ 点，并打桩标定。

2）转动仪器照准部，自 ZY 或 YZ 方向拨角 $(180°-\alpha)/2$，在其视线上量取 E_0 长即得 QZ 点，打桩标定。

（4）圆曲线详细测设。当曲线长小于 40m 时，测设曲线的三个主点已能满足路线线形的要求。如果曲线较长或地形变化较大时，为了满足线形和工程施工的需要，除了测设曲线的三个主点外，还要每隔一定的距离测设里程桩和加桩，进行曲线加密，将曲线的形状和位置详细地表示出来。根据地形情况和曲线半径及长度，一般每隔 5、10、20m 测设一点。圆曲线详细测设的方法很多，可视地形条件加以选用，这里介绍偏角法和切线支距法。

1）偏角法。偏角法是根据一个角度和一段距离的极坐标定位原理来定点的，即利用弦切角（曲线任一点至曲线起点或终点的弦与切线的偏角δ）和相邻点间的弦长 c 测定曲线上点位的方法。如图 11−8 所示，以 l 表示两点间弧长，c 表示两点间弦长，根据几何原理可知，弦切角等于弧长所对圆心角的一半。则有

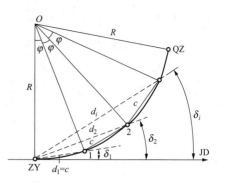

图 11−8　偏角法测设圆曲线

l 所对圆心角　$\varphi = \dfrac{l}{R} \times \dfrac{180°}{\pi}$

偏角　　　　　$\delta = \dfrac{\varphi}{2} = \dfrac{l}{2R} \times \dfrac{180°}{\pi}$　　　（11−4）

当圆曲线半径 R 较大时，可认为弦长 c 与弧长 l 相等。

如果曲线上各点间距相等时，则各点的偏角都为第一点偏角的整数倍，即：

$$\delta_1 = \frac{\varphi}{2} = \frac{l_1}{2R} \times \frac{180°}{\pi} = \delta$$
$$\delta_2 = 2\delta$$
$$\delta_3 = 3\delta$$
$$\cdots\cdots$$
$$\delta_n = n\delta$$

（11−5）

实际工作中为了测量与施工方便，在偏角法设置曲线时，通常是以整里程设桩，然而曲线起点、终点的里程一般都不是整数，因此在曲线两端会出现不是 c 长的弦，这样的弦称为分弦。分弦偏角值要单独计算，这样就不会出现后面的各点偏角值为第一个偏角值的倍数。要首先计算出曲线首尾段弧长 l_1、l_n 及相应的偏角 δ_1、δ_n，其余中间各段弧长均为 l 及其偏角 δ。则式（11−5）可写成：

$$\delta_1 = \frac{\varphi_1}{2} = \frac{l_1}{2R} \times \frac{180°}{\pi}$$
$$\delta_2 = \delta_1 + \delta$$
$$\delta_3 = \delta_1 + 2\delta$$
$$\cdots\cdots$$

（11−6）

在实际测设时，偏角值一般依曲线半径 R 和弧长 l 为引数查取"曲线测设用表"获得。具体测设步骤如下：

a. 将经纬仪或全站仪安置于 ZY 点，瞄准切线方向，水平度盘置零。

b. 测设角度 δ_1，在此方向上用钢尺从 ZY 点量取弦长 c_1，标定 1 点。

c. 测设角度 δ_2，从 1 点量取弦长 c，标定 2 点。同法测设其余各点至 QZ 附近，用 QZ 检核。

d. 将仪器搬至 YZ 点，测设另一半曲线，直至 QZ。

由于测设误差的影响，据计算数据测设的 QZ 不会正好与主点测设的 QZ 重合，两者

之间的距离称为闭合差 f，分纵向（线路方向）闭合差 f_x 与横向（半径方向）闭合差 f_y，当 $f_x<1/2000$、$f_y<10cm$ 时，可根据曲线上各点到 ZY（或 YZ）的距离，按长度比例分配。

2）切线支距法。切线支距法又称直角坐标法。如图 11-9 所示，以曲线起点 ZY 或终点 YZ 为坐标原点，切线方向为 X 轴，过原点的半径为 Y 轴，建立直角坐标系。

P_i 点为曲线上的任一点，其与 ZY 点的弧长为 l_i，所对的圆心角为 φ_i，$\varphi_i=\dfrac{l_i\times180°}{R\pi}$，按照几何关系，可得到各点的坐标值为：

$$x_i=R\sin\varphi_i$$
$$y_i=R(1-\cos\varphi_i) \qquad (11-7)$$

在实际测设中，x、y 值可以据半径 R 和曲线长 l 为引数，从"曲线测设用表"中查取。具体测设步骤如下：

a. 从 ZY 开始，沿切线方向量取 x_i 定出各点，并做标记。

b. 在 x_i 点作切线的垂线，并量出 y_i 定出各点，即为曲线上的 P_i 点，测设至 QZ 附近。

c. 从 YZ 开始同法测设另一半曲线至 QZ 附近。

d. 检核所测设相邻各点的弦长 s，s 应为 $2R\sin\dfrac{\varphi_i}{2}$。

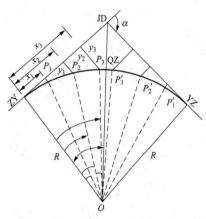

图 11-9　切线支距法测设圆曲线

若无误，即可固定桩位、注明相应的里程桩。

用切线支距法测设曲线，由于各曲线点是独立测设的，其测角及量边的误差都不累积，所以在支距不太长的情况下，具有精度高、操作较简单的优点，故应用也较广泛，适用于地势平坦，便于量距的地区。但它不能自行检核，所以对已测设的曲线点，要实量相邻两点间弦长校核。

2. 缓和曲线测设

由直线进入圆曲线，为了减少离心力的影响中间需要插进缓和曲线，缓和曲线的半径由无穷大变化到圆曲线半径。缓和曲线有辐射螺旋线、三次抛物线等，我国采用前者。由圆曲线和缓和曲线构成的曲线称为综合曲线。

缓和曲线上任一点 P 的曲率半径 ρ 与该点至缓曲起点曲线长度 l 成反比，即：

$$\rho\cdot l=C \qquad (11-8)$$

式中　C——常数，称曲线半径变更率。

若 l_0 为缓曲长度，则当 $l=l_0$ 时，$\rho=R$，则

$$C=\rho l=Rl_0$$

（1）缓和曲线的常数与综合曲线要素计算。

1）缓和曲线的常数。缓和曲线是插入到直线段和圆曲线之间的。缓和曲线的一半长度

处在原圆曲线范围内，另一半处在原直线段范围内，这样就使圆曲线沿垂直于其切线的方向，向里移动距离 p，圆心由 O 移至 O_1，如图 11-10 所示。原来的圆曲线变短，而主点有：直缓点 ZH、缓圆点 HY、曲中点 QZ、圆缓点 YH、缓直点 HZ。

β_0、δ_0、m、p、x_0、y_0 统称为缓和曲线 6 常数。确定缓和曲线与直线和圆曲线相连的主要数据为 β_0、p、m。β_0 为缓和曲线的切线角，即 HY（或 YH）的切线与 ZH（或 HZ）切线的交角；p 为圆曲线的内移距，即垂线长与圆曲线半径 R 之差，m 为切线外移量，其计算公式分别为：

$$\beta_0 = \frac{l_0}{2R} \cdot \frac{180°}{\pi}$$

$$p = \frac{l_0^2}{24R} \tag{11-9}$$

$$m = \frac{l_0}{2} - \frac{l_0^3}{240R^2} \approx \frac{l_0}{2}$$

式中　l_0——缓和曲线长度；

　　　R——圆曲线半径。

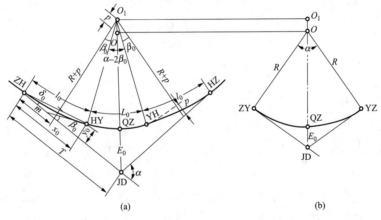

图 11-10　有缓和曲线的圆曲线

2）综合曲线要素及计算。圆曲线加缓和曲线构成综合曲线，其曲线要素有：切线长 T、曲线长 L、外矢距 E_0、切曲差 D。根据图 11-10（a）的几何关系，可得曲线要素的计算公式如下：

$$T = (R + p)\tan\frac{\alpha}{2} + m$$

$$L = L_y + 2l_0 = R(\alpha - 2\beta_0)\frac{\pi}{180°} + 2l_0 \tag{11-10}$$

$$E_0 = (R + p)\sec\frac{\alpha}{2} - R$$

$$D = 2T - L$$

式中　L_y——圆曲线长度。

（2）综合曲线主点里程计算与主点测设。

1）主点里程计算。曲线的主点里程计算，仍是从一个已知里程的点开始，按里程增加方向逐点向前推算。

$$\text{ZH}_{里程}=\text{JD}_{里程}-T$$
$$\text{HY}_{里程}=\text{ZH}_{里程}+l_0$$
$$\text{QZ}_{里程}=\text{HY}_{里程}+(L/2-l_0) \qquad (11-11)$$
$$\text{YH}_{里程}=\text{QZ}_{里程}+(L/2-l_0)$$
$$\text{HZ}_{里程}=\text{YH}_{里程}+l_0$$

检核：
$$\text{HZ}_{里程}=\text{JD}_{里程}+T-D$$

2）主点测设。缓和曲线主点测设的步骤如下：

a. 将经纬仪或全站仪置于 JD 上瞄准切线方向，由 JD 沿两切线方向量出切线长 T 即得 ZH 及 HZ 点，或得到 ZH 点后测设角度（$180°-\alpha$）在此方向量取 T 长得 HZ 点。

b. 在 JD 上安置仪器，瞄准切线方向测设角度 $(180°-\alpha)/2$ 在此方向上量取 E_0 长得 QZ 点。

c. 在两切线上自 JD 起量取 $T-x_0$（或自 ZH、HZ 起向 JD 量取 x_0）然后沿垂线方向量取 y_0 得 HY 和 YH 点。x_0、y_0 为图 11-11 所建立的坐标系下 HY 点的坐标，可按式（11-12）计算。

$$x_0=l_0-\frac{l_0^3}{40R^2}$$
$$y_0=\frac{l_0^2}{6R} \qquad (11-12)$$

（3）综合曲线详细测设。

1）切线支距法。如图 11-11 所示，建立以 ZH 或 HZ 为原点，过 ZH 的切线为 X 轴，ZH 点的半径方向（垂向）为 Y 轴的坐标系。缓和曲线上任一点 P 的坐标可用式（11-13）计算，圆曲线上任一点的坐标利用式（11-14）计算。

$$x_i=l_i-\frac{l_i^5}{40R^2l_0^2}$$
$$y_i=\frac{l_i^3}{6Rl_0} \qquad (11-13)$$

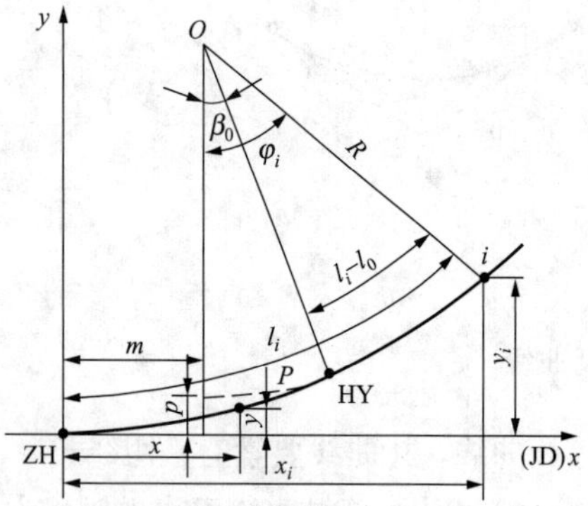

图 11-11 综合曲线的坐标系

$$x_i=R\sin\varphi_i+m$$
$$y_i=R(1-\cos\varphi_i)+p \qquad (11-14)$$

式中 φ_i —— $\varphi_i=\dfrac{l_i-l_0}{R}\cdot\dfrac{180°}{\pi}+\beta_0$；

l_i —— 圆曲线上点 i 至曲线起点 ZH（或 HZ）的曲线长。

测设步骤如下：

a. 将仪器置于 JD 点上，瞄准切线方向。

b. 自 ZH 点沿切线量取 X_i，或自 JD 沿切向量取 $T-X_i$，得垂足。

c. 自垂足处测设直角，沿此方向量出 Y_i，得曲线上的点。

d. 由 HZ 测设另一半曲线。

2）偏角法。偏角法测设综合曲线，通常由直缓点（ZH）或缓直点（HZ）起测设缓和曲线部分，然后再由缓圆点（HY）或圆缓点（YH）起测设圆曲线部分。

缓和曲线上各点偏角值的计算：如图 11-12 所示，缓和曲线上任一点 i，其相应的偏角为 δ_i，因 δ_i 很小，故可按下式计算：

$$\delta_i = \tan\delta_i = \frac{y_i}{x_i}$$

将式（11-13）代入上式（x_i 取第一项），可得：

$$\delta_i = \frac{l_i^2}{6Rl_0} \qquad (11-15)$$

缓和曲线测设时，各段曲线长 l 相等，则各点的偏角如下：

$$\delta_1 = \frac{l_1^2}{6Rl_0}$$

$$\delta_2 = \frac{(2l_1)^2}{6Rl_0} = 2^2\delta_1$$

$$\delta_3 = \frac{(3l_1)^2}{6Rl_0} = 3^2\delta_1 \qquad (11-16)$$

$$\cdots$$

$$\delta_n = \frac{(nl_1)^2}{6Rl_0} = n^2\delta_1$$

缓圆点（HY）的偏角值为：

$$\delta_0 = \frac{l_0^2}{6Rl_0} = \frac{l_0}{6R}$$

由于 $\beta_0 = \frac{l_0}{2R}$，因此 $\delta_0 = \frac{1}{3}\beta_0$，则图 11-12 中 $\angle 1 = \frac{2}{3}\beta_0$。

圆曲线点偏角计算：综合曲线的圆曲线部分的测设，是将经纬仪或全站仪安置在缓圆点（HY）或圆缓点（YH）上，找出该点的切线方向，按偏角法测设圆曲线细部的方法测设。其偏角值计算仍用式（11-5）或式（11-6）计算。

偏角法测设综合曲线的步骤如下：

a. 如图 11-12 所示，在直缓点（ZH）上安置经纬仪或全站仪，以切线方向（JD）定向，使水平度盘读数为零。

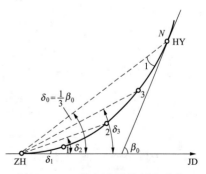

图 11-12　偏角法测设缓和曲线

b. 测设偏角 δ_1，沿视线方向量取 l_1，定出 1 点。

c. 测设偏角 δ_2，自 1 点量取 l_1，与视线相交，定出 2 点。

d. 按上述方法依次测设缓和曲线上的各点，直至缓圆点（HY）。

e. 将仪器搬至缓圆点（HY），以直缓点（ZY）定向，配置水平度盘读数为 $\frac{2}{3}\beta_0$，然后纵转望远镜，再逆时针旋转照准部使水平度盘读数为 0，此时视线方向即为该点的切线方向。

f. 按偏角法测设圆曲线细部的过程测设圆曲线上各细部点，直至 QZ 点附近。

g. 同过程测设综合曲线另一半。

3. 竖曲线测设

在线路路线纵坡变化处，为了保证行车的安全和通顺，应以曲线连接起来，这种曲线称为竖曲线，竖曲线有圆曲线和抛物线两种形式。一般采用圆曲线，实地中根据地形情况有凹形和凸形两种，如图 11－13 所示。

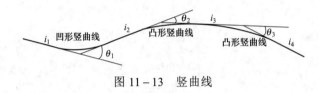

图 11－13　竖曲线

（1）竖曲线要素计算。测设竖曲线是根据路线纵断面设计中给定的半径 R 和两坡道的坡度 i_1 和 i_2 进行的。测设前应首先计算出测设元素，即曲线长 L、切线长 T 和外距 E_0。由图 11－14 可得：

$$T = R\tan\frac{\theta}{2}$$
$$E_0 = R\theta$$

（11－17）

式中　θ——竖向转折角，其值一般都很小。

所以：

$$\tan\frac{\theta}{2} = \tan\frac{\theta_1 + \theta_2}{2} = \frac{1}{2}(\theta_1 + \theta_2) = \frac{1}{2}(\tan\theta_1 + \tan\theta_2) = \frac{1}{2}(i_1 - i_2) = \frac{1}{2}\Delta i，\text{则有}$$

$$T = \frac{1}{2}R\Delta i$$
$$L \approx 2T$$

（11－18）

（2）竖曲线上高程计算。由图 11－14 可知：

$$(R + y)^2 = x^2 + R^2$$

略去很小的 y^2 值，可得：

$$y = \frac{x^2}{2R}$$

y 的最大值即为外距 E_0，即：

$$E_0 = \frac{T^2}{2R}$$

当曲线上各点的标高改正数 y_i 求出后，利用坡度线上高程 H_i'，即得到竖曲线上各点的设计高程 H_i，即：

$$H_i = H_i' \pm y_i \qquad (11-19)$$

当竖曲线为凸形曲线时，y_i 前用负号，反之用正号。

坡度线上点的高程 H_i' 用式（11-20）计算，H_0 为变坡点的高程。

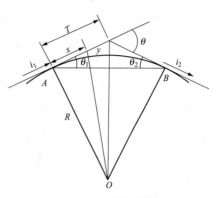

图 11-14　竖曲线测设元素

$$H_i' = H_0 \pm (T - x)i \qquad (11-20)$$

曲线上各里程桩的设计高程求出后，就可用测设已知高程点之方法在各桩上测设出设计高程线，即得到竖曲线上各点之位置。在实际测设中，可查"竖曲线测设表"，以取得相应的曲线测设元素和标高改正数。

竖曲线测设步骤如下：

1）按 x 值在线路方向上测设出曲线上的桩。

2）在各桩上测设其相应的计算高程。

11.2.4　纵横断面图测绘

中线测量将设计线路中线的平面位置标定在实地上之后，还需进行线路纵横断面测绘，为施工设计提供详细资料。

1. 线路纵断面图测绘

（1）线路纵断面测量。线路纵断面测绘就是沿线进行测定各中线桩处高程，也分为基平测量和中平测量。定测阶段的基平测量尽量利用初测阶段的基平测量水准点，检核无误后，相邻两基平水准点与中线上里程桩构成附合路线，测定中线桩高程即中平测量，并绘制线路纵断面图，供线路纵向坡度、桥涵位置、隧道洞口位置等设计之用。

中平测量可采用水准测量的方法或光电测距三角高程测量的方法。无论采用何种方法，均应起闭于基平水准点，构成附合路线，路线闭合差的限差为 $50\sqrt{L}$ mm（L 为附合路线的长度，以 km 为单位）。施测时，在每一个测站上首先读取后、前两转点的尺上读数，再读取两转点间所有中间点的尺上读数。转点尺应立在尺垫、稳固的桩顶或坚石上，尺读数至毫米，视线长不应大于 150m；中间点立尺应紧靠桩边的地面，读数可至厘米，视线也可适当放长。

如图 11-15 所示，将水准仪安置于①站，后视水准点 BM_1，前视转点 ZD_1，将读数记入表 11-2 中后视、前视栏内，然后观测 BM_1 与 ZD_1 间的中间点 K0+000、+050、+100、+123.6、+150，将读数记入中视栏；再将仪器搬至②站，后视转点 ZD_1、前视转点 ZD_2，然后观测各中间点 $K0$+191.3、+200、+243.6、+260、+280，将读数分别记入后视、前视和中视栏；按上述方法继续往前测，直至闭合于水准点 BM_2，完成一测段的观测工作。

每一测站的各项计算依次按下列公式进行：

$$视线高程=后视点高程+后视读数$$
$$转点高程=视线高程-前视读数$$
$$中桩高程=视线高程-中视读数$$

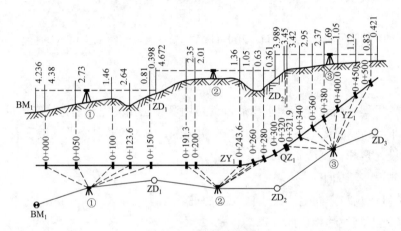

图 11-15 中平测量

各站记录后，应立即计算出各点高程，每一测段记录后，应立即计算该段的高差闭合差。若高差闭合差超限，则应返工重测该测段；若 $f_h \leqslant f_{h容} = \pm 50\sqrt{L}$ mm，施测精度符合要求，则不需进行闭合差的调整，中桩高程仍采用原计算的各中桩点高程。一般中桩地面高程允许误差，对于铁路、高速公路、一级公路为 ±5cm，其他线路工程为 ±10cm。

表 11-2 线路纵断面水准（中平）测量记录

| 测站 | 测点 | 水准尺读数（m） | | | 视线高程 | 高程 | 备注 |
		后视	中视	前视			
I	BM_1	4.236			330.174	325.938	BM_1 位于 $K0+000$ 桩右侧 50m 处
	K0+000		4.38			325.79	
	+050		2.73			327.44	
	+100		1.46			328.71	
	+123.6		2.64			327.53	
	+150		0.81			329.36	

续表

测站	测点	水准尺读数（m）			视线高程	高程	备注
		后视	中视	前视			
II	ZD_1	4.672		0.398	334.448	329.776	
	+191.3		2.35			332.10	
	+200		2.01			332.44	
	+243.6		1.36			333.09	ZY_1
	+260		1.05			333.40	
	+280		0.63			333.82	
III	ZD_2（+300）	3.989		0.361	338.076	334.087	
	+320		3.45			334.63	
	+321.9		3.42			334.66	QZ_1
	+340		2.95			335.13	
	+360		2.37			335.71	
	+380		1.69			336.39	
	+400.0		1.05			337.03	YZ_1
	+450		1.12			336.96	
	+500		0.83			337.25	
	ZD_3			0.421		337.655	

（2）线路纵断面图绘制。线路纵断面图以中桩的里程为横坐标、其高程为纵坐标进行绘制。常用的里程比例尺有 1:5000、1:2000、1:1000 几种，为了明显表示地面的起伏，一般取高程比例尺为里程比例尺的 10～20 倍。

纵断面图的绘制步骤如下：

1）打格制表。按照选定的里程比例尺和高程比例尺打格制表，根据里程按比例标注桩号，按中平测量成果填写相应里程桩的地面高程，用示意图表示线路平面。

在线路平面中，位于中央的直线表示线路的直线段，向上或向下凸出的折线表示线路的曲线，折线中间的水平线表示圆曲线，两端的斜线表示缓和曲线，上凸表示线路右转，下凸表示线路左转。

2）绘地面线。首先选定纵坐标的起始高程，使绘出的地面线位于图上适当位置。为便于绘图和阅图，通常是以整米数的高程标注在高程标尺上。然后根据中桩的里程和高程，在图上依次点出各中桩的地面位置，再用直线将相邻点连接就得到地面线。

根据表 11-2 中数据所绘制的纵断面图，如图 11-16 所示。

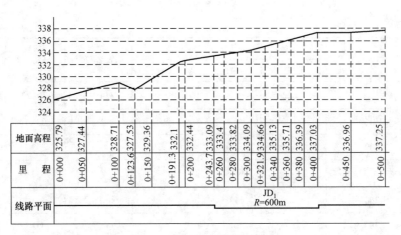

图 11－16　线路纵断面图

2. 线路横断面测绘

线路横断面测绘就是测定中线各里程桩两侧一定范围的地面起伏形状并绘制横断面图，供路基等工程设计、计算土石方数量以及边坡放样使用。

横断面的方向在直线段是中线的垂直方向，在曲线段是线路切线的垂线方向。

（1）线路横断面测量。根据使用仪器工具的不同，横断面测量可采用水准仪皮尺法、经纬仪视距法、全站仪法等。

1）水准仪皮尺法。此法适用于地势平坦且通视良好的地区。使用水准仪施测时，以中桩为后视，以横断面方向上各变坡点为前视，测得各变坡点与中桩间高差，水准尺读数至厘米，用皮尺分别量取各变坡点至中桩的水平距离，量至分米位即可。在地形条件许可时，安置一次仪器可测绘多个横断面，如图 11－17 所示，记录见表 11－3，表中按线路前进方向分左、右侧记录，分式的分子表示高差，分母表示水平距离。

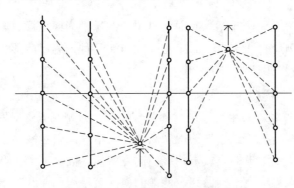

图 11－17　水准仪皮尺法测横断面

表 **11－3**　　　　　　　　　　　横 断 面 测 量 记 录

左侧			中桩号	右侧		
$\frac{+2.1}{12.0}$	$\frac{-1.9}{8.7}$	$\frac{+2.6}{18.5}$	$K5+568$	$\frac{-1.4}{14.5}$	$\frac{+1.8}{10.5}$	$\frac{-1.4}{16.0}$

2）经纬仪法。此法适用于地形起伏较大、不便于丈量距离的地段。将经纬仪安置在中桩上，用视距法测出横断面方向各变坡点至中桩的水平距离和高差。

横断面测量还可以利用全站仪测定横断面上变坡点与中线桩间的距离及高差。

（2）线路横断面图绘制。横断面图的水平比例尺和高程比例尺相同，一般采用 1:200 或 1:100。绘图时，先将中桩位置标出，然后分左、右两侧，依比例按照相应的水平距离和高差，逐一将变坡点标在图上，再用直线连接相邻各点，即得横断面地面线。如图 11-18 所示为某中桩处横断面图。

（3）土方量计算。土方量计算包括填、挖土方量的总和。计算方法是：以相邻两个横断面之间为计算单位，即分别求出相邻两个横断面上路基的面积和两横断面之间的距离来求土方量。

图 11-19 中，A_1 和 A_2 为相邻的横断面上路基的面积，L 为 A_1 和 A_2 之间的距离，则两横断面间的土方量可近似地计算为：

$$V = \frac{1}{2}(A_1 + A_2) \cdot L \qquad (11-21)$$

式中 A_1 和 A_2 可在路基横断面设计图上用求积仪或解析法求得。L 可根据里程桩求得。

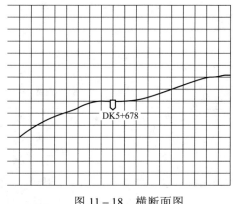

图 11-18　横断面图

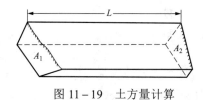

图 11-19　土方量计算

11.3　道路施工测量

道路施工测量是按设计要求和施工进度，及时测设作为施工依据的各种桩点。其主要内容包括道路施工复测、路基放样、路面放样等。

11.3.1　道路中线复测

道路定测以后经常要经过一段时间才施工，定测时的某些桩点难免丢失或移动，因此在道路施工开始之前，应检查、恢复全线的控制桩和中线桩。施工复测的工作内容、方法、精度要求与定测的基本相同。经过复测，凡是与原来的成果或点位的差异，在允许的范围时，应以原有的成果为准。当复测与定测成果不符值超出容许范围时，应多方寻找原因，如确属定测资料错误或桩点发生移动，方可改动定测成果并且改动尽可能限制在局部的范围内。

施工复测后，中线控制桩必须保持正确位置，以便在施工中经常用来恢复中线。因此，复测过程中还应对道路各主要桩（如交点、直线转点、曲线控制点等）在工程施工范围之外设置护桩。护桩一般设置两组，连接护桩的直线宜正交，困难时交角不宜小于 $60''$，每组护桩不得少于 3 个。根据中线控制桩周围的地形条件等，护桩按图 11-20 所示的形式进行布设。对于地势平坦、填挖高度不大、直线段较长的地段，可在中线两侧一定距离处，测设两排平行于中线的施工控制桩，如图 11-21 所示。

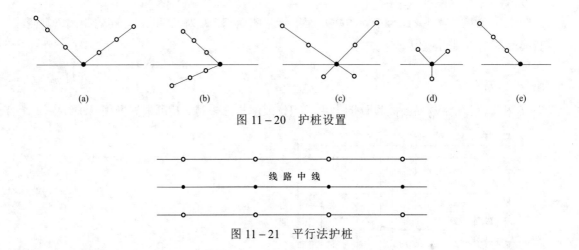

图 11-20　护桩设置

图 11-21　平行法护桩

11.3.2　路基边桩测设

路基边桩测设就是在地面上将每一个横断面的路基边坡线与地面的交点用木桩标定出来。边桩的位置由两侧边桩至中桩的距离来确定。边桩测设的方法很多，常用的有图解法和解析法。

1. 图解法

在地势比较平坦的地段，如果横断面测绘精度较高，可以在路基横断面设计图上直接量取中桩到边桩的水平距离，然后到实地在横断面方向用皮尺量距进行边桩放样。

2. 解析法

（1）平坦地段路基边桩的测设。填方路基称为路堤，挖方路基称为路堑，如图 11-22 所示。

路堤边桩至中桩的距离为：$D=B/2+mh$ 　　　　　　　　　　　　　　（11-22）

路堑边桩至中桩的距离为：$D=B/2+S+mh$ 　　　　　　　　　　　　（11-23）

式中　B——路基设计宽度；

　　　S——路堑边沟顶宽；

1:m——路基边坡坡度；

　　h——填土高度或挖土深度。

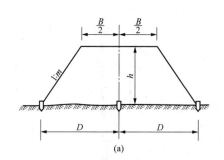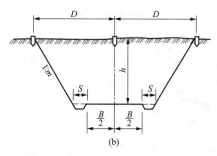

图 11-22　路堤、路堑

（a）路堤；（b）路堑

以上是横断面位于直线段时求算 D 值的方法。若横断面位于曲线上有加宽时，在按上面公式求出 D 值后，在曲线内侧的 D 值中还应加上加宽值。

（2）倾斜地段路基边桩的测设。在倾斜地段，边桩至中桩的距离随着地面坡度的变化而变化。

如图 11-23 所示，路堤边桩至中桩的距离为：

$$\left.\begin{array}{ll}斜坡上侧 & D_{上}=B/2+m(h_{中}-h_{上}) \\ 斜坡下侧 & D_{下}=B/2+m(h_{中}+h_{下})\end{array}\right\} \qquad (11-24)$$

如图 11-24 所示，路堑边桩至中桩的距离为：

$$\left.\begin{array}{ll}斜坡上侧 & D_{上}=B/2+S+m(h_{中}+h_{上}) \\ 斜坡下侧 & D_{下}=B/2+S+m(h_{中}-h_{下})\end{array}\right\} \qquad (11-25)$$

式中　B、S、m——已知；

　　　　$h_{中}$——中桩处的填挖高度，已知；

　　$h_{上}$、$h_{下}$——斜坡上、下侧边桩与中桩的高差，在边桩未定出之前为未知数。

由于 $h_{上}$、$h_{下}$ 未知，不能计算出边桩至中桩的距离值，因此在实际工作中采用逐点趋近法测设边桩。

逐点趋近法测设边桩位置的步骤如下

1）先根据地面实际情况并参考路基横断面图，估计边桩的位置，与中桩的距离为 D'。

2）测定该位置与中桩的高差 h，按此高差 h 与边坡坡度可以计算出该位置与中桩的距离 D。

3）计算值 D 与估计值 D' 相符时，即得边桩位置。

若 $D>D'$，说明估计位置需要向外移动，再次进行试测，直至 $\Delta D=|D-D'|<0.1$m 时，可认为该估计位置即为边桩的位置。逐点趋近法测设边桩，需要在现场边测边算，有经验后试测一两次即可确定边桩位置。

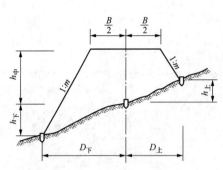

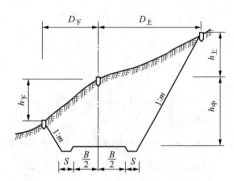

图 11-23 斜坡地段路堤边桩测设　　　　图 11-24 斜坡地段路堑边桩测设

11.3.3 路基边坡的测设

边桩测设后，为保证路基边坡施工按设计坡率进行，还应将设计边坡在实地上标定出来。

1. 挂线法

挂线法测设边桩如图 11-25（a）所示，O 为中桩，A、B 为边桩，CD 为路基宽度。测设时，在 C、D 两点竖立标杆，在其上等于中桩填土高度处作 C'、D' 标记，用绳索连接 A、C'、D'、B，即得出设计边坡线。当挂线标杆高度不够时，可采用分层挂线法施工，如图 11-25（b）所示。此法适用于放样路堤边坡。

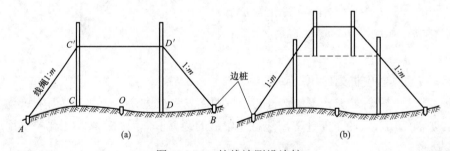

图 11-25 挂线法测设边桩

2. 边坡样板法

边坡样板按设计坡率制作，可分为活动式和固定式两种。固定式样板常用于路堑边坡的放样，设置在路基边桩外侧的地面上，如图 11-26（a）所示。活动式样板也称活动边坡尺，它既可用于路堤、又可用于路堑的边坡放样，图 11-26（b）表示利用活动边坡尺放样路堤的情形。

3. 插杆法

机械化施工时，在边桩外插上标杆表明坡脚位置，每填筑 2~3m 后，用平地机或人工修整边坡，使其达到设计坡度。

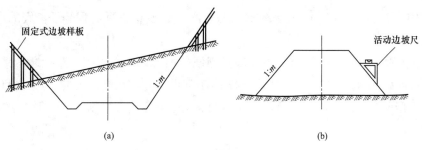

图 11 − 26　边坡样板法测设边坡

11.3.4　路基高程的测设

根据道路附近的水准点，在已恢复的中线桩上，用水准测量的方法求出中桩的高程，在中桩和路肩边上竖立标杆，杆上画出标记并注明填挖尺寸，在填挖接近路基设计高时，再用水准仪精确标出最后应达到的标高。

机械化施工时，可利用激光扫平仪来指示填挖高度。

11.3.5　路基竣工测量

路基土石方工程完成后应进行竣工测量。竣工测量的主要任务是最后确定道路中线的位置，同时检查路基施工是否符合设计要求，其主要内容有中线测设、高程测量和横断面测量。

1. 中线测设

首先根据护桩恢复中线控制桩并进行固桩，然后进行中线贯通测量。在有桥涵、隧道的地段，应从桥隧的中线向两端贯通。贯通测量后的中线位置，应符合路基宽度和建筑限界的要求。中线里程应全线贯通，消灭断链。直线段每 50m、曲线段每 20m 测设一桩，还要在平交道中心、变坡点、桥涵中心等处以及铁路的道岔中心测设加桩。

2. 高程测量

全线水准点高程应该贯通，消灭断高。中桩高程测量按复测方法进行。路基面实测高程与设计值相差不应大于 5cm，超过时应对路基面进行修整，使之符合要求。

3. 横断面测量

主要检查路基宽度、边坡、侧沟、路基加固和防护工程等是否符合设计要求。横向尺寸误差均不应超过 5cm。

11.3.6　路面放样

公路路基施工之后，要进行路面的施工。公路路面放样是为开挖路槽和铺筑路面提供测量保障。

在道路中线上每隔 10m 设立高程桩，由高程桩起沿横断面方向各量出路槽宽度一半的长度 b/2，钉出路槽边桩，在每个高程桩和路槽边桩上测设出铺筑路面的标高，在路槽边桩

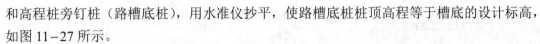

和高程桩旁钉桩（路槽底桩），用水准仪抄平，使路槽底桩桩顶高程等于槽底的设计标高，如图 11-27 所示。

为了顺利排水，路面一般筑成中间高两侧低的拱形，称为路拱。路拱通常采用抛物线型，如图 11-28 所示。将坐标系的原点 O 选在路拱中心，横断面方向上过 O 点的水平线为 x 轴、铅垂线为 y 轴，由图可见，当 $x=b/2$ 时，$y=f$，代入抛物线的一般方程式 $x^2=2py$ 中，可解出 y 值为：

$$y = \frac{4f}{b^2} \cdot x^2 \qquad\qquad (11-26)$$

式中 b——铺装路面的宽度；

$\quad\quad\ f$——路拱的高度；

$\quad\quad\ x$——横距，代表路面上点与中桩的距离；

$\quad\quad\ y$——纵距，代表路面上点与中桩的高差。

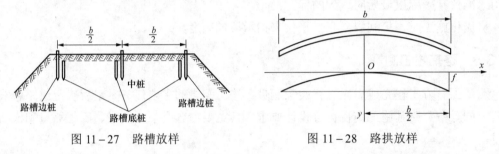

图 11-27　路槽放样　　　　　　　图 11-28　路拱放样

在路面施工时，量得路面上点与中桩的距离按上式求出其高差，以控制路面施工的高程。公路路面的放样，一般预先制成路拱样板，在放样过程中随时检查。铺筑路面高程放样的容许误差，碎石路面为 ±1cm，混凝土和沥青路面为 3mm，操作时应认真细致。

11.4　架空输电线路测量

架空输电线路是指架设在电厂升压变电站和用户中心降压变电站之间的输电导线，一般通过绝缘子悬挂在杆塔上。输电线路采用三相三线制，一般单回路杆塔上有三根导线。架空输电线路采用的导线是由许多根钢芯铝裹线绞织而成的钢芯铝绞线。绝缘子又称瓷瓶，分为针式瓷瓶和悬式绝缘子串两类。

杆塔依地形和设计要求排列成一条直线或折线。杆塔的形式主要有单杆、门形双杆和铁塔，根据杆塔的受力情况也可分为直线杆塔和耐张转角杆塔。竖立在线路直线部分的杆塔，只承受导线和绝缘子等的垂直载荷和水平载荷，结构简单，称为直线杆塔。竖立在线路转角点上的杆塔，须承受相邻两档导线拉力所产生的合力，是一种耐张杆塔。相邻两杆塔导线悬挂点之间的水平距离，称为档距。相邻两耐张杆塔之间的水平距离，称为耐张段长度。35kV 以下的线路，档距为 150m 左右；110kV 的线路，档距为 250m 左右。耐张段长度为 3~5km。在一个耐张段内，由于各处地形情况不同，各杆塔之间的档距也不相等。

为了计算导线的应力和弛度，须选择一个理想的档距，称这一档距为该耐张段的代表档距。若各杆塔间相应档距为 l_i，则代表档距 l_r 按式（11-27）计算。

$$l_r = \sqrt{\frac{\sum l_i^3}{\sum l_i}} \qquad (11-27)$$

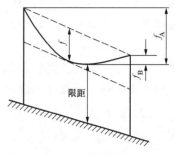

图 11-29　导线的弛度和限距

两杆塔间的导线中间自然下垂。从悬挂点到导线下垂最低点的铅垂距离称为弛度，也称弧垂，以 f 表示。如果两悬挂点等高时，弛度恰好发生在档距中央；如果两悬挂点不等高，则有两个弛度，如图 11-29 中的 f_A 和 f_B。在实际工作中，当两悬挂点等高时，常以连接两悬挂点的直线 AB 与导线所形成的曲线之间最大的铅垂距离代表弛度，称为斜弛度 f。理论证明，斜弛度 f 产生在档距的中央，并不是导线的最低点，即：

$$f = \frac{H_A + H_B}{2} - H_C \qquad (11-28)$$

式中　H_A、H_B、H_C——分别为两个悬挂点和档距中点上导线的高程。

斜弛度 f 与导线最低点的弛度 f_A 和 f_B 有如下关系，即：

$$f = \left(\frac{\sqrt{f_A} + \sqrt{f_B}}{2}\right)^2 \qquad (11-29)$$

弛度的力学意义与档距 l、导线的单位重量 g（包括额外负荷如复冰、风力等）以及导线的应力 σ 等因素有关，它是用式（11-30）计算，即：

$$f = \frac{gl^2}{8\sigma} \qquad (11-30)$$

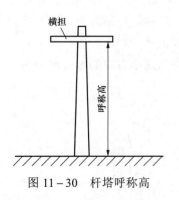

图 11-30　杆塔呼称高

导线的悬挂高度与杆塔横担高度有关，从地面到最低横担面的高度称为杆塔呼称高，如图 11-30 所示。为安全起见，导线与地面或其他设施必须保持一定的距离，其允许的最小安全距离称为限距。限距的大小与输电线路的电压和地物类别有关，例如对于居民区而言，6~10kV 的限距是 6.5m，35~110kV 的限距为 7.0m。小于规定限距的地面点称危险点。一般危险点应及时处理，使其满足限距要求。

架空线路测量的主要工作就是根据设计要求测量架空线路的路径、杆塔的排列、拉线的位置方向、弛度和限距的大小等。其中包括架空线路选线、定线、平断面测量、杆塔定位和施工放样等项内容和工序。

11.4.1 路径方案的选择和定线测量

1. 路径方案的选择

路径指架空线路所经过的地面。所选路径应当合理、经济、便于施工运行，这就要求路径短且直，转弯少、转角小、交叉跨越不多，当导线最大弛度时，对地面建筑物满足限距要求。此外，在选择路径方案时还应注意以下几点：

（1）当线路与公路、铁路以及其他高压线平行时，至少应与它们隔开一个安全到杆距离，即最大杆塔高度加 3m。与重要通信线特别是国际线平行时，其最小允许间距必须经过大地导电率测量和通信干扰计算来确定。

（2）线路应尽量设法绕过居民区和厂矿区，特别应该远离油库、火药库等危险品仓库和飞机场。线路离飞机场的允许最小距离应和有关主管部门共同研究确定，并订出协议。

（3）当线路与公路、铁路、河流以及其他高压线、重要通信线交叉跨越时，其交角应不小于 30°。

（4）线路应尽量避免穿越林区，特别是重要的经济林区和绿化区。如果不可避免时，应严格遵守有关砍伐规定，尽量减少砍伐数量。

（5）杆塔附近应无地下坑道、矿井和滑坡、塌方等不良地质现象；转角点附近的地面必须坚实平坦，有足够的施工场地。

（6）沿线应有可通车辆的道路或通航的河流，便于施工运输和维护、检修。

选线工作一般先在小比例尺图上选一条合理路线，然后实地踏勘，标定线路起讫点、转角点和主要交叉跨越点的大体位置。在勘察过程中，如发现方案不符实际情况，可以进一步调查，及时修改路线。

2. 定线测量

定线测量的主要任务是正式标定线路的起讫点、转角点和主要交叉跨越点的位置，定出方向桩和直线桩，测定转角大小，并在转角点上定出分角桩，如图 11-31 所示。转角桩在图上和实地上都要在编号前加一个 J 表示，一般称为 J 桩。线路转角的大小，以来线方向的延长线转至去线方向的角值表示，用正倒镜一测回观测并记录。J_2 是右转一个 α_2 角，J_3 是左转一个 α_3 角。在 J 桩附近要标出来线和去线的方向，表示这个方向的木桩称为方向

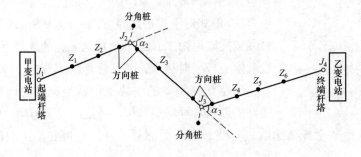

图 11-31 定线测量应标定的各种桩位

桩，一般标定在离 J 桩 5m 左右的路径中线上，并在木桩侧面标注"方向"二字。分角桩标定在 J 桩的外分角线（大于 $180°$ 的钝角分角线）上，也离 J 桩 5m 左右，木桩侧面标注"分角"二字。分角桩与两边导线合力的方向相反，杆塔竖立以后，要在分角方向打一条拉线，使其与两边导线拉力所产生的合力抗衡，保证杆塔不致偏倒。

直线桩是指位于两个转角桩中心连线上，不在转角点附近的路径方向桩。它是平断面测图和施工定位的依据，一般在直线桩前加一个 Z 表示。直线桩位置应选在路径中心线上突出明显，便于观测地形的地方。相邻两直线桩的距离一般不超过 400m。

在定线测量时，若无障碍物影响，通视良好的情况下，可用经纬仪正倒镜法延长直线。遇到障碍物时，常采用等腰三角形法或矩形法绕过障碍。采用 DJ_6 经纬仪定线，方向点偏离直线应在 $180°±1°$ 以内。

11.4.2　平断面测量

平断面测量主要工作包括：测定各桩位高程及间距，计算线路累积距离；测定路径中线上各碎部点对桩位的距离和高差，绘制纵断面图和平面示意图；测量可能小于限距的危险圆和风偏断面。

1. 桩位高程和间距的测量

首先利用水准测量的方法从邻近的水准点引测路径起点的高程。线路上其他桩位的高程和间距可用全站仪光电三角高程导线、光学经纬仪视距高程导线法等方法确定。当最大视距不超过 400m 时可采用视距高程导线测定，要求视距要用三丝，竖直角观测一测回，测距误差同向不应大于 1/200，对向观测不应大于 1/150。视距高程采用 DJ_6 仪器对向观测高差较差的限差，可按式（11−31）计算。

$$\delta_h = S \cdot \alpha \qquad (11-31)$$

式中　δ_h——对向观测的高差较差；

　　　S——边长（0.1km）；

　　　α——垂直角（ ° ），当 α 小于 $3°$ 时，可按 $3°$ 计算。

当视距高程导线和水准点闭合时，其高差闭合差应符合式（11−32）规定。

$$W_h \leqslant \pm 0.1\alpha_p \frac{L}{\sqrt{n}} \qquad (11-32)$$

式中　W_h——高差闭合差；

　　　α_p——平均垂直角，当 α 小于 $3°$ 时，可按 $3°$ 计算，（ ° ）；

　　　L——线路长度，km；

　　　n——导线边数。

2. 路径纵断面图的测绘

架空输电线路径中线的纵断面图和其他纵断面图的绘制方法基本相同，另有一些不同要求：

（1）在断面图上除了反映地面的起伏情况外，还应显示出线路跨越的地面突出建筑物的高度。如果地面建筑物恰好位于路径中线上，称为正跨，图中以线表示；如果地面建筑物仅被输电线路的左右两边的导线所跨，称为边跨，图中以虚线表示。

（2）采用光学经纬仪断面测量时，视距不宜大于 300m；当超过时，应用正倒镜观测或加设测站施测。当用正倒镜观测时，距离的相对误差不应大于 1/200，垂直角较差不应大于 1′。

（3）当线路跨越通讯线和高压线时，除了以电杆符号表示它们的顶高外，还应注明高压线的伏数和通信线的线数，并注明上线高。

（4）导线跨越的河流、湖泊、水库，应调查和测定最高洪水位，并在图中表示出来。

为了便于设计人员在图上作排杆设计，通常采用横向比例尺 1:5000，纵向比例尺 1:500。在绘图之前，应根据图例从左至右定出里程标；里程标的零点就是线路的起点。标高线绘在靠近起点的左边，并标出高程。为了保证路径上最高断面和最低断面不致于落到图外，每张图标高线起点的高程应定得合适。

3. 危险点、边线断面和风偏断面的测绘

（1）危险点。凡是靠近路径中心线（35kV 离中线 5m 以内，110kV 离中线 6m 以内）的地面突出物体，如果它们至导线的距离可能小于限距，就可认为是危险点。在断面图上应显示出危险点的高程位置；在平面图上应显示出它至路径中线的距离和左右位置。危险点在图上以"⊙"表示。

（2）边线断面。当左右两条导线经过的地面高出路径中线地面 0.5m 以上时，须测绘边线断面。考虑边线断面的方向和路径中线平行，而位置比中线断面高，可将其绘于中线断面的上方。在平面图上也应显示出边线断面的左右位置。边线断面的表示方法为

路径前进方向左边的边线断面用："— · — · — · — · ·"表示。

路径前进方向右边的边线断面用："·····························"表示。

（3）风偏断面。当线路沿山坡而过，如果垂直于路径方向的山坡坡度在 1:3 以上时，为避免导线因风吹摆而靠近山坡，测绘此方向的断面，以便于设计人员考虑杆塔高度或调整杆塔位置。这种垂直于路径方向的断面称为风偏断面，一般此类断面宽度为 15m，用纵横一致的比例尺绘在相应中断面点位旁边的空白处。

4. 平面示意图的测绘

一般平面示意图绘在断面图下面的标框内，路径中线左右各绘 50m 范围，比例尺为 1:5000，和纵断面横向比例一致。绘图时先在标框中部画一条直线表示路径中线。中线两边的地物、地貌通常采用仪器测量结合目测的方法。

对于比较重要的交叉地段，还要根据设计要求测绘专门的地形图或交叉跨越平面图，采用比例尺一般为 1:500。

11.4.3 杆塔定位测量

平面图测量以后，设计人员便可根据图上反映的实际情况，合理设计杆塔位置，选择

合适的杆型和杆高。杆位确定后就可从图上量它与相邻断面桩之间的平距，从而可以在实地测设杆塔的位置。由于转角杆塔的位置就是 J 桩位置，杆塔的定位测量多指直线杆塔定位。

定位测量时，将全站仪或经纬仪安置在与所定杆位邻近的断面桩上，根据欲定杆位至断面桩的平距，沿中线方向定出杆位桩。由于断面图上反映的实地情况不可能十分准确，如按照设计距离定出的杆塔位置不利于竖杆时，在征得设计人员同意后，可以稍许前后移动，但移动范围一般不超过 ±3m。实地标定杆塔桩位后，应重新测定杆位桩至断面桩的距离和杆位高程。

杆塔定位测量后，应当编制成果表。在成果表中应列出杆塔编号、实地杆桩关系、档距、累距、杆位高程、转角方向等。为避免施工准备期间杆位桩被毁坏后无法恢复，进行定位测量时，必须在杆位桩前后中线上设置副桩，用红漆在副桩上注明至杆位桩的前后距离（以 "±" 表示），以便施工时查找。

11.4.4 架空输电线路施工测量

架空输电线路的施工包括基础开挖、竖立杆塔以及挂置导线等三道主要工作，相应这三道工序的测量工作有施工基面测量、拉线放样和弛度放样。

1. 施工基面测量

施工基面就是竖立杆塔时作为计算基础埋深和杆塔高度的起始平面。在线路施工中，杆塔基础的埋置深度是以水平地面为基准规定的。一般根据杆塔基础的埋深和宽度以及斜坡的工程地质指标选择合适的施工基面。施工基面如果定得很低，虽然对保证基础稳定有好处，但增加了基坑开挖的土方量，而且降低了悬挂点的高程，减少了导线对地距离。施工基础测量的目的就是根据规范要求定出适当的施工基面，测定基础开挖的土方量，为此先要标定杆塔各个基角的位置，这步工作又称分坑。

（1）直线杆塔。位于直线部分的单杆的杆脚位于杆位桩上。门型双杆和正方锥型铁塔，它们的各杆则以杆位桩为对称中心，分布在路径中线的两边，如图 11-32 所示。

（2）转角杆塔。位于转角点上的杆塔，除了转角很小（10° 以内）时，可以直接以转角桩（J 桩）作杆塔中心桩外，也可以位移桩作杆塔中心桩，如图 11-33 所示。

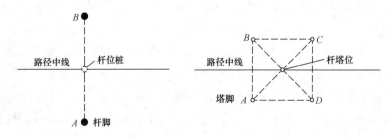

图 11-32 直线杆塔基角位置

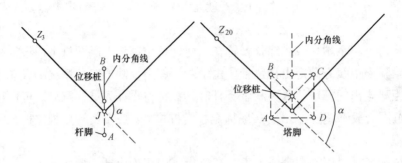

图 11-33　转角杆塔基脚位置

在测定转角杆塔各脚位置之前，应先测定位移桩。具体方法首先在转角桩上安置经纬仪或全站仪，定出内分角线（角值为 $180°-\alpha$ 的角度平分线），从 J 桩沿内分角线量出一段平距 S。

$$S = S_1 + \frac{e}{2}\tan\frac{\alpha}{2} \qquad (11-33)$$

式中　S_1——为使横担两边绝缘子串之间的跳线与杆身保持应有的间隙而设计的预偏距离；

　　　e——横担和绝缘子串挂板（也称挂线板）两边的宽度；

　　　α——转角角度。

式中数据可从杆塔设计图中查得。

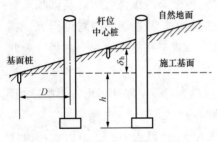

图 11-34　标定施工基面的方法

杆塔基角位置标定后，从靠外坡方向的杆脚位置朝坡下量出一段平距 D，标定地面点，定出施工基面桩，如图 11-34 所示。D 的大小根据基础底盘大小和埋深确定。一般单杆和门型双杆采用 1~2m；铁塔采用 2~3m；转角杆塔按此要求放大 0.5m 左右。定出施工基面桩后，测定它对杆位中心桩的高差。

单杆和门型杆均不平整地基，直接从杆脚地面按基坑要求大小放坡切口开挖；铁塔须先按施工基面标高平整地基，平整后恢复塔脚中心位置，再按基坑要求大小放坡切口开挖。基坑开挖深度均从施工基面桩起算，须用水准测量测定，使基坑地面标高符合设计要求。

2. 拉线放样

拉线的种类很多，但放样方法基本相同。在杆塔设计图中，通常载有拉线与横担之间的水平角 α、拉线的最大垂距 H（即从杆上的拉线挂线点至施工基面的高度，又称拉高）、拉线与杆身的夹角 β（一般为 30° 或 45°）和拉盘埋深 h。拉盘上有一根斜伸出土的带圈拉棒，从杆上扯下的拉线，绷紧栓在拉棒上。放样的目的就是竖杆之前，按照设计要求在地面上标定拉盘埋设的中心位置，保证所安的拉线与杆身的夹角符合设计标准，其误差在 ±1° 以内。

（1）单杆拉线的放样。如图 11−35 所示，设 G 为杆脚，以杆身中心线 PG 代表杆身。N 为拉盘中心，M 为 N 在地面的投影，即应标定的中心桩位；$MN=h$，即为拉盘埋深。B 为拉线上部的挂线点，离开施工基面的高度为 H。拉线 NB 延长与杆身中心相交于 O，其交角为 β。

1）放样数据的计算。现以直线连接 M 和 G，令 $MG=D$；过 M 作拉线 NB 的平行线与杆身中心线相交于 P，组成 ΔMPG。在此三角形中：$\angle MPG=\beta$；$\angle MGP=Z$（即天顶距）；$PG=H'$。根据正弦定理可得：

$$D=\frac{H'\sin\beta}{\sin(\beta+Z)} \qquad (11-34)$$

$$H'=H+r\cot\beta+h$$

式中　r——挂线点 B 对杆身中心线的距离，可在杆塔设计上查到。

如果放样时仪器正安置在挂线点的下面，则 $r=0$，$H'=H+h$。

此外，由图 11−35 可知，$NO=MP$。通常以 NO 作为拉线的计算长度，并以 L 表示

$$L=\frac{H'\sin Z}{\sin(\beta+Z)} \qquad (11-35)$$

拉线的实际长度还应抛去计算长度中包含的拉棒和挂线板等金具长度以及杆身半径的影响，根据具体情况考虑。

2）放样步骤和方法。单杆拉线放样可使用经纬仪和全站仪进行现场标定，具体步骤如下：

a. 在杆位桩上（或正对挂线点的下面）安置经纬仪或全站仪，量取仪高 i（从施工基面至竖盘中心的高度）。

b. 根据拉线方向与横担或路径中线的夹角 α，用盘左位置标定望远镜方向。

c. 在拉线方向估计大致接近拉盘位置的地方竖立标尺或棱镜，以中丝照准尺上读数等于仪器高 i 处或棱镜高度为 i，读取天顶距 Z；在直接获取竖盘中心至中丝读数处的斜距 D'。

d. 比较计算的 D 与 D' 是否相等；若不相等则根据其差值大小前后移动标尺或棱镜，重新观测、计算，直至算出的 D 与量得的 D' 之差在允许范围（0.1m）为止，此时立尺点即是拉盘中心桩的位置。

（2）双杆 V 形拉线的放样。门型双杆的正 V 形拉线，如图 11−36 所示，其拉线平面与杆身平面的夹角也是 β；拉盘一般埋设在路径中线上。测定拉盘中心桩时，仪器安置在杆位桩 G 上，测定方法与前面所述相同。但按式（11−35）求出的拉线"计算长度" $NO=L'$，不是正 V 形拉线两边应有的长度 L，还必须考虑门型双杆两塔脚间的距离的影响。正 V 形拉线两边应有长度为：

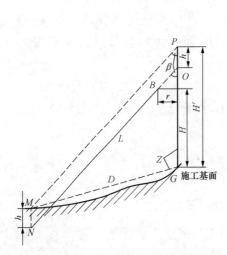

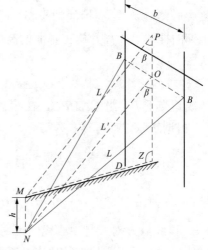

图 11-35　拉盘中心桩的标定　　　　图 11-36　门型双杆正 V 型拉线

$$L = \sqrt{L'^2 + \left(\frac{b}{2}\right)^2} \qquad (11-36)$$

它的实际长度同样还应抛去拉棒和挂线板等金具的长度。

3. 弛度放样

在挂线时，需要通过测量放样弛度 f。f 的数值每条线路各不相同，可以从专门的设计弛度表中查得。弛度放样一般在紧线段（耐张段）内中间一档进行；放样精度要求达到 1/100。

（1）平行四边形法。如图 11-37 所示，分别在观测档的两根杆塔上，由导线悬挂点向下量取一段长度 f，定出观测点，在此点上绑一块觇板。紧线时通过两块觇板进行观测，当导线恰好与视线相切，即得到相应的弛度 f。

图 11-37　平行四边形法放样弛度

（2）中点天顶锯法。如图 11-38 所示，在档距中垂线上适当位置架设经纬仪，使竖盘安置在预定的读数上，通过望远镜进行观测。设测站 M 的地面高程为 H_M，仪器高为 i，而测站至导线中点 C 的平距为 D，根据式（11-28）和高差公式可算得天顶距为：

$$Z = \arctan^{-1}\frac{D}{H_C - (H_M + i)} \qquad (11-37)$$

因此只需定出档距的中垂线，选定测站并测出其与导线中点的平距 D；假定一个仪器高程 $H_M + i$，以此为基准再测定两悬挂点的高程 H_A 和 H_B。根据公式计算出 H_C 和应有的天顶距 Z，在竖盘上配置相应的读数；固定望远镜，照准中垂线方向进行观测。当导线落到中丝上时，即得到应放的弛度 f。

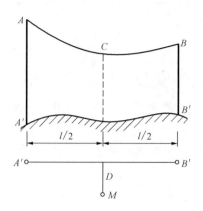

图 11-38 中点天顶距观测法放样弛度

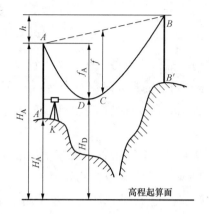

图 11-39 平视法弛度放样

（3）平视法。在导线正跨河流和山谷的观测当中，采用上述方法放样弛度不合适，此时可采用平视法。平视法的关键在于确定水准仪架设时应有的视线高 H_D。由图 11-39 可知：

$$H_D = H_A - f_A \tag{11-38}$$

式中 H_A——A 悬挂点的高程；

f_A——导线最低点 D 对 A 点的弛度。

对 B 悬挂点而言，它的弛度为 f_B；由于 B 点比 A 点高，故 $f_B = f_A + h$（h 为悬挂点间的高差）。于是又有：

$$H_D = H_B - f_B \tag{11-39}$$

为了求得水准仪应架设的高度 H_D，必须知道 f_A 或 f_B。但是设计一般只给出导线中点的弛度 f，因此必须根据弛度 f 和两悬挂点间的高差 h 算出导线最低点的弛度 f_A 或 f_B。由式（11-29）可得：

$$\sqrt{f_B} = 2\sqrt{f} - \sqrt{f_A}$$

两边开方展开后，考虑到 $f_A = f_B - h$，以此代替等式右端第末项 f_A，移项整理得到：

$$4\sqrt{f f_A} = 4f - h$$

由此解得：

$$f_A = f\left(1 - \frac{h}{4f}\right)^2 \tag{11-40}$$

同理可得：

$$f_B = f\left(1 + \frac{h}{4f}\right)^2 \tag{11-41}$$

将上述 f_A、f_B 代入式（11-38）和式（11-39）得：

$$H_D = H_A - f\left(1 - \frac{h}{4f}\right)^2$$

或
$$H_D = H_B - f\left(1 + \frac{h}{4f}\right)^2$$

求得 H_D 后，即可按下述方法进行操作：

1）根据自己的身高确定一个恰当的仪高 i，计算仪器安置点的应有高程：$H_K = H_D - i$。

2）从 A 端或 B 端地面起，沿 AB 导线方向进行水准测量，用前尺找出高程等于 H_K 的地面点 K。

3）在 K 点安置水准仪，使整平后的仪高等于 i，然后朝着导线方向观测，当导线落到与中丝相切时，便得到应放的弛度 f。

另外，对于弛度的放样工作可采用全站仪的悬高测量功能实现。

4. 线路竣工后的检测

为了保证输电线路的安全运行，施工完成后，应进行必要的检查。如对某些档内的弛度和限距是否合乎设计要求进行检查时，必须用仪器进行测量。

（1）限距检测。检测时将经纬仪安置在与线路大致垂直的方向上，在导线下面立尺，用三角高程测定该地面点对仪器的高差，同时求出平距；再照准立尺点上空的导线，观测天顶距，根据此天顶距和立尺点的平距计算出导线对仪器的高差。两个高差相减即得导线对地面的距离，应满足限距要求。此项检核也可利用全站仪的悬高测量功能实现。

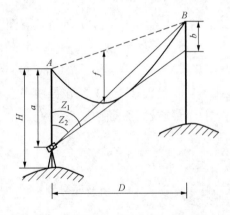

图 11-40　档端天顶距法检测弛度

（2）弛度检测。检测限距的方法很多，最简单的一种方法是利用式（11-28），即在档距的中垂线上安置经纬仪，用上述测定限距的方法测定两悬挂点和导线中间点的相对高程计算弛度。对于检测弛度的地方是在跨越河流和主要交通线的档内，如图 11-40 所示用档端天顶距法求弛度。在 A 端安置经纬仪，先用望远镜中丝切着导线，读得天顶距 Z_1，再照准悬挂点 B，读得天顶距 Z_2，于是可求得 $b = D(\cot Z_2 - \cot Z_1)$；此外，在杆塔设计图中可差得悬挂点 A 对施工基面的高程 H，而仪高 i 可以直接量取，于是可求得 $a = H - i$。最后，按式（11-42）计算弛度 f。

$$f = \left(\frac{\sqrt{a}}{2} + \frac{\sqrt{b}}{2}\right)^2 \tag{11-42}$$

此项检核也可利用全站仪的悬高测量功能实现。

11.5　桥梁施工测量

桥梁按其轴线长度一般分为特大型桥（＞500m）、大型桥（100～500m）、中型桥（30～

100m）和小型桥（＜30m）4 类，按平面形状可分为直线桥和曲线桥，按结构形式又可分为简支梁桥、连续梁桥、拱桥、斜拉桥、悬索桥等。随着桥梁的长度、类型、施工方法以及地形复杂情况等因素的不同，桥梁施工测量的内容和方法也有所不同，概括起来主要有桥梁施工控制测量、墩台定位及轴线测设、墩台细部放样等。

11.5.1　桥位控制测量

桥位控制测量的目的就是要保证桥梁轴线（即桥梁的中心线）、墩台位置在平面和高程位置上符合设计要求而建立的平面控制和高程控制。

1. 平面控制

桥位平面控制一般是采用三角网中的测边网或边角网的平面控制形式，如图 11-41 所示，AB 为桥梁轴线，双实线为控制网基线。图 11-41（a）和图 11-41（b）分别为双三角形和大地四边形，用于长度不足 200m 的桥梁控制。图 11-41（c）为双大地四边形，用于长度超过 200m 的桥梁控制，或者用三角锁。各网根据测边、测角，按边角网或测边网进行平差计算，最后求出各控制网点的坐标，作为桥梁轴线及桥台、桥墩施工测量的依据。

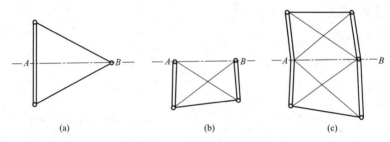

图 11-41　桥位平面控制网
（a）双三角形；（b）大地四边形；（c）双大地四边形

2. 高程控制

桥位高程控制一般是在线路勘测中的基平测量时已经建立。桥梁施工前，还应根据现场工作情况增加施工水准点。在桥位施工场地附近的所有水准点应组成一个水准网，以便定期检测，及时发现问题。高程控制应采用国家高程基准。

跨河水准测量必须按照《国家水准测量规范》，采用精密水准测量方法进行观测。如图 11-42 所示，在河的两岸各设测站点及观测点各一个，两岸对应观测距离尽量相等。测站应选在视野开阔处，两岸仪器的水平视线距水面的高度应相等，且视线距水面高度不应小于 2m。

水准观测：在甲岸，仪器安置在 I_1，观测 A 点，读数为 a_1，观测对岸 B 点，读数为 b_1，则高差 $h_1=a_1-b_1$。搬仪器至乙岸，注意搬站时望远镜对光不变，两水准尺对调。仪器安置在 I_2，先观测对岸 A 点，读数为 a_2，再观测 B 点读数为 b_2，则：

$$h_2=a_2-b_2$$

四等跨河水准测量规定，两次高差不符值应不大于 ±16mm。在此限差以内，取两次高差平均值为最后结果，否则应重新观测。

11.5.2 桥梁墩台中心的测设

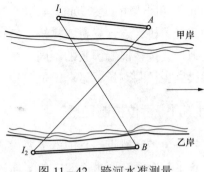

图 11-42 跨河水准测量

桥梁墩台中心的测设即桥梁墩台定位，是建造桥梁最重要的一项测量工作。测设前，应仔细审阅和校核设计图纸与相关资料，拟订测设方案，计算测设数据。

直线桥梁的墩台中心均位于桥梁轴线上，而曲线桥梁的墩台中心则处于曲线的外侧。直线桥梁如图 11-43 所示，墩台中心的测设可根据现场地形条件，采用直接测距法或交会法。在陆地、干沟或浅水河道上，可用钢尺或光电测距方法沿轴线方向量距，逐个定位墩台。如使用全站仪，应事先将各墩台中心的坐标列出，测站可设在施工控制网的任意控制点上（以方便测设为准）。

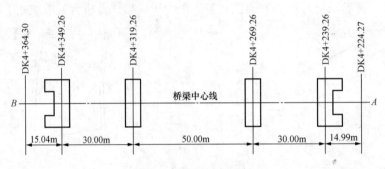

图 11-43 直线桥梁

当桥墩位置处水位较深时，一般采用角度交会法测设其中心位置。如图 11-44 所示，1、2、3 号桥墩中心可以通过在基线 AB、BC 端点上测设角度，交会出来。如对岸或河心有陆地可以标志点位，也可以将方向标定，以便随时检查。

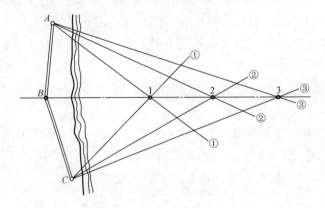

图 11-44 角度交会法测设桥墩

198

直线桥梁的测设比较简单，因为桥梁中线（轴线）与线路中线吻合。但在曲线桥梁上梁是直的，线路中线则是曲线，两者不吻合，如图 11-45 所示，线路中心线为细实线（曲线），桥梁中心线为点画线、折线。墩台中心则位于折线的交点上。该点距线路中心线的距离 E 称为桥墩的偏距，折线的长度 L 称为墩中心距。这些都是在桥梁设计时确定的。

明确了曲线桥梁构造特点以后，桥墩台中心的测设也和直线桥梁墩台测设一样，可以采用直角坐标法、偏角法和全站仪坐标法等。

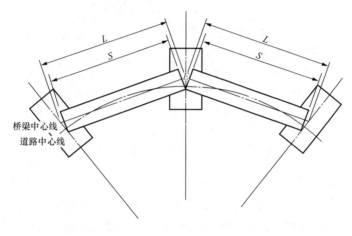

图 11-45　曲线桥梁

11.5.3　桥梁墩台施工测量

桥梁墩台中心定位以后，还应将墩台的轴线测设于实地，以保证墩台的施工。墩台轴线测设包括墩台纵轴线，是指过墩台中心平行于线路方向的轴线；而墩台的横轴线，是指过墩台中心垂直于线路方向的轴线。如图 11-46 所示，直线桥墩的纵轴线，即线路中心线方向与桥轴线重合，无须另行测设和标志。墩台横轴线与纵轴线垂直。图 11-47 为曲线桥梁，墩台的纵轴线为墩台中心处与曲线的切线方向平行，墩台的横轴线是指过墩台中心与其纵轴线垂直的轴线。

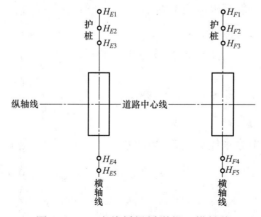

图 11-46　直线桥梁桥墩纵、横轴线

在施工过程中，桥梁墩台纵、横轴线需要经常恢复，以满足施工要求。为此，纵横轴线必须设置保护桩，如图 11–46 和图 11–47 所示。保护桩的设置要因地制宜，方便观测。

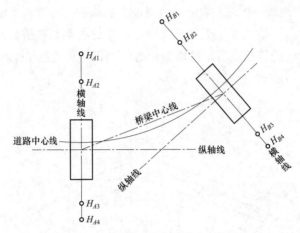

图 11–47　曲线桥梁桥墩纵、横轴线

墩台施工前，首先要根据墩台纵横轴线，将墩台基础平面测设于实地，并根据基础深度进行开挖。墩台台身在施工过程中需要根据纵横轴线控制其位置和尺寸。当墩台台身砌筑完毕时，还需要根据纵横轴线，安装墩台台帽模板、锚栓孔等，以确保墩台台帽中心、锚栓孔位置符合设计要求，并在模板上标出墩台台帽顶面标高，以便灌注。

墩台施工过程中，各部分高程是通过布设在附近的施工水准点，将高程传递到施工场地周围的临时水准点上，然后再根据临时水准点，用钢尺向上或向下测量所得，以保证墩台高程符合设计要求。

思考题

1. 计算圆曲线的主点需要哪些已知参数？决定圆曲线主点的曲线要素是什么？

2. 什么是缓和曲线，为何要设置？

3. 已知圆曲线的半径 $R=30$m，转角 $a=60°$，整桩间距 $l=50$m，JD 里程为 $K1+160.50$，试计算主点定位参数和主点里程。

4. 如何绘制线路纵横断面图？

5. 桥梁平面控制网的布设形式有哪些？

6. 桥梁平面控制网坐标系统如何选择或建立？

第 12 章
地下空间与高速铁路工程测量

地下工程主要是指隧道工程和地下管道工程。隧道是指道路穿越山岭的地下通道或地铁、矿山的井下巷道；地下管道则是指开挖施工而后埋设于地下或地下穿越的给水排水、通信电缆、供气供热等管道网络。

12.1　地下工程控制测量

12.1.1　隧道施工控制测量

为了满足隧道施工和准确贯通的需要，必须进行施工控制测量，包括隧道施工平面控制测量和高程控制测量。

1. 隧道平面控制测量

（1）导线法。导线法是在两隧道口之间布设一条附合导线，或在多个隧道洞口之间布设导线网，角度用经纬仪或全站仪测量，距离用光电测距施测。与各洞口设计中线上的点位进行联测，再根据导线和洞口点位的联测方向将设计的隧道中线方向引入洞内。导线法对各种长度的直线、曲线隧道均适用。

（2）三角网法。对于丘陵山区较长的隧道，为了加强控制网的精度，也可采用三角网法，即用全站仪测量三角锁的所有内角和边长，通过严密计算，求得所有控制点的精确坐标。三角网的布设最好在垂直于贯通面的方向直伸并将隧道中线上的主要点位包括在内，以减小其横向误差，提高隧道的贯通精度。三角网法适用于 GNSS 信号不好且不易布设导线的山区。

（3）GNSS 法。利用 GNSS 定位的方法进行隧道的地面控制，只需要在各洞口布设相互通视的控制点和定向点即可。各洞口之间的控制点无须通视，其布置不受地形限制，此法适用于特长隧道及通视条件较差的山岭通道。

2. 隧道高程控制测量

在隧道各洞口（包括隧道的进出口、竖井口、斜井口、平洞口等）附近埋设水准点，每一洞口埋设的水准点不应少于两个且要求安置一次水准仪即可进行联测，以便向各洞口引测高程并保证各隧道面按规定精度完成高程贯通。高程测量一般在平坦地区采用等级水准测量，在丘陵和山区采用光电测距三角高程测量。

12.1.2　管道施工控制测量

城市或工业集中区的地下管道种类繁多、上下穿插、纵横交错、范围较广，一般都沿道路呈网状布置。由于城市、工业集中区或道路一般事先都已建有平面和高程控制网，因而管道施工时通常可直接利用已经建好的导线网、GNSS 控制网及水准网进行平面和高程控制。

12.2　隧道施工测量

12.2.1　联系测量

为保证隧道掘进和施工，必须首先建立地上、地下统一的测量平面坐标和高程系统，并将该系统通过一定的测量方法，由地面传递到地下巷道，这项工作称为联系测量。其主要任务就是通过平面联系测量将地面上平面控制网的坐标、方位角传递到地下测量控制的起始点和起始边上；通过高程联系测量将地面上高程控制网的高程传递到地下的起始水准点上。

根据隧道洞口类型的不同，其联系测量分为平峒联系测量、斜井联系测量和竖井联系测量。

1. 平峒联系测量

平峒联系测量是通过平峒的入口或出口进行导线测量或水准测量直接将地面控制的坐标、方位角和高程引入洞内。其作业方法和地面相同，但从一个洞口进入的多为支导线或支水准，必须进行测量成果的复核，以防出错。

2. 斜井联系测量

斜井联系测量与平洞联系测量的方法基本相同，只是斜井带有较大的坡度，在测量过程中应克服斜坡给导线测量和水准测量带来的影响。

3. 竖井联系测量

竖井联系测量是经竖井将地面点位投测到地下，以近井点和水准基点为依据，通过一定的方法求得井下导线起算边的坐标方位角和起始点的平面坐标以及井下高程测量起算点高程，从而使洞内、外形成统一的空间坐标系统，以便确定隧道中线的空间位置。前两项工作属于平面联系测量，简称定向。后一项工作属于高程联系测量称为导入高程。

竖井联系测量可以通过一个井筒进行，也可以通过两个井筒进行，前者称为单井定向，后者称为双井定向。双井定向的成果可对单井定向的结果进行修正，从而提高地下导线网的精度。

12.2.2　隧道施工测量

隧道施工时，随着其长度的不断延伸，为了减小各种测量误差累积的影响，需要逐段进行地下的导线测量和高程测量，以便对隧道中线上点的平面坐标和高程进行控制。然后通过现场测量和计算来确定已知点的长度、方向和坡度，并进行隧道开挖断面的放样，以便指导施工。

1. 地下导线测量和高程测量

（1）地下导线测量。

1）导线布设。地下导线测量和地面上的导线测量基本相同。地下导线自联系测量得到的已知点和已知方位角起始，沿隧道布设。在一段施工隧道中，导线只能随隧道的掘进而向前延伸，所以开始往往都为支导线，但在主隧道的一侧或两侧分段有辅助隧道（如提供安全、工作或安装设施之用的隧道）贯通，以及在主隧道两端工作面贯通后，应及时组成局部或大环的闭合导线，以便对导线测量的成果进行复核和修正。

2）角度测量。地下导线的角度多用光学经纬仪进行观测，如用电子经纬仪或全站仪，则需要防爆装置。由于施工条件的限制，地下导线的点位一般埋设于施工隧道的顶板或已衬砌好的拱碹上。因此安置仪器时，需进行点下对中，即将望远镜水平放置，使其镜上中点与由顶上点位下吊垂球的尖端相吻合，而前视和后视导线点也由其顶上点位下吊垂球线作为照准标志，并尽量减小垂球线的晃动。

3）距离测量。地下导线的边长多用钢尺进行悬空丈量，使钢尺的零点对准水平放置的望远镜的镜上中点，另一端则利用照准点的垂球线在钢尺上所指的位置进行读数。水平隧道一般丈量水平距离，因而丈量时可用手控制该端的钢尺在竖向做少许移动，取其最小读数即为水平距离；倾斜隧道一般丈量倾斜距离，则需要在照准点的垂球线上注以照准标志，丈量时使钢尺的另一端以该标志为准进行读数，与此同时，测量该标志的竖直角 α，以便将斜距化为平距。边长一般都应进行往、返丈量，同时根据需要控制钢尺的拉力并施加相应的尺长和温度改正。如用光电测距仪，同样需要加防爆装置。

（2）地下高程测量。地下高程测量对水平隧道多采用水准测量，而倾斜隧道也可用三角高程测量，它们的方法与地上的水准测量和三角高程测量基本相同。

2. 隧道中线点位及掘进方向、高程和坡度的测设

隧道中线的设计参数包括方位角、里程及底面的高程和坡度等，根据这些参数可以计算隧道中线上任一点位的设计坐标和高程。施工测量就应根据离掘进工作面较近的导线点、水准点和隧道前进方向上中线点的设计坐标与高程，通过坐标反算和高差计算，进行前进隧道中线上点位和方向、高程及坡度的测设，以便指导掘进。

3. 隧道开挖断面放样

隧道开挖时，需要在工作面上标出开挖的范围，以便布置炮眼用于爆破。开挖后还需对断面进行检查，看其是否符合设计要求；如果需要衬砌混凝土拱碹，还应测设其立模位置等。

12.2.3　贯通测量

当同一层隧道的两个工作面相向掘进时，为保证隧道两端的方向、高程和里程（尤其是前两项）在贯通面上相互衔接的误差都符合设计要求所进行的测量称为贯通测量。贯通面上的贯通误差一般可分解为三个方向的误差，即水平垂直于中线的横向误差 Δu、沿铅垂方向的竖向误差 Δh，以及沿中线方向的纵向误差 Δl。其中，纵向误差与工程质量关系不大，一般不作考虑，而前两项误差的大小对隧道贯通质量的影响尤其重要，应重点关注。不同长度隧道贯通的容许误差见表 12-1。

表 12-1　　　　　　　　　　　不同长度隧道贯通的容许误差

两相向开挖洞口间距（km）	4	4~8	8~10	10~13	13~17	17~20
容许横向贯通偏差（mm）	±100	±150	±200	±300	±400	±500
容许竖向贯通偏差（mm）	±50	±50	±50	±50	±50	±50

12.3　管道施工测量

12.3.1　管道中线测量

管道中线测量的主要任务就是根据管道的平面设计，将管道的中线在实地标定出来，其内容包括测设管道中线上的主点桩、里程桩、加桩和实测交点上的转向角等。

1. 主点测设

管道的主点包括管道的起点、终点和中线上所有的方向转折点即交点。管道的起、终点一般都位于特定的地点，如供水管道的起点在城市水源处，而排水管道的终点在下游出水口；供气、供热管道的起点在城市燃气、热气的主入口；电信、电缆管道的起、终点位于电信中枢或发电厂、变电站，而管道的交点则一般位于城市道路的交叉口。在管道设计中，一般都标有主点的设计坐标，因此其主点一般都可依据附近的城市测量控制点采用极坐标法或全站仪坐标法进行测设。由于城市与工业集中区的管道中线大多平行于道路或大型建筑物的轴线，其主点也可根据中线转折点与周围道路、建筑物红线或其他地物的相互关系进行测设。如主点附近还设计有管道检查井或其他附属设施，在测设标定主点的同时，也应采用相同的方法将检查井和附属设施的位置测设出来。此外还应及时测定交点上的转向角，以便确定管道弯头的转角。主点测设完毕后，必须进行检核工作。

2. 里程桩和加桩测设

对直线段较长的管道，从管道的起始点开始，沿中线在实地设里程桩并在地形发生明显变化处设加桩。如果沿线的检查井较密，也可以检查井的桩位取代里程桩。

12.3.2 管道纵、横断面测量

通过纵、横断面测量绘制管道纵、横断面图，不仅是管道设计和管道施工工程量计算的依据，而且还可以充分反映旧有管道和新建管道之间的相互关系，并可作为管道竣工资料的组成部分，对将来城市地下管道的利用和管理起到重要作用。

管道纵、横断面测量和线路工程纵、横断面测量的方法基本相同，可参见第 11 章相关内容。

12.3.3 管道施工测量

管道施工测量的主要任务是根据设计图样的要求为施工测设各种标志，使施工人员便于随时掌握中线方向和高程位置。根据管道穿越位置的不同，采用的施工测量方法主要分为地下管道施工测量和顶管施工测量两类。

1. 地下管道施工测量

（1）施工前的准备工作。

1）熟悉图纸和现场状况。施工前要收集管道测量所需要的管道平面图、纵横断面图等有关资料，熟悉和了解施工现场和工程进度等。

2）检核中线。主要校核设计阶段在地面上标定的中线位置及其各桩点的完好性。若中线位置准确可靠且点位完好，则仅需校核一次即可；若中线位置不一致，则应按改线资料测设新点；若丢失部分桩点，则应根据设计资料恢复旧点。

3）测设施工控制桩。由于在施工时中线上各桩要被挖掉，为了便于在施工中恢复中线及附属建筑物的位置，应在不受施工干扰、引测方便和易于保存点位处测设施工控制桩。

4）水准点的加密。为了在施工过程中方便引测高程，应根据设计阶段所布设的水准点，在沿线附近 100～150m 增设临时施工水准点，并满足管线工程性质和有关规范的精度要求。

在引测水准点时，一般都同时校测管道处、入口和管道与其他管线交叉处的高程，如果与设计数据不相符，应及时与设计部门研究解决。

（2）槽口放线。槽口放线首先根据管道设计的类型、管径大小、埋深和土质情况计算槽口的开挖宽度，并在地面定出槽口边线的位置，以便开挖。其方法与线路路基边坡桩至中线桩的距离计算方法相似。

（3）施工过程中的中线、高程和坡度测设。在管道施工测量工作中，要根据工程进度反复地进行设计中线、高程和坡度的测设。常用的方法有坡度板法和平行轴腰桩法。

1）坡度板法。坡度板法是控制管道中线及管道设计高程的常用方法，一般采用跨槽埋设。当槽深在 2.5m 以内时，应于开槽前在槽口上每隔 10～15m 埋设一块坡度板，当遇到检修井、支线等构筑物时应加设坡度板；当槽深在 2.5m 以上时，应待开挖至距槽底 2.0m 左右时，再在槽内埋设坡度板。坡度板板身要埋设牢固，板面要近于水平。坡度板设好后，将经纬仪或全站仪置于中线控制桩上，把管道中线投测到坡度板上，钉上中心钉，用各中心钉的连线可在施工过程中检查和控制管道的中心线。

为了控制管道槽开挖深度，还需在坡度板上标出高程标志，其方法是在坡度板中心线一侧设置立板（称为高程板），在高程板的一侧钉上一颗小钉（称为坡度钉）。坡度钉的高程位置应由水准仪根据附近的水准点进行测设，测设的坡度钉的连线应平行于管道设计坡度线，即可在施工过程中用来控制管道的坡度和高程。

2）平行轴腰桩法。当现场条件不便于采用坡度板法进行管道施工测量时，可采用平行轴腰桩法来测设中线、高程及坡度控制标志。在开工前先于中线一侧或两侧测设一排平行于中线的轴线桩，各桩间相距约为20m。当管槽开挖到一定深度以后，以地面平行轴线桩为依据，在高于槽底约1m的槽坡处再钉一排与平行轴线平行的轴线桩，即为腰桩。用水准仪测出各腰桩的高程，在施工时可根据各腰桩来检查和控制埋设管道的中线和高程。

2. 顶管施工测量

当管道穿越地面建（构）筑物、道路及各种地下管线交叉处时，为了避免拆迁工作及既有建（构）筑物不受破坏，往往不允许开挖沟槽，而是采用顶管方式施工。顶管施工比开挖沟槽施工复杂、精度要求高，其主要任务是确定管道中线方向、高程和坡度。

顶管施工时在管道的一端和一定长度内，先挖好工作基坑并铺设导轨，安置管筒放在导轨上，然后将管筒机械送入坑底，顶进土中并挖出管内泥土，直至达到预定位置。若穿越的建筑物跨度较小，仍可采用由地面上经纬仪向下投测中线和水准仪向坑底传递高程的方法指导其施工；若穿越的建筑物跨度较大或为长距离水底施工，其施工测量包括利用邻近的导线点和水准点，测定顶管所在位置的坐标、高程及其轴线方向，然后用激光经纬仪或激光指向仪指示顶管推进的方向和坡度，使顶管的位置和前进方向始终满足设计的要求。

12.4 高速铁路施工测量

高速铁路施工测量是高速铁路施工阶段进行的测量工作，主要包括高铁控制网的布设、CPⅢ测量、GRP施测等内容。

12.4.1 高铁控制网的布设

高速铁路是列车最高运行速度达到200km/h及其以上的铁路。为了保证在高速行驶条件下旅客列车的安全性和舒适度，高速铁路必须具有非常高的平顺性和精确的几何线性参数。除对线下工程和轨道工程的设计施工等有特殊的要求外，还必须建立一套与之相适应的精密工程测量体系。纵观世界各国高速铁路建设，都建有一套满足勘测设计、施工、运营维护需要的精密工程测量控制网。

1. 平面控制网

高速铁路工程测量平面控制网分四级布设。CP0是高铁第一级框架控制网；CPⅠ为第二级基础控制网又称勘测控制网，主要为勘测、施工、运营维护提供坐标基准；CPⅡ为第三级线路控制网又称施工控制网，主要为勘测和施工提供控制基准；CPⅢ为第四级轨道控制网又称运营维护控制网，主要为轨道铺设和运营维护提供控制基准。框架控制网、勘测控制网、施工控制网、运营维护控制网坐标高程系统、起算基准和测量精度均应协调统一。

高速铁路工程平面控制测量应按逐级控制的原则布设，各级平面控制网的设计应符合表 12-2 的规定。

表 12-2　　　　　　　　　　各级平面控制网设计的主要技术要求

控制网	测量方法	测量等级	点间距	相邻点的相对中误差/mm	备注
CP0	GPS	一等	50km	20	
CP I	GPS	二等	小于 4km 一对点	10	点间距不小于 800m
CP II	GPS	三等	600~800m	8	
	导线	三等	400~800m	8	符合导线网
CP III	自由测站边角交会	一等	50~70m 一对点	1	

注　1. CP II 采用 GPS 测量时，CP I 可按 4km 一个点布设。

2. 相邻点的相对点位中误差为平面坐标分量中误差。

2. 高程控制网

高速铁路工程测量高程控制网分二级布设，第一级为线路水准基点控制网，为高速铁路工程勘测设计、施工提供高程基准；第二级为轨道控制网（CP III），为高速铁路轨道施工、维护提供高程基准。

高程控制测量等级的划分，依次为二等、精密水准、三等、四等、五等。各等级技术要求应符合表 12-3 的规定。

表 12-3　　　　　　　　　　高程控制网的技术要求

水准测量等级	每千米高差偶然中误差 m_Δ（mm）	每千米高差全中误差 m_W（mm）	附合路线或环线周长的长度（km）	
			附合路线长	环线周长
二等	≤1	≤2	≤400	≤750
精密水准	≤2	≤4	≤3	—
三等	≤3	≤6	≤150	≤200
四等	≤5	≤10	≤80	≤100
五等	≤7.5	≤15	≤30	≤30

其中：

$$m_\Delta = \sqrt{\frac{1}{4n}\left[\frac{\Delta\Delta}{L}\right]}$$

$$m_W = \sqrt{\frac{1}{N}\left[\frac{WW}{L}\right]}$$

式中　$\varDelta$ ——测段往返高差不符值，mm；

L ——测段长或环线长，km；

n ——测段数；

W ——附合或环线闭合差，mm；

N ——水准路线环数。

12.4.2　CPⅢ测量

CPⅢ控制网是在工程独立坐标系下的精密三维控制网，一般在路基、桥梁、隧道等线下工程沉降和变形满足要求并且轨道铺设条件评估通过后，在线下工程的结构物上布设。CPⅢ的控制网施测前，应对线下精密控制网（CPⅠ控制点、CPⅡ控制点、水准基点、加密点）进行复测，以确保CPⅢ控制网测量基准准确可靠。

1. 线下精密控制网复测

（1）平面复测。线下精密控制网平面复测常采用 GPS 测量，其网形设计一般以 CPI 对点作为联结边，采用边联式构网，控制网以大地四边形为基本图形组成带状网。每个控制点至少有 3 个以上的基线方向。CPⅡ控制网 GPS 测量的精度指标和导线测量的主要技术要求应分别符合表 12-4、表 12-5 的规定。

表 12-4　　　　　　　　　CPⅡ控制网 GPS 测量的精度指标

等级	固定误差 a（mm）	比例误差系数 b（mm/km）	基线边方位角中误差（″）	约束点间的边长相对中误差	约束平差后最弱边边长相对中误差
三等	≤5	≤1	≤1.7	1/180 000	1/100 000

注　当基线长度短于 500m 时，三等边长中误差应小于 5mm。

表 12-5　　　　　　　　　CPⅡ控制网导线测量的主要技术要求

控制网级别	附合长度（km）	边长（m）	测距中误差（mm）	测角中误差（″）	相邻点位坐标中误差（mm）	导线全长相对闭合差限差	方位角闭合差限差（″）	对应导线等级
CPII	≤5	400～800	3	1.8	7.5	1/55 000	$\pm 3.6\sqrt{n}$	三等

注　n 为导线环（段）的测角个数。

（2）高程复测。高程复测按二等水准测量的方法进行测量，复测相邻水准点间的高差。水准观测主要技术要求及其测量精度应分别符合表 12-6、表 12-7 的规定。

表 12-6　　　　　　　　　　水准观测主要技术要求

视距（m）	前后视距差（m）	测段前后视距累积差（m）	视线高度（m）	重复测量次数
≥3 且≤50	≤1.5	≤6.0	≤2.8 且≥0.55	≥2 次

表 12-7　　　　　　　　　　　　水准测量限差要求

水准测量等级	测段、路线往返测高差不符值		附合路线或环线闭合差	检测已测测段高差之差
	平原	山区		
二等	$\pm 4\sqrt{K}$	$\pm 0.8\sqrt{n}$	$\pm 4\sqrt{L}$	$\pm 6\sqrt{R_i}$

注　K 为测段水准路线长度，km；n 为测段水准测量站数；L 为水准线路长度，km；R_i 为检测测段长度，km。

2. CPⅢ控制网测量

（1）CPⅢ控制网平面测量

CPⅢ平面网采用自由设站边角交会法施测，应使用自动跟踪的高精度智能型全站仪进行测量。仪器水平角测量方向中误差不应大于 1s，距离测量中误差不应大于 $1mm + 2D \times 10^{-6}$（D 为测距，km），并且应符合下列规定：

1）CPⅢ平面网观测的自由测站间距一般约为 120m，测站内观测 12 个 CPⅢ点，全站仪前后方各 3 对 CPⅢ点，自由测站到 CPⅢ点的最远观测距离不应大于 180m；每个 CPⅢ点至少应保证有三个自由测站的方向和距离观测量，如图 12-1 所示。

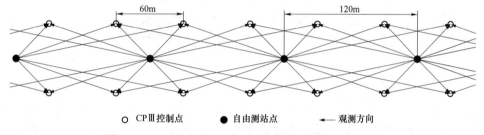

○ CPⅢ控制点　　● 自由测站点　　← 观测方向

图 12-1　测站观测 12 个 CPⅢ点平面网构网示意图

2）因遇施工干扰或观测条件稍差时，CPⅢ平面控制网可采用图 12-2 所示的构网形式，平面观测测站间距应为 60m 左右，每个 CPⅢ控制点应有四个方向交会。

3）CPⅢ平面网应附合于 CPⅠ或 CPⅡ控制点上，每 600m 左右应联测一个 CPⅠ或 CPⅡ控制点，统一采用自由测站法。在 CPⅠ、CPⅡ点上架设棱镜时，必须检查光学对中器精度、并采用精密支架。应在 3 个或以上自由测站上观测 CPⅠ、CPⅡ控制点，其观测图形如 12-3 所示。当 CPⅡ点位密度和位置不满足 CPⅢ联测要求时，应按同精度内插方式加密 CPⅡ控制点。

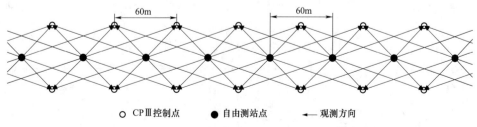

○ CPⅢ控制点　　● 自由测站点　　← 观测方向

图 12-2　测站间距为 60m 的 CPⅢ平面网构网形式

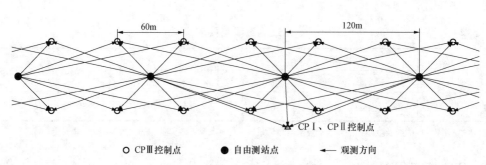

图 12－3　联测 CP Ⅰ、CP Ⅱ控制点的观测网图

4）自由设站水平角测量应采用全圆方向观测法，观测时必须满足表 12-8 的规定。

表 12-8　　　　　　　　　　　方向测量法水平角测量精度指标

仪器等级	测回数	半测回归零差（″）	一测回内 2c 互差（″）	同一方向值各测回互差（″）
DJ05	3	6	9	6
DJ1	4	6	9	6

5）数据采集应在程序控制下自动完成，采集软件应能对观测数据质量进行有效控制。

轨道控制网可分区段分别进行观测和平差计算，区段长度不宜低于 4km。每一区段两端应起止在上一级控制点上，并且应有连续的 3 个自由测站与上一级控制网点联测。

轨道控制网应采用固定数据平差，要求平差后点位绝对精度优于 2mm，相邻点的相对精度优于 1mm。

（2）CP Ⅲ高程控制网测量。CP Ⅲ控制点水准测量应附合于线路水准基点（桥梁段为按三角高程传递到桥上的 CP Ⅲ点或桥上水准辅助点），与线路水准基点联测时，应按精密水准测量要求进行往返观测。观测时应选择在标尺分划成像清晰而稳定时进行，水准路线附合长度不得大于 3km。

CP Ⅲ控制点高程的水准测量统一采用图 12-4 所示的水准路线形式。测量时，左边第一个闭合环的四个高差应该由两个测站完成，其他闭合环的四个高差可由一个测站按照后-前-前-后、前-后-后-前的顺序进行单程观测。单程观测所形成的闭合环示意图如图 12-5 所示。

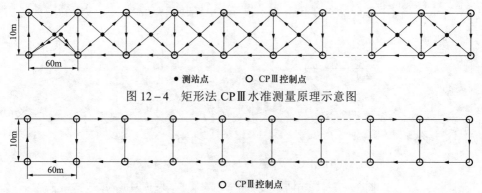

● 测站点　　　○ CP Ⅲ控制点

图 12-4　矩形法 CP Ⅲ水准测量原理示意图

○ CP Ⅲ控制点

图 12-5　CP Ⅲ水准网单程观测所形成的闭合环示意图

高程测量应分区段进行，区段划分与平面测量一致。每一区段联测的线路水准点不应少于 3 个。水准测量外业观测的技术要求应满足表 12-9 的要求。

表 12-9　　　　　　　　　　　水准测量外业观测主要技术要求

等级	水准仪等级	水准尺类型	视距长度（m）	视线高度（m）	前后视距差（m）	测段前后视距累积差（m）	基辅读数较差（mm）	基辅高差较差（mm）
精密水准	DS05	铟瓦	≤65	下丝读数≥0.3	≤2.0	≤4.0	≤0.5	≤0.7
	DS1		≤60					

3. CPⅢ 网的复测与维护

CPⅢ 建网后应在轨道板精调前应进行第一次复测，以保证精调的顺利进行；第二次复测应在轨道铺设完成之后并且在进行轨检之前完成，以保证所测轨道几何的精准。

（1）CPⅢ 网的复测

1）平面复测。CPⅢ 平面网复测采用的仪器设备、观测方法、网形、精度指标、计算软件及联测上一级控制点 CP Ⅰ、CP Ⅱ 的方法和数量均应与原测相同。当 CP Ⅰ 或 CP Ⅱ 控制点破坏或不满足联测精度要求时，需采用稳定的 CPⅢ 点原测成果进行约束平差。CPⅢ 点复测与原测成果的 X、Y 坐标较差不应大于 ±3mm，且相邻点的复测与原测坐标增量 ΔX、ΔY 较差不应大于 ±2mm。

2）高程复测。CPⅢ 高程网复测采用的网形、精度指标、计算软件及联测上一级线路水准基点的方法和数量均应与原测相同。CPⅢ 点复测与原测成果的高程较差不应大于 ±3mm，且相邻点的复测成果高差与原测成果高差较差不应大于 ±2mm 时。

（2）CPⅢ 网的维护。由于 CPⅢ 网布设于桥梁防撞墙、隧道边墙和辅助立柱上，会受线下工程的稳定性等原因的影响，为确保 CPⅢ 点的准确、可靠，在使用 CPⅢ 点进行后续轨道安装测量时，每次都要与周围其他点进行校核，特别是要与地面上稳定的 CP Ⅰ、CP Ⅱ 点进行校核，以便及时发现和处理问题；在投影换带地段，还应在相邻投影带对线路中线进行实地检核；同时应加强对永久 CPⅢ 点的维护。

12.4.3　GRP 施测

在 CPⅢ 控制网测量评估验收后和轨道板施工前，要进行 GRP 测量，其施测主要包括：GRP 坐标的计算、GRP 的放样、GRP 的埋设、GRP 的编号、轨道基准网的测量、计算和提交测量成果。下面仅对 GRP 的放样、GRP 的测量和轨道精调进行介绍。

1. GRP 的放样

GRP 平面位置的放样应依据 CPⅢ 控制点，采用全站仪自由设站坐标法或光学准直法测设，高程测量应采用几何水准方法施测。GRP 放样理论坐标由各分项目部专业工程师计算，工程指挥部、监理项目部审批后方可进行现场放样。首先需要利用线路设计参数、轨道板设计参数和轨道基准点的设计里程，计算直线段、圆曲线段和缓和曲线段上轨道基准点的设计坐标。计算时应考虑圆曲线段和缓和曲线段的线路超高附轨道基准点设计位置的影响，以保证后续轨道基准点放样和测量工作的顺利开展。轨道基准点和轨道板定位点坐标利用布板软件计算，然后进行轨道基准点和轨道板定位点埋设，GRP 点埋设于混凝土底座或支承层上，埋设点位后，轨道基准点及轨道板定位点应满足下列要求：

（1）轨道板定位点平面定位允许偏差不应大于 5mm。

（2）轨道基准点平面定位允许偏差不应大于 5mm。

2. GRP 的测量

GRP 三维坐标采用三个测回进行平面坐标观测和精密水准往返测量。

GRP 的平面测量在底座板张拉连接并锁定后、粗铺轨道板之前进行，按左右线路分别采用全站仪自由设站极坐标法进行观测，直接测量各点坐标，外业采用自动记录方式，特别注意点号输入的正确性。自由设站点应尽量靠近左线或右线的中线位置。

GRP 高程测量应该在轨道板摆放或粗铺之后进行，采用几何水准和中视水准测量相结合的方法往返测进行施测。

3. 轨道精调

轨道精调一般采用全站仪自由设站法测量并配合轨检小车完成轨道精测和轨道调整任务的。全站仪须经过专门检定机构的检定，并在精调前进行气压温度改正。轨检小车内部装有高精度的距离、倾斜传感器，是高速铁路轨道系统精密测量的专用测量设备，在精调前也需对其进行校验。

在 GRP 上安置全站仪通过 CPⅢ 点定向，利用前后两对 CPⅢ 点自由设站，然后测量轨检小车上的棱镜，小车的电脑系统可精确得到左右钢轨和线路中心的坐标、里程以及轨道的轨距、水平度及各种轨道参数等，并可实时显示左、右钢轨的调整量。设站时仪器尽量架设在所测轨道的中间且测站前后的 CPⅢ 点大致对称，左右线分别设站和测量。粗调时，单站测距范围不超过 100m，每隔 3～5 根轨枕测量一个点，将轨道大致调整到设计位置。精调时，单站测距范围不超过 70m，逐枕测量，反复调整直至将轨道精确调整到设计位置。有砟轨道可以对轨排进行整体调整，而无砟轨道需要通过更换不同尺寸的扣件来调整轨道。

 **思考题**

1. 管道中线测量的主要任务是什么？

2. 什么是贯通测量？有哪些贯通误差？

3. 什么是联系测量？

4. 地下管道施工测量前有哪些准备工作？

附录 光学仪器的检验与校正

附录 A 水准仪的检验与校正

仪器在经过运输或长期使用，其各轴线之间的关系会发生变化。为保证测量成果的正确性，要定期对仪器进行检验和校正。

1. 水准仪应满足的条件

微倾式水准仪的主要轴线如图 A-1 所示，它们之间应满足的几何条件是：

（1）圆水准器轴应平行于仪器的竖轴。

（2）十字丝的横丝应垂直于仪器的竖轴。

（3）水准管轴应平行于视准轴。

2. 微倾式水准仪的检验与校正

（1）水准仪的一般检视。检视水准仪时，主要应注意仪器的外表面是否光洁；光学零部件的表面有无油迹、擦痕、霉点和灰尘；各部门有无松动现象；仪器转动部分是否灵活、稳当，制动是否可靠；望远镜视场是否明亮、均匀；符合水准器成像是否良好；调焦时成像有无晃动现象。此外，还应检查仪器箱内配备的配件及备用零件是否齐全等。

（2）圆水准器轴平行于仪器竖轴的检验与校正

1）检验。旋转脚螺旋使圆水准器气泡居中，然后将仪器上部在水平方向绕竖轴旋转180°，若气泡仍居中，则表示圆水准器轴已平行于竖轴，若气泡偏离中央则需进行校正。

2）校正。用脚螺旋使气泡向中央方向移动偏离量的一半，然后拨圆水准器的校正螺钉使气泡居中，如图 A-2 所示。

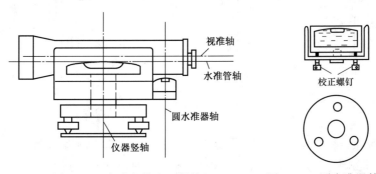

图 A-1 水准仪的主要轴线　　　图 A-2 圆水准器的校正

上述检验与校正需反复进行，使仪器上部旋转到任何位置气泡都能居中为止，然后拧紧螺钉。当校正某个螺钉时，必须先旋松后拧紧，以免破坏螺钉，校正完毕时，必须使校正螺旋都处于拧紧状态。

（3）十字丝横丝垂直于仪器竖轴的检验和校正

1）检验。距墙面 10～20m 处安置仪器，先用横丝的一端照准墙上一固定清晰的目标点或在水准尺上读一个数，然后用微动螺旋转动望远镜，用横丝的另一端观测同一目标或读数。如果目标仍在横丝上或水准尺上读数不变［见图 A-3（a）］，说明横丝已与竖轴垂直。若目标点偏离了横丝或水准尺读数有变化［见图 A-3（b）］，则说明横丝与竖轴没有垂直，应予校正。

2）校正。打开十字丝分划板的护罩，可见到三个或四个分划板的固定螺钉（见图 A-4）。松开这些固定螺钉，用手转动十字丝分划板座，使横丝的两端都能与目标重合或使横丝两端所得水准尺读数相同，则校正完成，最后旋紧所有固定螺钉。此项校正也需反复进行。

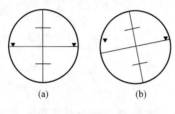 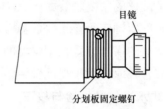

图 A-3　十字丝的检验　　　　图 A-4　十字丝的校正

（4）视准轴平行于水准管轴的检验和校正

1）检验。在平坦地面上选定相距 40～60m 的 A、B 两点，水准仪首先置于离 A、B 等距的 Ⅰ 点，测得 A、B 两点的高差［见图 A-5（a）］，重复测 2～3 次，当所得各高差之差不大于 3mm 时取其平均值 h_1。若视准轴与水准管轴不平行而存在 i 角误差（两轴的夹角在竖直面的投影），由于仪器至 A、B 两点的距离相等，视准轴倾斜在前、后视读数所产生的误差 δ 也相等，因此所得 h_1 是 A、B 两点的正确高差。

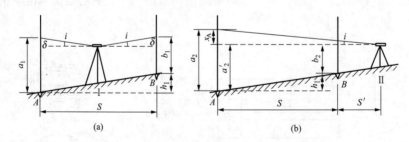

图 A-5　视准轴与水准管轴平行的检验

然后把水准仪移到 AB 延长方向上靠近 B 的 Ⅱ 点，再次观测 A、B 两点的尺上读数［见图 A-5（b）］。由于仪器距 B 点很近，S' 可忽略，两轴不平行造成在 B 点尺上的读数 b_2 的误差也可忽略不计。由图 A-5（b）可知，此时 A 点尺上的读数为 a_2，而正确读数应为：

$$a_2' = b_2 + h_1$$

此时可计算出 i 角值为：

$$i = \frac{a_2 - a_2'}{S}\rho'' = \frac{a_2 - b_2 - h_1}{S}\rho'' \tag{1}$$

S 为 A、B 两点间的距离，对 DS$_3$ 微倾式水准仪，当后、前视距差未作具体限制时，一般规定在 100m 的水准尺上读数误差不超过 4mm，即 a_2 与 a_2' 的差值超过 4mm 时应校正。当后、前视距差给以较严格的限制时，一般规定 i 角不得大于 20″，否则应进行校正。

2）校正。为了使水准管轴和视准轴平行，转动微倾螺旋使远点 A 的尺上读数 a_2 改变到正确读数 a_2'。此时视准轴由倾斜位置改变到水平位置，但水准管也因随之变动而气泡不再符合。用校正针拨动水准管一端的校正螺钉使气泡符合，则水准管轴也处于水平位置从而使水准管轴平行于视准轴。水准管的校正螺钉如图 A-6 所示，校正时先松动左右两校正螺钉，然后拨上下两校正螺钉使气泡符合。拨动上下校正螺钉时，应先松一个再紧另一个逐渐改正，当最后校正完毕时，所有校正螺钉都应适度拧紧。检验校正也需要反复进行，直到满足要求为止。

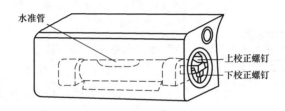

图 A-6　水准管的校正螺钉

3. 自动安平水准仪的检验与校正

为了保证自动安平水准仪的使用状态，也要对其定期进行检验和校正。自动安平水准仪应满足的条件是：

（1）圆水准器轴应平行于仪器的竖轴。

（2）十字丝横丝应垂直于竖轴。

以上两项的检验校正方法与微倾式水准仪方法完全相同。

（3）补偿器处于正常状态，起到补偿作用。

补偿器是否正常工作的检验方法如下：在一处放置好水准尺，将自动安平水准仪置于尺子附近，其中两个脚螺旋位于视线方向的两侧并且连线的方向垂直于视线方向，另外一个脚螺旋置于视线方向。旋转视线方向上的第三个脚螺旋，让气泡中心偏离圆水准零点少许，使竖轴向前稍倾斜，读取水准尺上读数。然后再次旋转这个脚螺旋，使气泡中心向相反方向偏离零点并读数。如果仪器竖轴向前后左右倾斜时所得读数与仪器整平时所得读数之差不超过 2mm，则可认为补偿器工作正常，否则应检查原因或送工厂修理。

（4）视准轴经过补偿后应为水平线。若视准轴经补偿后不能与水平线一致，则也构成 i 角，产生读数误差。这种误差的检验方法与微倾式水准仪 i 角的检验方法相同，但校正时应校正十字丝，使其交点对准正确读数。

附录 B 经纬仪的检验与校正

1. 经纬仪的轴线及各轴线间应满足的几何条件

如图 B-1 所示,经纬仪的主要轴线有竖轴 VV_1、横轴 HH_1、视准轴 CC_1 和水准管轴

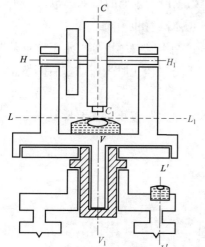

图 B-1 经纬仪的主要轴线

LL_1。经纬仪各轴线之间应满足以下几何条件:

(1) 水准管轴 LL_1 应垂直于竖轴 VV_1。

(2) 十字丝竖丝应垂直于横轴 HH_1。

(3) 视准轴 CC_1 应垂直于横轴 HH_1。

(4) 横轴 HH_1 应垂直于竖轴 VV_1。

(5) 竖盘指标差为零。

经纬仪应满足上述几何条件,经纬仪在使用前或使用一段时间后,应进行检验,如发现上述几何条件不满足,则需要进行校正。

2. 经纬仪的检验与校正

(1) 水准管轴 LL_1 垂直于竖轴 VV_1 的检验与校正。

1) 检验。首先利用圆水准器粗略整平仪器,然后转动照准部使水准管平行于任意两个脚螺旋的连线方向,调节这两个脚螺旋使水准管气泡居中,再将仪器旋转 180°,如水准管气泡仍居中,说明水准管轴与竖轴垂直;若气泡不再居中,则说明水准管轴与竖轴不垂直,需要校正。

2) 校正。校正时,先相对旋转这两个脚螺旋,使气泡向中心移动偏离值的一半,此时竖轴处于竖直位置。然后用校正针拨动水准管一端的校正螺钉,使气泡居中,此时水准管轴处于水平位置。

此项检验与校正比较精细,应反复进行,直至照准部旋转到任何位置,气泡偏离零点不超过半格为止。

(2) 十字丝竖丝垂直于横轴 HH_1 的检验与校正。

1) 检验。首先整平仪器,用十字丝交点精确瞄准一明显的点状目标,如图 B-2 所示,然后制动照准部和望远镜,转动望远镜微动螺旋使望远镜绕横轴作微小俯仰,如果目标点始终在竖丝上移动,说明条件满足,如图 B-2 (a) 所示;否则需要校正,如图 B-2 (b) 所示。

2) 校正。与水准仪中横丝应垂直于竖轴的校正方法相同,此处只是应使竖丝竖直。如图 B-3 所示,校正时,先打开望远镜目镜端护盖,松开十字丝环的四个固定螺钉,按竖丝偏离的反方向微微转动十字丝环,使目标点在望远镜上下俯仰时始终在十字丝竖丝上移动为止,最后旋紧固定螺钉,旋上护盖。

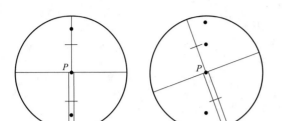 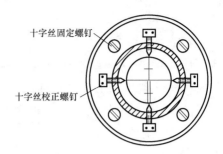

图 B-2 十字丝竖丝的检验   图 B-3 十字丝竖丝的校正

（3）视准轴 CC_1 垂直于横轴 HH_1 的检验与校正。

视准轴不垂直于横轴所偏离的角值 c 称为视准轴误差。具有视准轴误差的望远镜绕水平轴旋转时，视准轴将扫过一个圆锥面，而不是一个平面。

1）检验。视准轴误差的检验方法有盘左盘右读数法和四分之一法两种，下面具体介绍四分之一法的检验方法。

a. 在平坦地面上，选择相距约 100m 的 A、B 两点，在 AB 连线中点 O 处安置经纬仪，如图 B-4 所示，并在 A 点设置一瞄准标志，在 B 点横放一根刻有毫米分划的直尺，使直尺垂直于视线 OB，A 点的标志、B 点横放的直尺应与仪器大致同高。

b. 用盘左位置瞄准 A 点，制动照准部，然后纵转望远镜，在 B 点尺上读得 B_1，如图 B-4（a）所示。

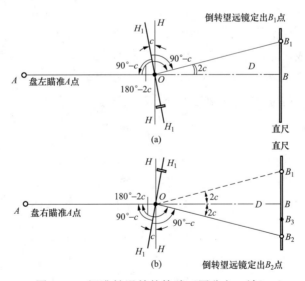

图 B-4 视准轴误差的检验（四分之一法）

c. 用盘右位置再瞄准 A 点，制动照准部，然后纵转望远镜，再在 B 点尺上读得 B_2，如图 B-4（b）所示。

如果 B_1 与 B_2 两读数相同，说明视准轴垂直于横轴。如果 B_1 与 B_2 两读数不相同，由图 B-4（b）可知，$\angle B_1 O B_2 = 4c$ 由此算得

$$c = \frac{B_1 B_2}{4D} \cdot \rho$$

式中　　D——O 到 B 点的水平距离，m；

　　　$B_1 B_2$——B_1 与 B_2 的读数差值，m；

　　　　ρ——一弧度秒值，$\rho = 206\,265$，（″）。

对于 DJ_6 型经纬仪，如果 $c > 60''$，则需要校正。

2）校正。校正时，在直尺上定出一点 B_3，使 $B_2 B_3 = \frac{1}{4} B_1 B_2$，$OB_3$ 便与横轴垂直。打开望远镜目镜端护盖，如图 B–3 所示，用校正针先松十字丝上、下的十字丝校正螺钉，再拨动左右两个十字丝校正螺钉，一松一紧，左右移动十字丝分划板，直至十字丝交点对准 B_3。此项检验与校正也需反复进行。

（4）横轴 HH_1 垂直于竖轴 VV_1 的检验与校正

若横轴不垂直于竖轴，则仪器整平后竖轴虽已竖直，横轴并不水平，因而视准轴绕倾斜的横轴旋转所形成的轨迹是一个倾斜面。这样，当瞄准同一铅垂面内高度不同的目标点时，水平度盘的读数并不相同，从而产生测角误差，影响测角精度，因此必须进行检验与校正。

1）检验。检验方法如下：

a. 在距一垂直墙面 20～30m 处，安置经纬仪，整平仪器，如图 B–5 所示。

b. 盘左位置，瞄准墙面上高处一明显目标 P，仰角宜在 $30°$ 左右。

c. 固定照准部，将望远镜置于水平位置，根据十字丝交点在墙上定出一点 A。

d. 倒转望远镜成盘右位置，瞄准 P 点，固定照准部，再将望远镜置于水平位置，定出点 B。

如果 A、B 两点重合，说明横轴是水平的，横轴垂直于竖轴；否则，需要校正。

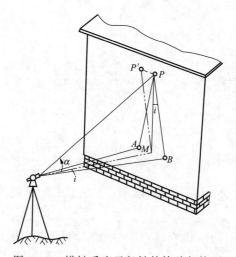

图 B–5　横轴垂直于竖轴的检验与校正

2）校正。校正方法如下：

a. 在墙上定出 A、B 两点连线的中点 M，仍以盘右位置转动水平微动螺旋，照准 M 点，转动望远镜，仰视 P 点，这时十字丝交点必然偏离 P 点，设为 P' 点。

b. 打开仪器支架的护盖，松开望远镜横轴的校正螺钉，转动偏心轴承，升高或降低横轴的一端，使十字丝交点准确照准 P 点，最后拧紧校正螺钉。

此项检验与校正也需反复进行。

由于光学经纬仪密封性好，仪器出厂时又经过严格检验，一般情况下横轴不易变动。但测量前仍应加以检验，如有问题，最好送专业修理单位检修。

（5）竖盘水准管的检验与校正。

1）检验。安置经纬仪，仪器整平后，用盘左、盘右观测同一目标点 A，分别使竖盘指标水准管气泡居中，读取竖盘读数 L 和 R，计算竖盘指标差 x，若 x 值超过 $1'$ 时，需要校正。

2）校正。先计算出盘右位置时竖盘的正确读数 $R_0 = R - x$，原盘右位置瞄准目标 A 不动，然后转动竖盘指标水准管微动螺旋，使竖盘读数为 R_0，此时竖盘指标水准管气泡不再居中了，用校正针拨动竖盘指标水准管一端的校正螺钉，使气泡居中。

此项检校需反复进行，直至指标差小于规定的限度为止。

（6）光学对中器的视准轴与竖轴重合的检验和校正。光学对中器由目镜、分划板、物镜及转向棱镜组成。分划板上圆圈中心与物镜光心的连线为光学对中器的视准轴。视准轴经向棱镜折射 90° 后，应与仪器的竖轴重合。如不重合，则将产生对中误差从而影响测角精度。

1）检验。将经纬仪安置在平坦的地面上，精确对中整平。在仪器正下方地面上放置一张标有十字形标志的白纸，移动白纸直至光学对中器的分划板圆圈中心与该标志重合后将其固定。将照准部旋转 180°，如果该标志点仍位于圆圈中心，则说明光学对中器的视准轴与仪器的竖轴重合；否则，需要校正。

2）校正。将照准部旋转 180° 后分划板圆圈的中心位置在纸上标出，画出两点的连线并取两点的中点。调节光学对中器校正螺钉直至圆圈中心对准中点为止，再次将照准部旋转 180° 进行检验。

上述的每一项校正，一般都需要反复进行几次，直至其误差在允许的范围内为止。

参 考 文 献

[1] 郝海森. 工程测量 [M]. 北京：中国电力出版社，2010.

[2] 张凤兰，郭丰伦，等. 土木工程测量 [M]. 北京：机械工业出版社，2017.

[3]《水利工程施工测量》课程建设团队. 水利工程施工测量 [M]. 北京：中国水利水电出版社，2010.

[4] 王波，王修山. 土木工程测量 [M]. 北京：机械工业出版社，2018.

[5] 陈佰忠，樊文静. 工程测量 [M]. 上海：同济大学出版社，2016.

[6] 李聚方. 工程测量 [M]. 2版. 北京：测绘出版社，2014.

[7] 刘仁钊. 工程测量技术 [M]. 郑州：黄河水利出版社，2008.

[8] 赵红. 水利工程测量 [M]. 2版. 北京：中国水利水电出版社，2016.

[9] 余代俊，崔立鲁. 土木工程测量 [M]. 北京：北京理工大学出版社，2016.

[10] 杜玉柱. 水利工程测量技术「M]. 北京：中国水利水电出版社，2017.

[11] 杨晶. 工程测量综合实训 [M]. 北京：北京理工大学出版社，2017.

[12] 潘正风，杨正尧，等. 数字测图原理与方法 [M]. 武汉：武汉大学出版社，2004.

[13] 陈秀忠，常玉奎，等. 工程测量 [M]. 北京：清华大学出版社，2013.

[14] 潘正风，程效军，等. 数字地形测量学 [M]. 武汉：武汉大学出版社，2019.

[15] 杨晓平，王云江. 建筑工程测量 [M]. 武汉：华中科技大学出版社，2006.

[16] 王晓明，殷耀国. 土木工程测量 [M]. 武汉：武汉大学出版社，2013.

[17] 刘宗波，李社生. 建筑工程测量 [M]. 大连：大连理工大学出版社，2018.

[18] 刘玉梅，常乐. 土木工程测量 [M]. 北京：化学工业出版社，2016.

[19] 覃辉，马超，等. 土木工程测量 [M]. 5版. 上海：同济大学出版社，2019.

[20] 张正禄. 工程测量学 [M]. 2版. 武汉：武汉大学出版社，2013.